Optimale und adaptive Regelung technischer Systeme

Anton Braun

Optimale und adaptive Regelung technischer Systeme

Mathematische Grundlagen, praktisch relevante Beispiele und numerische Simulationen mit MATLAB®

Springer Vieweg

Anton Braun
Wernberg-Köblitz, Deutschland

ISBN 978-3-658-30915-2 ISBN 978-3-658-30916-9 (eBook)
https://doi.org/10.1007/978-3-658-30916-9

Die Deutsche Nationalbibliothek verzeichnet diese Publikation in der Deutschen Nationalbibliografie; detaillierte bibliografische Daten sind im Internet über http://dnb.d-nb.de abrufbar.

Planung/Lektorat: Reinhard Dapper
Springer Vieweg ist ein Imprint der eingetragenen Gesellschaft Springer Fachmedien Wiesbaden GmbH und ist ein Teil von Springer Nature.
Die Anschrift der Gesellschaft ist: Abraham-Lincoln-Str. 46, 65189 Wiesbaden, Germany

Vorwort

Begründet durch die immer größer werdenden Anforderungen an geregelte Prozesse und begünstigt durch die Entwicklung immer leistungsfähigerer Computer hat vor allem in den letzten Jahren die Optimierung von Regelkreisen an nicht zu unterschätzender Bedeutung gewonnen. Beispielsweise ist jeder Fahrzeugkonstrukteur daran interessiert, bei gegebener Kraftstoffmenge die Reichweite zu maximieren, den finanziellen Gewinn eines Unternehmens zu maximieren oder den notwendigen Energieaufwand zum Betrieb einer Produktionsanlage zu minimieren. Mit diesem Buch wird deshalb das Ziel verfolgt, das gesamte Gebiet optimaler Steuer- und Regelprozesse, begleitet mit relevanten Beispielen, einer umfassenden Behandlung zu unterziehen.

Zur Lösung einer Optimierungsaufgabe müssen wir zunächst ein geeignetes Optimierungskriterium, auch als Kostenfunktion bezeichnet, für den zu optimierenden Prozess finden. In einem Großteil praktischer Anwendungen können typische Qualitätskriterien eines geregelten Prozesses, wie beispielsweise das dynamische Verhalten der zu regelnden physikalischen Größe, die dem System zuzuführende Energie oder auch umweltbelastende Faktoren herangezogen werden. Diese Absicht erfordert zunächst eine adäquate physikalische Definition, gefolgt von der Umsetzung der physikalischen Beschreibung in eine mathematische Formulierung.

Nachdem jedoch jedes technisch-physikalische System gewissen Verschleißerscheinungen und Alterungsprozessen unterworfen ist wird ein zum Zeitpunkt der Inbetriebnahme optimiertes System innerhalb eines, dem System eigentümlichen Zeitabschnitts sein optimales Betriebsverhalten verlieren. Gerade aus diesem und einer Reihe anderer aufzuzeigender Gründe ist eine fortlaufende Optimierung zwingend notwendig. Diese Aufgabe übernimmt ein dem klassischen Regelkreis übergeordneter Regler. In Fachkreisen spricht man in diesem Zusammenhang von einer optimalen Regelung mit einem überlagerten adaptiven Regelkreis im Sinne der fortlaufenden Optimierung der Reglerparameter.

Die entsprechenden Kapitel in diesem Buch sind inhaltlich und in ihrem logischen Aufbau so strukturiert, dass es als Begleitmaterial zu äquivalenten Vorlesungen an Universitäten und Hochschulen bestens geeignet ist.

Im ersten Kapitel dieses Buches stellen wir zunächst den grundsätzlichen Unterschied zwischen dem klassischen parameteroptimierten Regelkreis und der strukturoptimierten Regelung heraus. Während im ersten Fall von einem konventionellen PI- oder PID-Regler ausgegangen wird, dessen Parameter derart zu justieren sind, dass ein geeignetes Gütekriterium ein Extremum annimmt sucht man im zweiten Fall die geeignete Stellgröße, um das spezifizierte Qualitätskriterium zu minimieren beziehungsweise zu maximieren. Der grundsätzliche Unterschied in den beiden erwähnten Strategien besteht somit darin, dass man in einem Fall die Reglerparameter und im anderen Fall den zeitlichen Verlauf der Stellgröße im Sinne einer Optimierung des Regelkreises anpasst.

Mit dem zweiten Kapitel wird die Absicht verfolgt, die wichtigsten Rechenregeln der Matrizen- und Vektorrechnung zusammenzustellen, die einerseits zum Verständnis der gesamten Theorie optimaler Regelkreise erforderlich und vermutlich nicht mehr bei jedem Leser taufrisch im Gedächtnis vorhanden sind. Zudem zeigen wir die mathematischen Grundlagen zur Beurteilung der Steuerbarkeit und Beobachtbarkeit kontinuierlicher und diskreter dynamischer Systeme sowie die Stabilität geregelter Systeme auf, die zum Verständnis der entsprechenden Passagen unerlässlich sind.

Nachdem ein Großteil der modernen Systemtheorie als Extremwertproblem formuliert werden kann und in diesem Buch mit oberster Priorität die Optimierung von Regelkreisen verfolgt wird, soll im dritten Kapitel, vorbereitend für die weiteren Analysen, zunächst die Bestimmung von Extrema mit und ohne Nebenbedingung aufgezeigt werden. In einem weiteren Anschnitt dieses Kapitels wird zudem bereits die Strategie optimaler Steuerungen anhand praxisrelevanter Beispiele aufgezeigt.

Mit dem Ziel einer Optimierung mussten bei den Aufgabenstellungen im dritten Kapitel die Entscheidungsvariablen ganz bestimmte, feste Werte annehmen. Bei der dynamischen Optimierung des vierten Kapitels hingegen handelt es sich grundsätzlich darum, Funktionen einer unabhängigen Variablen zu bestimmen. In Bezug auf einen zu optimierenden Prozess sind demnach optimale Funktionen, sogenannte Funktionale, statt optimale Parameter aufzusuchen; im Fachjargon spricht man in diesem Zusammenhang ganz allgemein von der sogenannten Variationsrechnung.

Im fünften Kapitel dieser Arbeit wenden wir nun die bereits zitierte Variationsrechnung auf die optimale Steuerung physikalischer Systeme an. Das maßgebliche Merkmal dieser Strategie besteht darin, dass die optimale Steuertrajektorie, abhängig von eindeutig formulierten Neben- und Optimalitätsbedingungen, als feste Zeitfunktion während des gesamten zeitlichen Optimierungsintervalls auf den realen zu steuernden Prozess einwirkt.

Im Gegensatz zum fünften Kapitel erstellen wir im sechsten Kapitel dieses Buches unter der Maßgabe eines geeigneten Optimierungskriteriums als Lösung des sogenannten Syntheseproblems optimale Regelgesetze. In diesem Zusammenhang analysieren wir im Besonderen anhand geeigneter Beispiele neben dem Riccati-Regler das in der Praxis häufig angewandte quadratische Gütekriterium, dem ein minimaler

Energieaufwand des zu regelnden Prozesses zugrunde liegt. Darüber hinaus befasst sich das Buch in diesem Zusammenhang mit der optimalen Zweipunktregelung, in Fachkreisen bekannt als „Bang Bang Control", die erst durch den Einsatz kostengünstiger Computer möglich geworden ist.

Im Kapitel fünf wurde durchwegs, wenn auch unausgesprochen, von unbeschränkter Stellenergie ausgegangen. Diese Methode versagt jedoch total, wenn die Stellgröße beziehungsweise der Stellvektor beschränkt ist und gegebenenfalls seine Schranke auch annimmt. Im Kapitel sieben werden deshalb Fälle dieser Art unter Anwendung des Maximumprinzips von Pontryagin unter Berücksichtigung von Ungleichungsnebenbedingungen einer eingehenden Analyse unterzogen. Ferner behandeln wir in diesem Kapitel das Thema verbrauchsoptimaler Steuerungen, das gerade in neuerer Zeit aufgrund beschränkter Ressourcen immer mehr an Bedeutung gewinnt.

In sämtlichen bisherigen Kapiteln hat sich der Autor nahezu ausschließlich mit der Optimierung zeitlich kontinuierlicher Systeme beschäftigt. Die Interpretation sowie die Simulation der daraus resultierenden optimalen Steuertrajektorien und/oder Regelalgorithmen sowie die praktische Umsetzung erfordern normalerweise den Einsatz leistungsfähiger digitaler Rechner.

Auch und vor allem deshalb werden im achten Kapitel dieses Buches kontinuierliche Systeme einer zeitlichen Diskretisierung mit dem Ziel der Übertragung des optimierten Steuer- beziehungsweise Regelalgorithmus in ein Computersystem unterzogen.

Während in den bisherigen Kapiteln die Optimierung dynamischer Systeme durchweg auf der Anwendung der klassischen Variationsrechnung beruht wird im neunten Kapitel unter dem Begriff der „Dynamischen Optimierung" auf der Basis rekursiver Steuertrajektorien eine Strategie verfolgt, das zu steuernde System optimal in den gewünschten Endzustand überzuführen. Analog zu den Ausführungen im achten Kapitel sind Algorithmen dieser Art erst und vor allem durch den Einsatz kostengünstiger Computer möglich geworden.

In sämtlichen vorausgegangenen Kapiteln wurde stillschweigend von der Annahme ausgegangen, dass sämtliche definierten Zustandsvariablen eines zu optimierenden Regelungsproblems physikalisch messbare Größen sind und damit einer Messung unterzogen werden können. In der praktischen Anwendung stehen jedoch nur in den seltensten Fällen sämtliche Zustandsgrößen einer Messung zur Verfügung. Aus diesem Grund beschäftigen wir uns im zehnten Kapitel mit der Simulation nicht messbarer Zustandsgrößen; in Fachkreisen wird in diesem Zusammenhang von der sogenannten Zustandsschätzung gesprochen. Der Vorgang der Schätzung einer nicht messbaren Zustandsgröße wird in der einschlägigen Literatur als Zustandsbeobachtung bezeichnet. Im Interesse der Optimierung verwenden wir die bewährte Methode der linear quadratischen Optimierung.

Sowohl im Rahmen der klassischen analogen als auch der digitalen Regelungstechnik wird durchwegs davon ausgegangen, dass die geringen zeitlichen Änderungen der maßgeblichen Eigenwerte der Regelstrecke, beispielsweise aufgrund von

Alterungserscheinungen, vom Regler erfasst und ausgeregelt werden können. Das Problem der regelungstechnischen Beherrschung vergleichsweise stark zeitvarianter Prozesse lässt sich allerdings nur durch die Anpassung der Reglereigenschaften an die betrieblich veränderlichen Eigenschaften des zu regelnden Prozesses lösen. Nachdem bislang keine geschlossene Theorie auf dem Sektor der adaptiven Regelungstechnik existiert, ist auch das Schrifttum zu diesem technisch außerordentlich wichtigem Gebiet fast ausschließlich auf zahlreiche Einzelveröffentlichungen begrenzt. Aus diesem und einer Reihe anderer Gründe werden im elften Kapitel die Adaptiven- oder auch Selbsteinstellenden Regelungssysteme einer separaten Analyse, untermauert mit entsprechenden Beispielen unterzogen. Zu den bekanntesten Modi adaptiver Regelprozesse zählen das in Fachkreisen sogenannte „Gain Scheduling"- Verfahren, die Methode des „Model-reference adaptive control" sowie das „Self-tuning regulator"-Prinzip. Der Vollständigkeit wegen muss erwähnt werden, dass die Kennzeichnung der genannten Verfahrensweisen aus dem anglikanischen unverändert in den deutschen Sprachgebrauch übernommen worden sind.

Die im elften Kapitel diskutierten Adaptionsmechanismen erfordern eine gewisse, wenn auch nur ungenaue Vorabinformation bezüglich der Dynamik des zu regelnden Prozesses.

Im zwölften Kapitel dieses Buches setzen wir uns deshalb mit der Bereitstellung dieser zwingend notwendigen Information eingehend auseinander. Selbst für die Entwicklung sich automatisch einstellender klassischer PI- oder PID-Regler ist die erwähnte a priori Information von zentraler Bedeutung.

Meinem Lektor, Herrn Reinhard Dapper vom Springer Vieweg Verlag möchte ich meinen aufrichtigen Dank für die gute Zusammenarbeit und die nützlichen Anregungen zum Gelingen dieses Buches aussprechen.

Wernberg-Köblitz
Frühjahr 2020

Anton Braun

Inhaltsverzeichnis

1 Struktur- und Parameteroptimierung dynamischer Systeme 1
1.1 Parameteroptimierung 1
1.2 Strukturoptimierung 5

2 Mathematische Grundlagen 7
2.1 Rechenregeln der Matrizenrechnung 7
2.2 Differenziation von Vektoren und Matrizen 10
2.3 Systeme linearer Vektor-Differenzialgleichungen 11
2.3.1 Lösung der Vektordifferenzialgleichung im Zeitbereich 14
2.3.2 Lösung der Zustandsgleichung im Bildbereich 15
2.4 Steuerbarkeit und Beobachtbarkeit linearer Systeme 16
2.5 Die Stabilität geregelter Systeme 17
2.5.1 Der Stabilitätsbegriff 17
2.5.2 Stabilitätsbeurteilung anhand der Übertragungsfunktion 17
2.5.3 Stabilitätsbeurteilung im Zustandsraum 18
2.5.4 Allgemeine Stabilitätsanalyse nach Liapunov 20
2.5.5 Liapunovsche Stabilitätsanalyse linearer zeitinvarianter Systeme 22
2.6 Darstellung Diskreter Systeme im Zustandsraum 23
2.6.1 Konzept der Zustandsraum-Darstellung 23
2.6.2 Diverse Zustandsraum-Darstellungen zeitdiskreter Systeme 24
2.6.2.1 Steuerbare kanonische Form 25
2.6.2.2 Beobachtbare kanonische Form 25
2.6.2.3 Diagonale kanonische 26
2.6.2.4 Jordan kanonische Form 26
2.6.2.5 Lösung der diskreten, zeitinvarianten Zustandsraum-Gleichungen 28

2.6.2.6 Die Transitionsmatrix 29
2.6.2.7 Lösung der diskreten Zustandsgleichung mithilfe der z-Transformation 29

3 Gewöhnliche Extrema 33
3.1 Extrema von Funktionen ohne Nebenbedingungen 33
3.2 Extrema von Funktionen mit Nebenbedingungen 37
3.2.1 Das Einsetzverfahren 37
3.2.2 Lagrange Multiplikatoren 39
3.2.3 Optimale statische Prozesssteuerung 42
3.2.3.1 Die folgenden Vektoren sind Null: 44
3.2.3.2 Die Matrix 44

4 Minimierung von Funktionalen unter Anwendung der Variationsrechnung 47
4.1 Symptom der dynamischen Optimierung 47
4.2 Dynamische Optimierung ohne Nebenbedingungen 48
4.3 Transversalitätsbedingungen 53
4.4 Vektorielle Formulierung der Euler-Lagrange Gleichung und der Transversalitätsbedingung 56

5 Optimale Steuerung dynamischer Systeme 61
5.1 Problemstellung 61
5.2 Notwendige Bedingungen für ein lokales Minimum 62
5.3 Behandlung der Randbedingungen 64
5.3.1 Feste Endzeit t_e 64
5.3.2 Freie Endzeit t_e 65
5.4 Technische Realisierung optimaler Steuerungen 72

6 Optimale Regelung mit dem quadratischen Gütemaß 75
6.1 Das lineare Regelgesetz 75
6.2 Optimales Regelungsgesetz für zeitinvariante Probleme 89
6.3 Technische Anwendungen des Minimum-Prinzips 104
6.3.1 Zeitoptimale Regelung, Bang Bang Control 104

7 Das Maximumprinzip von Pontryagin 111
7.1 Problemdefinition 111
7.2 Verbrauchsoptimale Steuerung linearer Systeme 114

8 Optimale Steuerung zeitdiskreter Systeme 125
8.1 Problemstellung 125
8.2 Notwendige Bedingungen für ein lokales Minimum 126
8.3 Zeitdiskrete linear quadratische Optimierung 128
8.3.1 Der zeitinvariante Fall 128
8.3.2 Der zeitvariante Fall 130

9 Dynamische Programmierung . . . 133
9.1 Anwendung auf kombinatorische Probleme . . . 133
9.2 Das Optimalitätsprinzip . . . 136
9.3 Anwendung auf zeitdiskrete Steuerungsprobleme . . . 137
9.3.1 Die Rekursionsformel von Bellman . . . 138
9.3.2 Die Hamilton-Jacobi-Bellman-Gleichung . . . 142

10 Lineare quadratische Optimierung . . . 147
10.1 Parameteroptimierung auf der Basis der zweiten Methode von Liapunov . . . 148
10.2 Anwendung des Zustandsbeobachters . . . 155
10.2.1 Problemstellung . . . 155
10.2.2 Zustandsbeobachter . . . 155
10.2.3 Dimensionierung der Beobachter-Matrix K_e . . . 156
10.2.4 Dimensionierung der Beobachter-Matrix K_e auf direktem Weg . . . 161
10.2.5 Kombination des Beobachters mit dem zu regelndem System . . . 165
10.2.6 Systeme ohne integrierendes Verhalten . . . 168
10.3 Beobachter minimaler Ordnung . . . 172

11 Adaptive Regelsysteme . . . 181
11.1 Problemstellung . . . 181
11.1.1 Grundfunktionen eines adaptiven Regelungssystems . . . 182
11.1.2 Einführende Beispiele adaptiver Regelkreise . . . 183
11.2 Varianten adaptiver Regelprozesse . . . 187
11.2.1 Gain Scheduling . . . 187
11.2.2 Model-Reference Adaptive Systems (MRAS) . . . 193
11.2.3 Self-Tuning Regulators (STR) . . . 205
11.2.3.1 Das Verfahren der Polzuweisung . . . 206
11.2.3.2 Das Indirekte Self-Tuning Verfahren . . . 208

12 Auto-Tuning . . . 213
12.1 Problemstellung . . . 213
12.2 PID-Regelung und Auto-Tuning Verfahren . . . 214
12.3 Diverse Auto-Tuning Verfahren . . . 215
12.3.1 Verwendung des transienten Verhaltens . . . 215
12.3.1.1 Das Ziegler/Nichols-Verfahren . . . 215
12.3.1.2 Flächen-Methode zur Bestimmung der Systemparameter . . . 216
12.3.1.3 Verwendung unstetiger Regler . . . 217

Literatur . . . 221

Stichwortverzeichnis . . . 227

1 Struktur- und Parameteroptimierung dynamischer Systeme

1.1 Parameteroptimierung

Bei einer optimalen *Regelung* besteht die Zielsetzung darin, den Regler so zu dimensionieren, dass das dem System zugeordnete Gütekriterium ein Minimum annimmt. Dieser Fall liegt dann vor, wenn die Struktur des Reglers von vornherein vorgeschrieben wird, beispielsweise als PI- oder PID-Regler. Bei einer wohldefinierten und konstanten Übertragungsfunktion der Regelstrecke bestehen dann die justierbaren Systemdaten lediglich in den *Reglerparametern*. Diese so zu wählen, dass das gewählte Gütemaß minimal wird, führt auf ein gewöhnliches Extremalproblem. Man spricht in diesem Fall von einer *Parameteroptimierung*. Diese stellt eine in der Regelungstechnik vielfach benutzte Methode dar. Mit folgender Definition führen wir den Begriff der Optimierung dynamischer Systeme ein und wollen diesen im Folgenden ausführlich erläutern.

Definition
Ein dynamisches System, in diesem Kapitel ausschließlich ein Regelkreis, wird optimiert, indem man ihm ein geeignetes Qualitätskriterium zuordnet und dieses durch geeignete Wahl der veränderbaren technischen Parameter zum Extremum macht.

Diese allgemeine Formulierung wird am Regelkreis im Abb. 1.1 veranschaulicht. Die Struktur des Reglers, also die den Regler beschreibende Gleichung im Bildbereich sei für diese einleitenden Betrachtungen als gegeben zu betrachten.

Verwenden wir beispielsweise einem Proportional-Integral-Regler, so lautet die transformierte Ausgangsgröße des Reglers

$$U(s) = K_R \cdot \frac{1 + sT_I}{sT_I} E(s)$$

A. Braun, *Optimale und adaptive Regelung technischer Systeme*,
https://doi.org/10.1007/978-3-658-30916-9_1

Abb. 1.1 Standardregelkreis

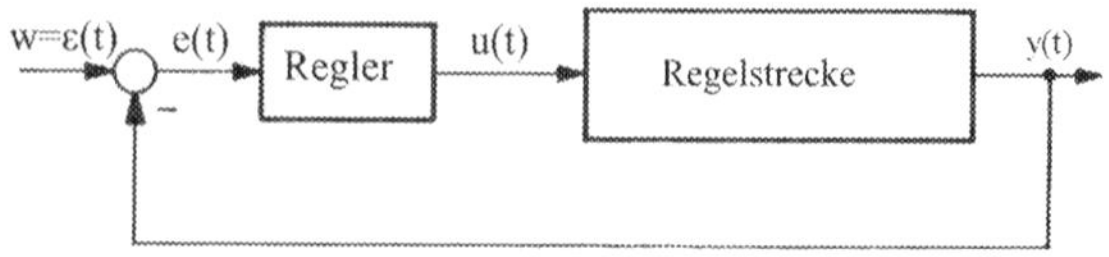

wobei K_R für die Reglerverstärkung steht und mit T_I die Integrierzeit bezeichnet wird. Im Zeitbereich nimmt diese Gleichung die Form

$$u(t) = K_R \cdot e(t) + \frac{K_R}{T_I} \cdot \int_0^t e(\tau)d\tau$$

an. Im Interesse einer Optimierung stehen in diesem Fall die Reglerparameter K_R und T_I zur Verfügung. Diese Parameter müssen so gewählt werden, dass die Regelgröße $y(t)$ ein noch zu definierendes, möglichst günstiges Zeitverhalten aufweist. Die naheliegendste Möglichkeit besteht darin, dem Regelkreis ein geeignetes Gütemaß zuzuordnen und dieses durch eine gezielte Wahl von K_R und T_I zu minimieren. Ein häufig benutztes Gütemaß ist die sogenannte *quadratische Regelfläche*

$$J = \int_0^\infty e^2(t)dt. \tag{1.1}$$

Denken wir uns als Führungsgröße $w(t)$ den Einheitssprung $\varepsilon(t)$ aufgeschaltet, dann durchläuft bei vorausgesetzter Stabilität des geschlossenen Regelkreises die Regeldifferenz $e(t)$ eine gedämpfte Schwingung und strebt mit zunehmender Zeit t gegen Null. Im Abb. 1.2 ist ein solcher typischer Verlauf skizziert.

Zum Zeitpunkt $t = 0$ hat die Regeldifferenz $e(t) = w(t) - y(t)$ den Wert 1, nachdem wegen der unvermeidlichen Trägheit einer jeden technisch realistischen Regelstrecke die Regelgröße $y(t)$ zunächst den Wert 0 hat. Man ist nun logischerweise bestrebt, den Verlauf der Regeldifferenz $e(t)$ bezüglich der Amplitude so klein und zeitlich betrachtet so kurz als möglich zu halten. Für jede ganz bestimmte Einstellung der Reglerparameter K_R und T_I ergibt sich jeweils bei Aufschaltung der Führungsgröße $w(t) = \varepsilon(t)$ ein eindeutiger Verlauf von $e(t)$ und mit ihm auch der Wert des Gütemaßes J. Das Gütemaß ist also eine Funktion der Reglerparameter

$$J = J(K_R, T_I). \tag{1.2}$$

Abb. 1.2 Typischer Verlauf der Regeldifferenz $e(t)$

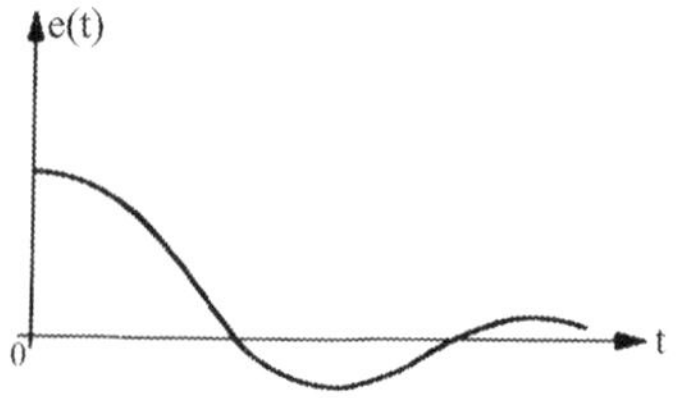

Die Aufgabe besteht deshalb darin, die Reglerparameter so zu bestimmen, dass diese Funktion ein Extremum, genau gesagt, ein Minimum annimmt. Die *optimalen* Werte erhält man aus den Gleichungen

$$\frac{\partial J}{\partial K_R} = 0; \ \frac{\partial J}{\partial T_I} = 0. \tag{1.3}$$

Beispiel 1.1
Gegeben ist eine verzögerungsbehaftete Strecke 3. Ordnung mit der Übertragungsfunktion

$$G_S(s) = \frac{1}{(1+s)^3}. \tag{1.4}$$

Für diese Regelstrecke soll ein PI-Regler, dessen Übertragungsfunktion

$$G_R(s) = K_R\left(1 + \frac{1}{sT_I}\right) \tag{1.5}$$

lautet, auf der Basis der Gl. 1.3 optimiert werden. Dabei sind die optimalen Reglerparameter $K_{R,opt}$ und $T_{I,opt}$ so zu bestimmen, dass die quadratische Regelfläche J für eine sprungförmige Führungsgröße ein Minimum annimmt.

Unter der Voraussetzung einer sprungförmigen Führungsgröße $w(t) = \varepsilon(t)$ und somit $W(s) = \frac{1}{s}$ ergibt sich die Regeldifferenz im Bildbereich zu

$$E(s) = \frac{1}{s} \cdot \frac{1}{1 + G_R(s)G_S(s)}. \tag{1.6}$$

Wenden wir auf Gl. 1.6 die *Parsevalsche Gleichung*

$$\int_0^\infty e^2(t)dt = \frac{1}{2\pi j}\int_{-j\infty}^{+j\infty} E(j\omega)E(-j\omega)d\omega$$

an, so erhält man nach einigen elementaren Zwischenrechnungen für die quadratische Regelfläche

$$J = \frac{T_I(8-K_R)}{2K_R\left\{(1+K_R)(8-K_R) - \frac{9K_R}{T_I}\right\}}. \tag{1.7}$$

Im gesuchten optimalen Arbeitspunkt müssen notwendigerweise die Bedingungen

$$\frac{\partial J}{\partial K_R} = 0 \tag{1.8}$$

und

$$\frac{\partial J}{\partial T_I} = 0 \tag{1.9}$$

erfüllt sein. Jede dieser beiden Bedingungen liefert eine *OptimalkurveT*$_I = T_I(K_R)$, deren Schnittpunkt der gesuchte Optimalpunkt ist. Aus Gl. (1.8) erhält man

$$T_{I,opt,1} = \frac{9K_R(16 - K_R)}{(8 - K_R)^2(1 + 2K_R)} \tag{1.10}$$

und aus Gl. (1.9)

$$T_{I,opt,2} = \frac{18K_R}{(1 + K_R)(8 - K_R)}. \tag{1.11}$$

Durch Gleichsetzen der rechten Seiten dieser beiden Gleichungen ergibt sich zunächst die optimale Reglerverstärkung

$$K_{R,opt} = 5 \text{ und aus Gl. (1.10) oder (1.11) } T_{I,opt} = 5s$$

.

Abb. 1.3 zeigt die beiden Optimalkurven zusammen mit dem Optimalpunkt.

Die hier aufgezeigte Parameteroptimierung ist für einen breiten Anwendungsbereich ein nützliches Entwurfsverfahren. Die Optimierungsmöglichkeiten sind allerdings wesentlich eingeschränkt, insofern sie von vorneherein von einer fest vorgegebenen

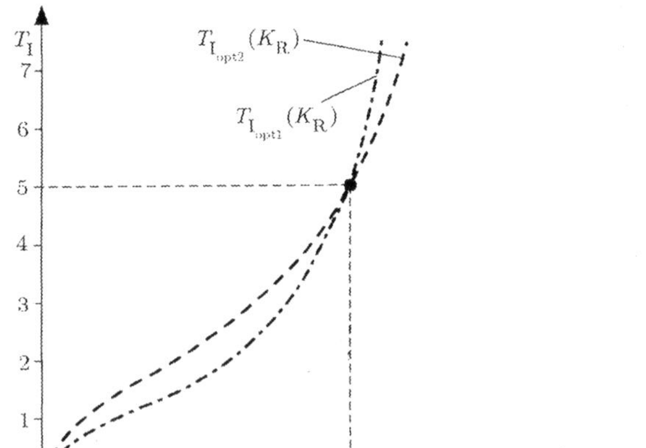

Abb. 1.3 Optimalkurven und Optimalpunkt

Struktur des Reglers ausgeht.

1.2 Strukturoptimierung

Nachdem seit mehr als einem halben Jahrhundert digitale Regler extrem kostengünstig zu erwerben sind legt man immer seltener die Struktur des Reglers von vorneherein fest und versucht statt dessen, unter allen möglichen *Reglerstrukturen* diejenige zu finden, welche das durch die Aufgabenstellung gegebene Gütemaß zum Extremum macht. Man spricht deshalb in diesem Zusammenhang von einer *Strukturoptimierung*.

Bei dieser Optimierungsmethode sind grundsätzlich zwei Informationen vorgegeben:

- Das mathematische Modell der Regelstrecke, gewonnen aus den physikalischen Zusammenhängen des zu regelnden Systems oder durch Identifikationen, wozu neuerdings kostengünstige Softwaretools im Handel sind.
- Das für die Aufgabenstellung geeignete Gütemaß J, welches die Regelung erfüllen soll.

Das Modell der Strecke muss von wenigen Ausnahmen abgesehen in der Zustandsraum-Darstellung gegeben sein. Sie ist im Rahmen der Strukturoptimierung die einzige sachgemäße Beschreibung des zu regelnden Prozesses. Im Abb. 1.4 ist der zu regelnde Prozess als Blockbild dargestellt.

Dabei ist

$$\dot{\boldsymbol{x}}(t) = \boldsymbol{f}(\boldsymbol{x}(t), \boldsymbol{u}(t), t)$$

die Zustandsdifferenzialgleichung,

$$x(t) = [x_1(t), x_2(t) \ldots, x_n(t)]^T$$

der Zustandsvektor,

$$\boldsymbol{u}(t) = [u_1(t), u_2(t) \ldots, u_r(t)]^T$$

der Steuervektor sowie

$$\boldsymbol{x}(t_0) = [x_1(t_0), x_2(t_0) \ldots, x_n(t_0)]^T$$

der Vektor der durch die Vorgeschichte bestimmte Anfangswert der Regelstrecke; auch als *Anfangszustand* bezeichnet.

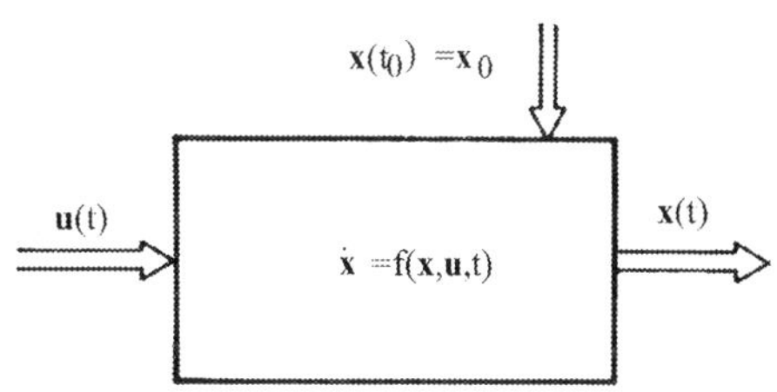

Abb. 1.4 Blockbild in Zustandsrum-Darstellung

Bei einer Reihe von Problemstellungen wird gefordert, dass der Zustand $\boldsymbol{x}(t)$ des zu steuernden oder zu regelnden Systems zu einem spezifizierten Endzeitzeitpunkt t_e einen gewünschten Betriebszustand $\boldsymbol{x}(t_e)$ erreicht hat. Bei anderen Aufgabenstellungen kann entweder der Endzustand $\boldsymbol{x}(t_e)$ und/oder der Endzeitzeitpunkt t_e frei sein. Auf diese Mannigfaltigkeit wird in einem späteren Kapitel ausführlich eingegangen.

Wie aus Abb. 1.4 hervorgeht, ist der Eingangsvektor der Regelstrecke die Ausgangsgröße des vorzuschaltenden Reglers. Nachdem im Gegensatz zur Parameteroptimierung die Struktur des Reglers vollkommen frei ist, sind grundsätzlich beliebige Steuervektoren $\boldsymbol{u}(t)$ erlaubt. Damit kann unsere Optimierungsaufgabe folgendermaßen formuliert werden:

Definition
Es ist *der* Steuervektor $\boldsymbol{u}(t)$ zu bestimmen, der den Zustandsvektor $\boldsymbol{x}(t)$ des zu regelnden Systems von einem Anfangszustand $\boldsymbol{x}(t_0)$ in den gewünschten Endzustand $\boldsymbol{x}(t_e)$ überführt und dabei das spezifizierte Gütemaß J minimiert.

Mathematische Grundlagen 2

Mit diesem Kapitel wird die Absicht verfolgt, die wichtigsten Rechenregeln der Matrizen- und Vektorrechnung aufzuzeigen, die in diesem Buch von zentraler Bedeutung sind. Vektoren werden grundsätzlich mit Kleinbuchstaben oder griechischen Symbolen in Fettdruck angedeutet, beispielsweise $\boldsymbol{x}$ oder $\boldsymbol{\alpha}$. Matrizen werden ebenso im Fettdruck aber zur Unterscheidung mit Großbuchstaben oder mit griechischen Kleinbuchstaben angedeutet, also $\boldsymbol{X}$ oder $\boldsymbol{\varphi}$. Die Transponierte von Vektoren oder Matrizen wird durch ein hochgestelltes T angedeutet, etwa $\boldsymbol{x}^T$ oder $\boldsymbol{A}^T$. Wenn nicht anders vereinbart verstehen wir unter Vektoren grundsätzlich Spaltenvektoren. Die inverse transponierte einer Matrix wird mit dem hochgestellten Index $-T$ symbolisch angedeutet, zum Beispiel $\boldsymbol{A}^{-T}$.

2.1 Rechenregeln der Matrizenrechnung

Ein geordneter Satz von $(n * m)$ reellen oder komplexen Elementen mit n Zeilen und m Spalten, wird als eine $(n * m)$-*Matrix* bezeichnet. Für den Fall n = m spricht man von einer quadratischen Matrix, wie sie formal auf folgende Art angedeutet wird:

$$\boldsymbol{A} = \begin{bmatrix} a_{11} & a_{12} & \cdot & \cdot & a_{1n} \\ a_{21} & a_{22} & \cdot & \cdot & a_{2n} \\ \cdot & \cdot & & & \cdot \\ \cdot & \cdot & & & \cdot \\ a_{n1} & a_{n2} & \cdot & \cdot & a_{nn} \end{bmatrix}.$$

Ein *Zeilenvektor* mit n Elementen wird symbolisch durch

$$\boldsymbol{x}^T = [x_1, x_2, \ldots, x_n]$$

A. Braun, *Optimale und adaptive Regelung technischer Systeme*,
https://doi.org/10.1007/978-3-658-30916-9_2

gekennzeichnet. Eine Matrix, bei der sämtliche Elemente außer denen in der Hauptdiagonale Null sind, ist die sogenannte *Diagonalmatrix:*

$$\boldsymbol{A} = \begin{bmatrix} a_{11} & 0 & 0 \\ 0 & a_{22} & 0 \\ 0 & 0 & a_{33} \end{bmatrix}.$$

Eine *symmetrische Matrix* ist quadratisch und symmetrisch zur Hauptdiagonalen, also $\boldsymbol{A}^T = \boldsymbol{A}$. Eine Matrix mit der Eigenschaft $\boldsymbol{A}^T = -\boldsymbol{A}$ wird als *schiefsymmetrisch* bezeichnet.

Der *Kofaktor* ist der Wert der Determinante einer Matrix $\boldsymbol{A}$, die durch Streichen der i-ten Zeile und j-ten Spalte entsteht, wobei jedes gestrichene Element mit $(-1)^{i+j}$ multipliziert wird.

Die *Adjungierte* einer quadratischen Matrix $\boldsymbol{A}$ erhält man dadurch, dass man jedes Element durch seinen Kofaktor ersetzt und diese Matrix anschließend transponiert.

Die *charakteristische Matrix* einer $(n*n)$-Matrix $\boldsymbol{A}$ mit konstanten Elementen errechnet sich aus

$$\boldsymbol{C} = \left[\lambda \boldsymbol{I} - \boldsymbol{A}\right],$$

wobei $\boldsymbol{I}$ die $(n*n)$-Einheitsmatrix ist; $det[\boldsymbol{C}] = det\left[\lambda \boldsymbol{I} - \boldsymbol{A}\right] = 0$ ist die *charakteristische Gleichung* der Matrix $\boldsymbol{A}$. Die n Lösungen $\lambda_1, \lambda_2, ..., \lambda_n$ der charakteristischen Gleichung bezeichnet man als *Eigenwerte* der Matrix $\boldsymbol{A}$.

Zwei Matrizen $\boldsymbol{A}$ und $\boldsymbol{B}$ gleicher Ordnung werden *addiert* beziehungsweise subtrahiert, indem man ihre korrespondierenden Elemente addiert (subtrahiert):

$$\boldsymbol{A} + (\boldsymbol{B} + \boldsymbol{C}) = (\boldsymbol{A} + \boldsymbol{B}) + \boldsymbol{C}.$$

Eine Matrix $\boldsymbol{A}$ wird mit einem *Skalar k multipliziert,* indem wir jedes Element von $\boldsymbol{A}$ mit der Konstanten k multiplizieren.

Multiplikation von zwei Vektoren:
Wir erhalten die Multiplikation eines Zeilenvektors $\boldsymbol{x}^T$ mit einem Spaltenvektor $\boldsymbol{y}$ durch Multiplikation der korrespondierenden Elemente und nachfolgender Addition der Produkte:

$$\boldsymbol{x}^T \boldsymbol{y} = [x_1, x_2, \ldots, x_n] \cdot \begin{bmatrix} y_1 \\ y_2 \\ \cdot \\ \cdot \\ y_n \end{bmatrix} = (x_1 y_1 + x_2 y_2 + \ldots + x_n y_n).$$

Der Skalar $\boldsymbol{x}^T \boldsymbol{y}$ wird häufig auch als *inneres Produkt* der beiden Vektoren bezeichnet.

Wenn $\boldsymbol{x}$ und $\boldsymbol{y}$ zwei gleiche Vektoren sind, so ist das innere Produkt dieser Vektoren identisch mit der *Betragsbildung:*

$$\boldsymbol{x}^T \boldsymbol{x} = \left\|\boldsymbol{x}^2\right\| = \langle x, x \rangle,$$

$$\boldsymbol{x}^T \boldsymbol{P} \boldsymbol{x} = \left\| \boldsymbol{x}_{\boldsymbol{P}}^2 \right\| = \langle x, Px \rangle.$$

In Analogie dazu ist das *äußere Produkt* zweier Vektoren definiert. In diesem Fall müssen die Vektoren $\boldsymbol{x}$ und $\boldsymbol{y}$ nicht notwendig die gleiche Dimension haben:

$$\boldsymbol{x}\boldsymbol{y}^T = \begin{bmatrix} x_1 \\ x_2 \\ \cdot \\ \cdot \\ x_n \end{bmatrix} \cdot \begin{bmatrix} y_1, y_2, \ldots, y_n \end{bmatrix} = \begin{bmatrix} x_1 y_1 x_1 y_2 \ldots x_1 y_n \\ x_2 y_1 x_2 y_2 \ldots x_2 y_n \\ \vdots \\ x_n y_1 x_n y_2 \ldots x_n y_n \end{bmatrix}.$$

Multiplikation zweier Matrizen:

Zwei Matrizen können nur miteinander multipliziert werden, wenn die Anzahl der Spalten der ersten Matrix mit der Zeilenzahl der zweiten Matrix identisch ist. Das Produkt zweier Matrizen ist definiert durch die Gleichung

$$\boldsymbol{C}_{ij} = \boldsymbol{A}\boldsymbol{B}_{ij} = \sum_{k=1}^{k=p} a_{ik} \cdot b_{kj},$$

wobei die Matrizen $\boldsymbol{A}, \boldsymbol{B}$ und $\boldsymbol{C}$ von der Ordnung $(m * p)$, $(p * n)$ sowie $(m * n)$ sind.

Die *Inverse einer Matrix:*

Sofern die Matrix $\boldsymbol{A}$ regulär ist, also $det[\boldsymbol{A}] \neq 0$, errechnet sich ihre *inverse Matrix* aus

$$\boldsymbol{G} = \boldsymbol{A}^{-1} = \frac{adj[\boldsymbol{A}]}{det[\boldsymbol{A}]} = \frac{adj[\boldsymbol{A}]}{|\boldsymbol{A}|}.$$

Die *Inverse aus dem Produkt zweier Matrizen* errechnet sich aus

$$(\boldsymbol{A}\boldsymbol{B})^{-1} = \boldsymbol{B}^{-1}\boldsymbol{A}^{-1}.$$

Die dazu analoge Aussage gilt für die *Transponierte eines Matrix-Produkts:*

$$(\boldsymbol{A}\boldsymbol{B})^T = \boldsymbol{B}^T\boldsymbol{A}^T.$$

Quadratische Form:

Eine *quadratische Form* in $\boldsymbol{x}$ ist definiert als

$$Q = \boldsymbol{x}^T \boldsymbol{A} \boldsymbol{x} = \sum_{i=1}^{n} \sum_{j=1}^{n} a_{ij} x_i x_j,$$

wobei $\boldsymbol{A}$ eine quadratische Matrix ist. Eine quadratische Form wird als *positiv definit* bezeichnet, sofern $Q > 0$ für $\boldsymbol{x} \neq 0$. Eine notwendige und hinreichende Bedingung für eine *positiv definite* Matrix $\boldsymbol{A}$ besteht darin, dass ihre sämtlichen Unterdeterminanten positiv sind:

$$|a_{11}| > 0, \quad \begin{vmatrix} a_{11} & a_{12} \\ a_{21} & a_{22} \end{vmatrix} > 0, \text{ etc.}$$

Falls die Matrix *positiv semidefinit* ist, muss das - Symbol mit ersetzt werden. Die entsprechende Aussage gilt für *negativ definit* beziehungsweise *negativ semidefinit.*

2.2 Differenziation von Vektoren und Matrizen

Differenziation eines Vektors nach einem *Skalar*. Mit $z = z(t)$ gilt

$$\frac{dz}{dt} = \left[\frac{dz_1}{dt}, \frac{dz_2}{dt}, \ldots, \frac{dz_n}{dt}\right]^T;$$

oder einer *Matrix* $\boldsymbol{A} = \boldsymbol{A}(t)$

$$\boldsymbol{A} = \boldsymbol{A}(t), \frac{d\boldsymbol{A}}{dt} = \begin{bmatrix} \frac{da_{11}}{dt} & \frac{da_{12}}{dt} & \cdots & \frac{da_{1n}}{dt} \\ \frac{da_{21}}{dt} & \frac{da_{22}}{dt} & \cdots & \frac{da_{2n}}{dt} \\ & \vdots & & \\ \frac{da_{n1}}{dt} & \frac{da_{n2}}{dt} & \cdots & \frac{da_{nn}}{dt} \end{bmatrix}.$$

Differenziation einer Skalarfunktion $f(\boldsymbol{x})$ nach einem *Vektor* $\boldsymbol{x}$.

Mit $f = f(\boldsymbol{x})$ erhalten wir

$$\frac{df}{d\boldsymbol{x}} = \left[\frac{df}{dx_1} \frac{df}{dx_2} \cdots \frac{df}{dx_n}\right]^T.$$

Dieser Ausdruck wird häufig auch als *Gradient* bezeichnet, angedeutet durch den Nabla-Operator; $\nabla_{\boldsymbol{x}} f = \frac{df}{d\boldsymbol{x}}$.

Differenziation einer m-dimensionalen *Vektorfunktion* $\boldsymbol{f}$, die von einem n-dimensionalen Vektor $\boldsymbol{x}$ abhängt:

$$\boldsymbol{f}(\boldsymbol{x}) = \begin{bmatrix} f_1(\boldsymbol{x}) \\ f_2(\boldsymbol{x}) \\ \vdots \\ f_m(\boldsymbol{x}) \end{bmatrix} = \begin{bmatrix} f_1(x_1, x_2, \ldots, x_n) \\ \vdots \\ f_m(x_1, x_2, \ldots, x_n) \end{bmatrix}.$$

$$\frac{d\boldsymbol{f}^T}{d\boldsymbol{x}} = \begin{bmatrix} \frac{df_1}{dx_1} & \frac{df_2}{dx_1} & \cdots & \frac{df_m}{dx_1} \\ \frac{df_1}{dx_2} & \frac{df_2}{dx_2} & \cdots & \frac{df_m}{dx_2} \\ & \vdots & & \\ \frac{df_1}{dx_n} & \frac{df_2}{dx_n} & \cdots & \frac{df_m}{dx_n} \end{bmatrix}.$$

Diese Matrix wird in Fachkreisen auch als *Jacobi-Matrix* bezeichnet.

Operationen mit partiellen Ableitungen:

Der Vektor $\boldsymbol{x}$ der Funktion $\boldsymbol{f}(\boldsymbol{x})$ möge seinerseits von den beiden skalaren Variablen t und ε abhängen, also

$$\boldsymbol{f}(\boldsymbol{x}(t,\varepsilon)) = \begin{bmatrix} f_1(x_1(t,\varepsilon),\ldots x_n(t,\varepsilon)) \\ f_2(x_1(t,\varepsilon),\ldots x_n(t,\varepsilon)) \\ \vdots \\ f_m(x_1(t,\varepsilon),\ldots x_n(t,\varepsilon)) \end{bmatrix}.$$

Will man diese Funktion nach ε differenzieren, so hat man nach den Rechenregeln der Vektordifferenziation jede Komponente nach ε zu differenzieren:

$$\frac{\partial \boldsymbol{f}(\boldsymbol{x}(t,\varepsilon))}{\partial \varepsilon} = \begin{bmatrix} \frac{\partial f_1}{\partial x_1} & \cdots & \frac{\partial f_1}{\partial x_n} \\ \frac{\partial f_2}{\partial x_1} & \cdots & \frac{\partial f_2}{\partial x_n} \\ & \vdots & \\ \frac{\partial f_m}{\partial x_1} & \cdots & \frac{\partial f_m}{\partial x_n} \end{bmatrix} \cdot \begin{bmatrix} \frac{\partial x_1}{\partial \varepsilon} \\ \frac{\partial x_2}{\partial \varepsilon} \\ \vdots \\ \frac{\partial x_n}{\partial \varepsilon} \end{bmatrix}.$$

Diese Ableitung wird verkürzt in der Form $\frac{\partial f}{\partial \boldsymbol{x}} \cdot \frac{\partial \boldsymbol{x}}{\partial \varepsilon}$ ausgedrückt; wobei die obige Matrix als *Jacobische Funktionalmatrix* bezeichnet wird. Wie wir sehen, verbirgt sich hinter dieser Rechenvorschrift die Kettenregel der Differenzialrechnung.

Taylor-Reihe einer skalaren Funktion $f(\boldsymbol{x})$ in der Umgebung von $\boldsymbol{x}_0$

$$f(\boldsymbol{x}) = f(\boldsymbol{x}_0) + \left[\frac{\partial f(\boldsymbol{x}_0)}{\partial \boldsymbol{x}}\right]^T (\boldsymbol{x}-\boldsymbol{x}_0) + \frac{1}{2}(\boldsymbol{x}-\boldsymbol{x}_0)^T \left[\frac{\partial}{\partial \boldsymbol{x}}\left(\frac{\partial f(\boldsymbol{x}_0)}{\partial \boldsymbol{x}}\right)\right]^T (\boldsymbol{x}-\boldsymbol{x}_0) + \ldots$$

Die Taylor-Reihe einer Vektor-Funktion $\boldsymbol{f}(\boldsymbol{x})$ um $\boldsymbol{x}_0$ ist exakt in gleicher Weise definiert.

2.3 Systeme linearer Vektor-Differenzialgleichungen

Zustandsvektor

Die n notwendigen Zustandsvariablen zur vollständigen Beschreibung des dynamischen Verhaltens eines technischen Systems sind die n Komponenten des Zustandsvektors$\boldsymbol{x}$. Somit determiniert der Zustandsvektor $\boldsymbol{x}(t)$ den physikalischen Zustand des analysierten Systems eindeutig für jeden Zeitpunkt $t \geq t_0$, sofern dessen Zustand für $t = t_0$ und der Eingangsvektor $\boldsymbol{u}(t)$ für $t \geq t_0$ bekannt sind.

Zustandsraum

Der n-dimensionale Raum, dessen Koordinatenachsen die *Zustandsgrößen* x_1, x_2.. x_n sind, wird als Zustandsraum bezeichnet. Damit wird jeder Zustand durch einen Punkt im Zustandsraum repräsentiert.

Beschreibung linearer Systeme durch Zustandsvariable

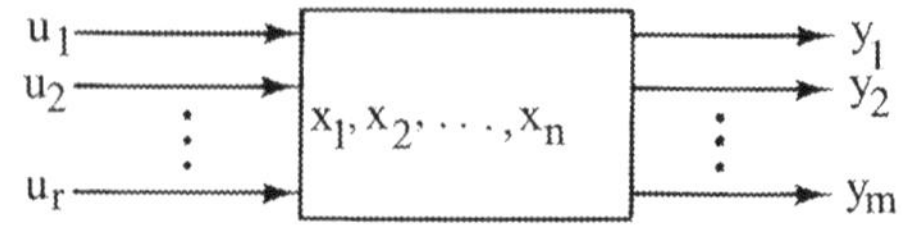

Abb. 2.1 Dynamisches System

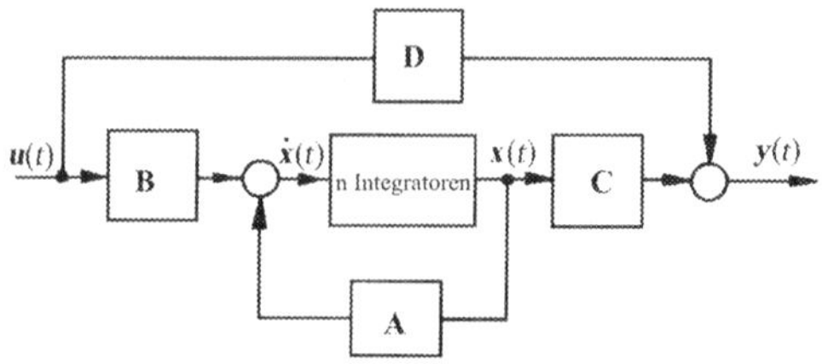

Abb. 2.2 Blockschaltbild der Zustands- und Ausgangsgleichung

Im Interesse der Modellierung dynamischer Systeme treten drei Variablentypen auf: Eingangsvariable, Zustandsvariable und Ausgangsvariable. Betrachten wir hierzu ein dynamisches System in der allgemeinsten Darstellung entsprechend Abb. 2.1.

Um die innere Struktur eines dynamischen Systems mathematisch zu erfassen, führt man zusätzlich zu den r Eingangs- oder Steuergrößen$u_i(t)$, $i = 1, 2, \ldots, r$ und den m Ausgangsgrößen$y_l(t)$, $l = 1, 2, \ldots, m$ weitere n Größen $x_k(t)$ ein, die den momentanen inneren Zustand des Systems in eindeutiger Weise kennzeichnen und daher als Zustandsgrößen oder auch als Zustandsvariable bezeichnet werden. Aus mathematischer Sicht entspricht die Darstellung dynamischer Systeme im Zustandsraum der Umwandlung einer Differenzialgleichung n-ter Ordnung in ein dazu äquivalentes System von n Differenzialgleichungen erster Ordnung. Physikalisch gesehen ist der Zustand eines dynamischen Systems durch den Energieinhalt der im System vorhandenen Energiespeicher bestimmt. Konkret heißt das, der Zustand eines Systems mit n Energiespeichern wird durch n Zustandsgrößen beschrieben, die zu einem Zustandsvektor

$$\dot{\boldsymbol{x}}(t) = \boldsymbol{f}[\boldsymbol{x}(t), \boldsymbol{u}(t)] \tag{2.1}$$

zusammengefasst werden. Die Vektorgleichung (2.1) wird als *Zustandsdifferenzialgleichung*

und die Vektorgleichung

$$\boldsymbol{y}(t) = \boldsymbol{g}[\boldsymbol{x}(t), \boldsymbol{u}(t)] \tag{2.2}$$

wird als *Ausgangsgleichung* bezeichnet. Der Vektor $\boldsymbol{y}(t)$ ist der *Ausgangsvektor*. Für lineare, zeitinvariante Systeme wird die Zustandsgleichung

$$\dot{\boldsymbol{x}}(t) = \boldsymbol{A}\boldsymbol{x}(t) + \boldsymbol{B}\boldsymbol{u}(t) \tag{2.3}$$

und die Ausgangsgleichung

$$\boldsymbol{y}(t) = \boldsymbol{C}\boldsymbol{x}(t) + \boldsymbol{D}\boldsymbol{u}(t). \tag{2.4}$$

Dabei ist $\boldsymbol{A}$ die $(n * n)$-*Systemmatrix*, $\boldsymbol{B}$ die $(n * r)$-*Eingangs*- oder *Steuermatrix*, $\boldsymbol{C}$ die $(m * n)$-*Ausgangsmatrix* und $\boldsymbol{D}$ die $(m * r)$-*Durchgangsmatrix*. Abb. 2.2 zeigt das zu den Gleichungen (2.3) und (2.4) entsprechende Blockschaltbild.

Für Systeme mit nur einer Eingangs- und einer Ausgangsgröße, so genannte *Eingrößensysteme,* wird die Steuermatrix zum *Steuervektor* $\boldsymbol{b}$ und die Ausgangsmatrix $\boldsymbol{C}$ zum *Ausgangsvektor* $\boldsymbol{c}$.

Beispiel 2.1

Anhand dieses einführenden Beispiels soll aus der gegebenen Differenzialgleichung die dazu entsprechende Zustandsgleichung sowie die Ausgangsgleichung erstellt werden. Betrachten wir hierzu das durch die Differenzialgleichung

$$\dddot{y} + 6\ddot{y} + 11\dot{y} + 6y = 6u,$$

definierte System, wobei y Ausgangsgröße und uEingangsgröße ist. Für dieses Beispiel ist durch die Kenntnis der Anfangswerte $y(0), \dot{y}(0)$ und $\ddot{y}(0)$ zusammen mit der Eingangsgröße $u(t)$ für $t \geq 0$ das zeitliche Verhalten des Systems vollständig bestimmt. Definieren wir die zu wählenden Zustandsgrößen als

$$x_1 = y$$

$$x_2 = \dot{y}$$

$$x_3 = \ddot{y}$$

und differenzieren jede Zustandsgröße einmal nach der Zeit, so erhalten wir

$$\dot{x}_1 = \dot{y} = x_2$$

$$\dot{x}_2 = \ddot{y} = x_3$$

$$\dot{x}_3 = \dddot{y} = -6x_1 - 11x_2 - 6x_3 + 6u.$$

Die letzte dieser drei Gleichungen haben wir durch Auflösen der ursprünglichen Differenzialgleichung nach der höchsten Ableitung der Ausgangsgröße und Substitution der Zustandsgrößen x_1, x_2, x_3 erreicht. In Vektorschreibweise werden diese drei Differenzialgleichungen erster Ordnung wie folgt zur *Zustandsgleichung:*

$$\begin{bmatrix} \dot{x}_1 \\ \dot{x}_2 \\ \dot{x}_3 \end{bmatrix} = \begin{bmatrix} 0 & 1 & 0 \\ 0 & 0 & 1 \\ -6 & 11 & -6 \end{bmatrix} \cdot \begin{bmatrix} x_1 \\ x_2 \\ x_3 \end{bmatrix} + \begin{bmatrix} 0 \\ 0 \\ 6 \end{bmatrix} \cdot u. \tag{2.5}$$

Die *Ausgangsgleichung* lautet für dieses Beispiel

$$y = \begin{bmatrix} 1 & 0 & 0 \end{bmatrix} \cdot \begin{bmatrix} x_1 \\ x_2 \\ x_3 \end{bmatrix}. \tag{2.6}$$

Die Gl. (2.5) und (2.6) werden in komprimierter Darstellung zu

$$\dot{\boldsymbol{x}}(t) = \boldsymbol{A}\boldsymbol{x}(t) + \boldsymbol{b}u(t)$$

$$y(t) = \boldsymbol{c}^T\boldsymbol{x}(t) + d \cdot u$$

mit

$$\boldsymbol{A} = \begin{bmatrix} 0 & 1 & 0 \\ 0 & 0 & 1 \\ -6 & -11 & -6 \end{bmatrix}, \boldsymbol{b} = \begin{bmatrix} 0 \\ 0 \\ 6 \end{bmatrix}, \boldsymbol{c}^T = \begin{bmatrix} 1 & 0 & 0 \end{bmatrix}, \; d = 0.$$

2.3.1 Lösung der Vektordifferenzialgleichung im Zeitbereich

Die Vektordifferenzialgleichung

$$\dot{\boldsymbol{x}}(t) = \boldsymbol{A}\boldsymbol{x}(t) + \boldsymbol{B}\boldsymbol{u}(t)$$

hat formale Ähnlichkeit mit der skalaren Differenzialgleichung 1. Ordnung

$$\dot{x}(t) = a \cdot x(t) + b \cdot u(t).$$

Ihre Anfangsbedingung zum Zeitpunkt $t_0 = 0$ sei mit $x(0) = x_0$ bezeichnet. Übertragen wir diese Differenzialgleichung in den Bildbereich, so erhalten wir

$$sX(s) - x_0 = aX(s) + bU(s)$$

und daraus

$$X(s) = \frac{1}{s-a} \cdot x_0 + \frac{1}{s-a} \cdot bU(s)$$

Durch Rücktransformation in den Zeitbereich erhalten wir durch Anwendung des Faltungsintegrals die Lösung dieser Gleichung

$$x(t) = e^{at} \cdot x_0 + \int_0^t e^{a(t-\tau)} bu(\tau) d\tau.$$

Es ist deshalb naheliegend, für den vektoriellen Fall der Zustandsgleichung die gleiche Struktur der Lösung anzusetzen und die skalaren Größen durch entsprechende Vektoren bzw. Matrizen zu ersetzen. Rein formal führt diese Strategie auf die Beziehung

$$\boldsymbol{x}(t) = e^{\boldsymbol{A}t} \cdot \boldsymbol{x}_0 + \int_0^t e^{\boldsymbol{A}(t-\tau)} \boldsymbol{B}\boldsymbol{u}(\tau) d\tau. \tag{2.7}$$

Die hier auftretende Matrizenfunktion e^{At} ist in Anlehnung an den skalaren Fall durch die Reihe

$$e^{At} = \boldsymbol{I} + \boldsymbol{A}\frac{t}{1!} + \boldsymbol{A}^2\frac{t^2}{2!} + \ldots$$

definiert; $\boldsymbol{I}$ bezeichnet die bereits bekannte $(n * n)$-Einheitsmatrix und die Potenzen der Systemmatrix $\boldsymbol{A}$ stellen die Matrizenprodukte entsprechend ihrer Potenz dar. *Allgemein* wird Gl. (2.7) in der Form

$$\boldsymbol{x}(t) = \boldsymbol{\Phi}(t) \cdot \boldsymbol{x}_0 + \int_0^t \boldsymbol{\Phi}(t-\tau)\boldsymbol{B}\boldsymbol{u}(\tau)d\tau \tag{2.8}$$

geschrieben, wobei in Fachkreisen die Matrix

$$\boldsymbol{\Phi}(t) = e^{At} \tag{2.9}$$

als *Fundamental-* oder *Übergangsmatrix* oder auch als *Transitionsmatrix* bezeichnet wird. Diese Matrix ermöglicht gemäß Gl. (2.8) auf einfache Weise die Berechnung des Systemzustandes für alle Zeiten t allein aus der Kenntnis des Anfangszustands $\boldsymbol{x}_0$ zum Zeitpunkt $t_0 = 0$ und des zeitlichen Verlaufs des Eingangsvektors $\boldsymbol{u}(t)$.

Der Term $\boldsymbol{\Phi}(t) \cdot \boldsymbol{x}_0$ beschreibt die Lösung der *homogenen* Zustandsgleichung, die auch als *Eigenbewegung* oder *freie Reaktion* des Systems bezeichnet wird. Der zweite Term entspricht der *partikulären* Lösung, auch als *erzwungene Bewegung* bezeichnet, also dem der äußeren Anregung entsprechenden Anteil.

2.3.2 Lösung der Zustandsgleichung im Bildbereich

Für die Behandlung der Zustandsgleichungen im Bildbereich wird die Laplace-Transformierte zeitabhängiger Vektoren benötigt.

Zur Berechnung der Übergangsmatrix $\boldsymbol{\Phi}(s)$ werden die Zustandsgleichung (2.3) und die Ausgangsgleichung (2.4) einer Laplace-Transformation unterzogen:

$$s\boldsymbol{X}(s) - \boldsymbol{x}_0 = \boldsymbol{A}\boldsymbol{X}(s) + \boldsymbol{B}\boldsymbol{U}(s),$$

$$\boldsymbol{Y}(s) = \boldsymbol{C}\boldsymbol{X}(s) + \boldsymbol{D}\boldsymbol{U}(s).$$

Durch Umordnen der ersten Gleichung folgt

$$(s\boldsymbol{I} - \boldsymbol{A})\boldsymbol{X}(s) = \boldsymbol{x}_0 + \boldsymbol{B}\boldsymbol{U}(s)$$

und durch linksseitige Multiplikation mit $(s\boldsymbol{I} - \boldsymbol{A})^{-1}$

$$\boldsymbol{X}(s) = (s\boldsymbol{I} - \boldsymbol{A})^{-1} \cdot \boldsymbol{x}_0 + (s\boldsymbol{I} - \boldsymbol{A})^{-1} \cdot \boldsymbol{B}\boldsymbol{U}(s).$$

da $(s\boldsymbol{I} - \boldsymbol{A})^{-1}$ als nicht singulär und damit invertierbar vorausgesetzt wird. Diese Beziehung stellt die Laplace-Transformierte der Gl. (2.3) für $t_0 = 0$ und somit die

Lösung der Zustandsgleichung im Bildbereich dar. Der erste Term der rechten Seite beschreibt die freie Reaktion, der zweite Term die erzwungene Reaktion des Systems. Bezogen auf Gl. (2.4) ergibt sich sofort die Transitionsmatrix

$$\boldsymbol{\Phi}(t) = L^{-1}[(s\boldsymbol{I} - \boldsymbol{A})]^{-1} \tag{2.10}$$

oder

$$L[\boldsymbol{\Phi}(t)] = \boldsymbol{\Phi}(s) = (s\boldsymbol{I} - \boldsymbol{A})^{-1}.$$

Die Berechnung der Matrix $\boldsymbol{\Phi}(s)$ ergibt sich mit den bekannten Methoden der Matrizenrechnung aus der Inversion von $(s\boldsymbol{I} - \boldsymbol{A})$, also aus der Beziehung

$$\boldsymbol{\Phi}(s) = \frac{adj(s\boldsymbol{I} - \boldsymbol{A})}{\det(s\boldsymbol{I} - \boldsymbol{A})}.$$

Die Adjungierte einer Matrix $\boldsymbol{M} = \{m_{ij}\}$ entsteht daraus, dass man jedes Element m_{ij} durch den weiter oben definierten Kofaktor M_{ij} ersetzt und diese so entstehende Matrix anschließend transponiert. Der Kofaktor M_{ij} ist definiert durch

$$M_{ij} = (-1)^{i+j} \cdot D_{ij},$$

wobei D_{ij} die Determinante der Matrix ist, die aus der Matrix $\boldsymbol{M}$ durch Streichen der i-ten Zeile und j-ten Spalte entsteht. Damit besteht die Möglichkeit, die Fundamental-Matrix $\boldsymbol{\Phi}(t)$ analytisch zu bestimmen.

2.4 Steuerbarkeit und Beobachtbarkeit linearer Systeme

Das System

$$\dot{\boldsymbol{x}}(t) = \boldsymbol{A}\boldsymbol{x}(t) + \boldsymbol{B}\boldsymbol{u}(t)$$

wird als zustandssteuerbar bezeichnet, wenn es möglich ist ein Stellsignal zu erzeugen, das jeden beliebigen Anfangszustand des Systems in jeden beliebigen Endzustand in einem endlichen Zeitintervall überführt. Wenn *jeder* Zustand des Systems steuerbar ist, wird das betrachtete System als *vollständig steuerbar* bezeichnet.

Aus mathematischer Sicht ist das betrachtete System dann vollständig zustandssteuerbar, wenn die sogenannte *Steuerbarkeitsmatrix*

$$S_c = \left[\boldsymbol{B}\boldsymbol{A}\boldsymbol{B}\boldsymbol{A}^2\boldsymbol{B}\ldots\boldsymbol{A}^{n-1}\boldsymbol{B}\right] \tag{2.11}$$

den vollen Rang n hat, also n voneinander linear unabhängige Zeilen- oder Spaltenvektoren besitzt.

Das ungestörte System

$$\dot{\boldsymbol{x}}(t) = \boldsymbol{A}\boldsymbol{x}(t),$$

$$\boldsymbol{y}(t) = \boldsymbol{C}\boldsymbol{x}(t)$$

wird als *vollständig beobachtbar* bezeichnet, wenn jeder Zustand $\boldsymbol{x}(t)$ aus der Beobachtung der Ausgangsgröße $\boldsymbol{y}(t)$ innerhalb eines endlichen Zeitintervalls eindeutig bestimmt werden kann. Das Konzept der Beobachtbarkeit ist hilfreich bei der Rekonstruktion nicht messbarer Zustandsgrößen aus der Beobachtung messbarer Zustandsgrößen.

Analog zur Steuerbarkeit kann gezeigt werden, dass das betrachtete System dann und nur dann vollständig beobachtbar ist, wenn die sogenannte *Beobachtbarkeitsmatrix*

$$\boldsymbol{S}_o = \left[\boldsymbol{C}^T \boldsymbol{A}^T \boldsymbol{C}^T \ldots \left(\boldsymbol{A}^T\right)^{n-1} \boldsymbol{C}^T\right] \tag{2.12}$$

den vollen Rang n hat.

2.5 Die Stabilität geregelter Systeme

2.5.1 Der Stabilitätsbegriff

Fasst man ein dynamisches System ganz pauschal als Übertragungsglied auf so ist es naheliegend, die Stabilität aufgrund seines Übertragungsverhaltens zu definieren. Bei der so genannten *BIBO-Stabilität* (Bounded Input, Bounded Output) wird ein System dann als stabil bezeichnet, wenn es auf jede beschränkte Eingangsgröße mit einer beschränkten Ausgangsgröße reagiert. Für praktische Anwendungen ist es häufig zweckmäßiger, das Stabilitätsverhalten eines Systems durch seine Reaktion auf eine eindeutig definierte Testfunktion zu charakterisieren. Hierfür bietet sich ganz besonders der Einheitssprung

$$u(t) = \varepsilon(t) = \begin{cases} 0 & \text{für } t < 0 \\ 1 & \text{für } t \geq 0 \end{cases}$$

an, weil ja durch die Übergangsfunktion $h(t)$ das gesamte Übertragungsverhalten eines Systems bestimmt ist. Wir kommen daher zu folgender.

Definition:

Ein lineares, zeitinvariantes System wird als *stabil* bezeichnet, wenn seine Sprungantwort $y(t)$, oder aufgrund der vorausgesetzten Linearität, seine Übergangsfunktion $h(t)$ mit zunehmender Zeit einem endlichen Wert zustrebt, also.

$$h(t)|_{t\to\infty} = konst.$$

2.5.2 Stabilitätsbeurteilung anhand der Übertragungsfunktion

Alternativ zur obigen Definition lässt sich die Stabilität eines Systems auf die Untersuchung der *Übertragungsfunktion* reduzieren. Hieraus resultiert eine weitere, bzw. modifizierte.

Definition:
Ein System ist dann und nur dann *stabil*, wenn sämtliche Pole seiner Übertragungsfunktion $G(s)$ links der imaginären Achse der komplexen $s-$ Ebene liegen; formal ausgedrückt besagt dieser Satz.

$$Re\left(s_{p,i}\right) < 0, \qquad i = 1, 2, \ldots, n,$$

wobei n der Grad des Nennerpolynoms der Übertragungsfunktion $G(s)$ ist.

2.5.3 Stabilitätsbeurteilung im Zustandsraum

Die *Übertragungsmatrix* eines Mehrgrößensystems lässt sich mit den Methoden der Zustandsraumdarstellung auf die Form

$$\boldsymbol{G}(s) = \frac{\boldsymbol{Y}(s)}{\boldsymbol{U}(s)} = \boldsymbol{C}(s\boldsymbol{I} - \boldsymbol{A})^{-1}\boldsymbol{B} = \boldsymbol{C}\frac{adj(s\boldsymbol{I} - \boldsymbol{A})}{det(s\boldsymbol{I} - \boldsymbol{A})}\boldsymbol{B}$$

bringen. Aus dieser Gleichung lässt sich unschwer der Schluss ziehen, dass sich die Beurteilung der Stabilität von Systemen in der Zustandsraum-Darstellung ausschließlich auf die Untersuchung des *Charakteristischen Polynoms*

$$det(s\boldsymbol{I} - \boldsymbol{A}) = 0 \tag{2.13}$$

reduzieren lässt. Statt eines allgemein gültigen mathematischen Beweises soll dieses Statement lediglich anhand eines Beispiels gezeigt werden.

Beispiel 2.2
Ein Eingrößensystem mit der Eingangsgröße $u(t)$ und der Ausgangsgröße $y(t)$ wird durch die Differenzialgleichung

$$y^{(4)} + 2y^{(3)} + 3\ddot{y} + 4\dot{y} + 5y = u$$

beschrieben. Transformieren wir diese Gleichung ohne Berücksichtigung eventueller Anfangswerte in den Bildbereich, so erhalten wir

$$Y(s) \cdot \left(s^4 + 2s^3 + 3s^2 + 4s + 5\right) = U(s).$$

Die dazu entsprechende Übertragungsfunktion wird damit

$$G(s) = \frac{Y(s)}{U(s)} = \frac{1}{s^4 + 2s^3 + 3s^2 + 4s + 5}.$$

Nunmehr stellen wir zu der einleitend aufgezeigten Differenzialgleichung die dazu äquivalente Zustandsgleichung auf und versuchen dann die Stabilität dieses Systems zu beurteilen. Mit den zu definierenden Zustandsgrößen

$$x_1 = y,$$
$$x_2 = \dot{y},$$
$$x_3 = \ddot{y},$$
$$x_4 = y^{(3)}$$

wird die gegebene Differenzialgleichung

$$y^{(4)} = -2y^{(3)} - 3\ddot{y} - 4\dot{y} - 5y + u$$

in Abhängigkeit der Zustandsgrößen zu

$$\dot{x}_4 = -2x_4 - 3x_3 - 4x_2 - 5x_1 + u.$$

Vektoriell angeschrieben bekommt die Zustandsgleichung die Form

$$\begin{bmatrix} \dot{x}_1 \\ \dot{x}_2 \\ \dot{x}_3 \\ \dot{x}_4 \end{bmatrix} = \begin{bmatrix} 0 & 1 & 0 & 0 \\ 0 & 0 & 1 & 0 \\ 0 & 0 & 0 & 1 \\ -5 & -4 & -3 & -2 \end{bmatrix} \cdot \begin{bmatrix} x_1 \\ x_2 \\ x_3 \\ x_4 \end{bmatrix} + \begin{bmatrix} 0 \\ 0 \\ 0 \\ 4 \end{bmatrix} \cdot \textit{uder imaginären Achse}.$$

Verglichen mit der *allgemeinen Form* der Zustandsgleichung

$$\dot{\boldsymbol{x}} = \boldsymbol{A}\boldsymbol{x} + \boldsymbol{b}u$$

lautet die Systemmatrix

$$\boldsymbol{A} = \begin{bmatrix} 0 & 1 & 0 & 0 \\ 0 & 0 & 1 & 0 \\ 0 & 0 & 0 & 1 \\ -5 & -4 & -3 & -2 \end{bmatrix}$$

sowie der Eingangsvektor

$$\boldsymbol{b} = \begin{bmatrix} 0 \\ 0 \\ 0 \\ 4 \end{bmatrix}.$$

Entwickeln wir den Ansatz

$$\det(s\boldsymbol{I} - \boldsymbol{A}) = \begin{vmatrix} s & -1 & 0 & 0 \\ 0 & s & -1 & 0 \\ 0 & 0 & s & -1 \\ 5 & 4 & 3 & s+2 \end{vmatrix} = 0$$

nach der ersten Spalte, so ergibt sich mit den Algorithmen der Matrizenrechnung das Charakteristische Polynom aus dem Ansatz

$$(-1)^{1+1}\cdot s\begin{vmatrix} s & -1 & 0 \\ 0 & s & -1 \\ 4 & 3 & s+2 \end{vmatrix} + (-1)^{4+1}\cdot 5\begin{vmatrix} -1 & 0 & 0 \\ s & -1 & 0 \\ 0 & s & -1 \end{vmatrix} = 0$$

zu

$$s^4 + 2s^3 + 3s^2 + 4s + 5 \equiv A(s) = 0.$$

Die Wurzeln des Charakteristischen Polynoms

$$A(s) = s^4 + 2s^3 + 3s^2 + 4s + 5 = 0$$

ergeben sich zu

$$s_{1,2} = 0{,}28 \pm j1{,}41,$$

$$s_{3,4} = -1{,}28 \pm j0{,}86.$$

Wegen $Re(s_{p,1}) = Re(s_{p,2}) = 0{,}28$ handelt es sich ganz offensichtlich um instabiles Systemverhalten.

2.5.4 Allgemeine Stabilitätsanalyse nach Liapunov

Die Liapunov'sche Vorgehensweise zur Beurteilung der Stabilität geregelter Systeme, auch bezeichnet als "direkte Methode von Liapunov", ist die allgemeinste Methode zur Bestimmung der Stabilität nichtlinearer und/oder zeitvarianter Systeme. Zugleich ist diese aufzuzeigende Methode ein außergewöhnlich nützliches Tool zur Optimierung dynamischer Systeme.

Aus den Grundlagen der klassischen Mechanik ist bekannt, dass ein schwingfähiges System dann als stabil bezeichnet wird, wenn seine gesamte, ihm immanente Energie eine *positiv definite Funktion,* mit zunehmender Zeit kontinuierlich im abnehmen begriffen ist. Dies wiederum hat zur Konsequenz, dass die zeitliche Ableitung der *Gesamtenergie negativ definit* sein muss, bis das System seinen ihm eigenen Gleichgewichtszustand erreicht hat.

Die Konsequenz aus dieser Aussage besteht nun wiederum darin, dass, wenn das System, für uns in den meisten Fällen ein Regelkreis, einen asymptotisch stabilen Gleichgewichtszustand erreicht hat, die im System gespeicherte Energie mit zunehmender Zeit im abnehmen begriffen ist und diese im Gleichgewichtszustand ihren Minimalwert erreicht hat. Für rein mathematische Systeme kann es gelegentlich schwierig sein, die das System beschreibende Energiefunktion zu bestimmen. Um dieses Problem zu umgehen definiert Liapunov die später nach ihm benannte "*Liapunov-Funktion*", eine *fiktive Energiefunktion.*

Liapunov-Funktionen hängen ab von den Zustandsvariablen als in der Regel energetische Funktionen $x_1, x_2, \ldots, x_n$ des zu analysierenden Systems und der Zeit t. Wir bezeichnen diese deshalb formal mit $W(x_1, x_2, \ldots, x_n, t)$ oder einfach mit $W(\boldsymbol{x}, t)$. Hängen die Liapunov-Funktionen nicht explizit von der Zeit ab, so kennzeichnen wir dies formal mit $W(\boldsymbol{x})$. Die zeitliche Ableitung $\dot{W}(\boldsymbol{x}, t) = dW(\boldsymbol{x}, t)/dt$ gibt uns deshalb Auskunft hinsichtlich der Stabilität oder Instabilität des zu untersuchenden Systems.

Das *Liapunovsche Stabilitätstheorem* lässt sich somit in folgender Form statuieren:

Gegeben sei ein System, beschrieben durch die Zustandsgleichung

$$\dot{\boldsymbol{x}} = \boldsymbol{f}(\boldsymbol{x}, t)$$

mit der Anfangsbedingung.

$$\boldsymbol{f}(\boldsymbol{0}, t) = \boldsymbol{0} \text{ für alle } t.$$

Sofern eine skalare Funktion $W(\boldsymbol{x}, t)$ mit kontinuierlichen partiellen Ableitungen erster Ordnung existiert und die folgenden Bedingungen

- $W(\boldsymbol{x}, t)$ ist positiv definit und
- $\dot{W}(\boldsymbol{x}, t)$ ist negativ definit,

erfüllt sind, so ist der Koordinatenursprung ein eindeutig stabiler Gleichgewichtszustand.

Beispiel 2.3

Gegeben sei ein System durch ihre Zustandsgleichungen

$$\dot{x}_1 = x_2 - x_1\left(x_1^2 + x_2^2\right),$$

$$\dot{x}_2 = -x_1 - x_2\left(x_1^2 + x_2^2\right).$$

Zu bestimmen ist die Stabilität des so beschriebenen Systems.

Natürlich sehen wir bereits aus den Zustandsgleichungen, dass der Koordinatenursprung $(x_1 = 0, x_2 = 0)$ ein stabiler Gleichgewichtszustand ist. Um trotzdem die Stabilität mit Liapunov zu analysieren definieren wir die positiv definite Energiefunktion mit

$$W(\boldsymbol{x}) = x_1^2 + x_2^2.$$

Entlang jeder beliebigen Trajektorie erhalten wir die zeitliche Ableitung von $W(\boldsymbol{x})$ zu

$$\dot{W}(\boldsymbol{x}) = 2x_1\dot{x}_1 + 2x_2\dot{x}_2 = -2\left(x_1^2 + x_2^2\right)^2$$

als eindeutig negativ definite Funktion. Damit ist gezeigt, dass $W(\boldsymbol{x})$ kontinuierlich im abnehmen begriffen ist und damit Stabilität entlang jeder Trajektorie gewährleistet ist.

2.5.5 Liapunovsche Stabilitätsanalyse linearer zeitinvarianter Systeme

Wir gehen aus von einem linearen, ungestörten, zeitinvarianten System

$$\dot{x} = Ax \tag{2.14}$$

wobei $\boldsymbol{x}$ der bereits weidlich bekannte $n-$ dimensionale Zustandsvektor und $\boldsymbol{A}$ die konstante $n * n-$ Systemmatrix ist. Aus dieser Gleichung geht eindeutig hervor, dass der einzig mögliche Gleichgewichtszustand der Koordinatenursprung $\boldsymbol{x} = 0$ ist. Die Stabilität dieses Gleichgewichtszustandes lässt sich ohne großen Aufwand mit Liapunov beweisen.

Definieren wir für das in Gl. (2.14) gegebene System eine mögliche Liapunov-Funktion als

$$W(\boldsymbol{x}) = \boldsymbol{x}^T \boldsymbol{P} \boldsymbol{x},$$

wobei $\boldsymbol{P}$ eine positiv-definite reelle, symmetrische Matrix ist. Die zeitliche Ableitung dieser Energiefunktion entlang einer beliebigen Trajektorie liefert

$$\dot{W}(\boldsymbol{x}) = \dot{\boldsymbol{x}}^T \boldsymbol{P}\boldsymbol{x} + \boldsymbol{x}^T \boldsymbol{P}\boldsymbol{x} = (\boldsymbol{A}\boldsymbol{x})^T \boldsymbol{P}\boldsymbol{x} + \boldsymbol{x}^T \boldsymbol{P}\boldsymbol{A}\boldsymbol{x} = \boldsymbol{x}^T \boldsymbol{A}^T \boldsymbol{P}\boldsymbol{x} + \boldsymbol{x}^T \boldsymbol{P}\boldsymbol{A}\boldsymbol{x} = \boldsymbol{x}^T \left(\boldsymbol{A}^T \boldsymbol{P} + \boldsymbol{P}\boldsymbol{A}\right)\boldsymbol{x}.$$

Nachdem $W(\boldsymbol{x})$ als positiv-definite Matrix vorausgesetzt ist dürfen wir für asymptotische Stabilität fordern, dass $\dot{W}(\boldsymbol{x})$ eine negativ-definite Funktion ist, wir fordern also

$$\dot{W}(\boldsymbol{x}) = -\boldsymbol{x}^T \boldsymbol{Q} \boldsymbol{x}$$

mit

$$\boldsymbol{Q} = -\left(\boldsymbol{A}^T \boldsymbol{P} + \boldsymbol{P}\boldsymbol{A}\right) = \text{positiv} - \text{definit}. \tag{2.15}$$

Um zu prüfen, *ob* die $n * n - M$ atrix $\boldsymbol{Q}$ positiv-definit ist wenden wir die Regel von Sylvester an, die besagt, dass sämtliche Unterdeterminanten der Matrix $\boldsymbol{Q}$ von links oben beginnend, positiv sind. Zur bloßen "Ja/Nein-Beurteilung" der Stabilität wählen wir $\boldsymbol{Q} = \boldsymbol{I}$ und berechnen aus der Gleichung

$$\boldsymbol{A}^T \boldsymbol{P} + \boldsymbol{P}\boldsymbol{A} = -\boldsymbol{I} \tag{2.16}$$

die Elemente der Matrix $\boldsymbol{P}$.

Beispiel 2.4
Ein System zweiter Ordnung, beschrieben durch die Zustandsgleichung

$$\begin{bmatrix} \dot{x}_1 \\ \dot{x}_2 \end{bmatrix} = \begin{bmatrix} 0 & 1 \\ -1 & -1 \end{bmatrix} \begin{bmatrix} x_1 \\ x_2 \end{bmatrix}$$

ist bezüglich seiner Stabilität zu beurteilen.

Definieren wir wie oben gezeigt die Liapunov-Funktion mit

$$W(\boldsymbol{x}) = \boldsymbol{x}^T \boldsymbol{P} \boldsymbol{x},$$

so können wir mit Gl. (2.16) die Matrix $\boldsymbol{P}$ über den Ansatz

$$\begin{bmatrix} 0 & -1 \\ 1 & -1 \end{bmatrix} \begin{bmatrix} p_{11} & p_{12} \\ p_{12} & p_{22} \end{bmatrix} + \left[\begin{bmatrix} p_{11} & p_{12} \\ p_{12} & p_{22} \end{bmatrix} \right] \begin{bmatrix} 0 & 1 \\ -1 & -1 \end{bmatrix} = \begin{bmatrix} -1 & 0 \\ 0 & -1 \end{bmatrix}$$

bestimmen. Die Berechnung dieser Matrix-Gleichung die Gleichungen

$$-2p_{12} = -1,$$

$$p_{11} - p_{12} - p_{22} = 0,$$

$$2p_{12} - 2p_{22} = -1.$$

Lösen wir nach den drei Unbekannten auf, so erhalten wir

$$\boldsymbol{P} = \begin{bmatrix} p_{11} & p_{12} \\ p_{12} & p_{22} \end{bmatrix} = \begin{bmatrix} \frac{3}{2} & \frac{1}{2} \\ \frac{1}{2} & 1 \end{bmatrix}.$$

Um das analysierte System hinsichtlich seiner Stabilität beurteilen zu können, wenden wir nun die oben erwähnte *Regel von Sylvester* an:

$$\frac{3}{2} > 0, \quad \begin{vmatrix} \frac{3}{2} & \frac{1}{2} \\ \frac{1}{2} & 1 \end{vmatrix} > 0.$$

Die Matrix $\boldsymbol{P}$ ist positiv-definit und somit der Koordinaten-Ursprung ein stabiler Gleichgewichtszustand. Darüber hinaus erhalten wir nunmehr die Energie-Funktion unseres Systems zu

$$W(\boldsymbol{x}) = \frac{1}{2}\left(3x_1^2 + 2x_1x_2 + 2x_2^2\right)$$

und

$$\dot{W}(\boldsymbol{x}) = -\left(x_1^2 + x_2^2\right).$$

2.6 Darstellung Diskreter Systeme im Zustandsraum

2.6.1 Konzept der Zustandsraum-Darstellung

Das Verfahren der Zustandsraum-Methode basiert auf der Beschreibung von Systemen in Abhängigkeit von n Differenzengleichungen erster Ordnung, die analog zum kontinuierlichen Fall als Vektor-Gleichung in Matrizenform dargestellt werden. Die Anwendung der Vektor- Schreibweise vereinfacht ganz wesentlich die mathematische Darstellung der Systemgleichungen. Die Begriffe Zustand, Zustandsvariable, Zustandsvektor und

Zustandsraum sind bereits im Abschn. 2.2 definiert worden und bedürfen deshalb an dieser Stelle keiner weiteren Erläuterung.

Für *zeitvariante*, lineare, zeitdiskrete Systeme wird die Zustandsgleichung in der Form

$$\boldsymbol{x}(k+1) = \boldsymbol{f}[\boldsymbol{x}(k), \boldsymbol{u}(k), k]$$

und die Ausgangsgleichung als

$$\boldsymbol{y}(k) = \boldsymbol{g}[\boldsymbol{x}(k), \boldsymbol{u}(k), k]$$

dargestellt. In Vektorschreibweise vereinfachen sich diese Gleichungen zu

$$\boldsymbol{x}(k+1) = \boldsymbol{A}(k)\boldsymbol{x}(k) + \boldsymbol{B}(k)\boldsymbol{u}(k)$$

und

$$\boldsymbol{y}(k) = \boldsymbol{C}(k)\boldsymbol{x}(k) + \boldsymbol{D}(k)\boldsymbol{u}(k)$$

mit.

$\boldsymbol{x}(k)$: $n-$ dimensionaler Zustandsvektor,
$\boldsymbol{y}(k)$: $m-$ dimensionaler Ausgangsvektor,
$\boldsymbol{u}(k)$: $r-$ dimensionaler Eingangsvektor,
$\boldsymbol{A}(k)$: $(n * n)-$ System-Matrix,
$\boldsymbol{B}(k)$: $(n * r)-$ Steuer-Matrix,
$\boldsymbol{C}(k)$: $(m * n)-$ Ausgangs-Matrix,
$\boldsymbol{D}(k)$: $(m * r)-$ Durchgangs-Matrix.

Die Abhängigkeit der Matrizen $\boldsymbol{A}$, $\boldsymbol{B}$, $\boldsymbol{C}$ und $\boldsymbol{D}$ von der laufenden Variablen k impliziert, dass das zu beschreibende System und damit dessen Matrizen zeitvariant sind.

Für den Fall *zeitinvarianter* Systeme sind die genannten Matrizen keine Funktion von k; die beiden oben aufgezeichneten Gleichungen vereinfachen sich dann auf die Form

$$\boldsymbol{x}(k+1) = \boldsymbol{Ax}(k) + \boldsymbol{Bu}(k) \tag{2.17}$$

$$\boldsymbol{y}(k) = \boldsymbol{Cx}(k) + \boldsymbol{Du}(k). \tag{2.18}$$

2.6.2 Diverse Zustandsraum-Darstellungen zeitdiskreter Systeme

Wir gehen aus von einem diskreten System, beschrieben durch die Gleichung

$$y(k) + a_1 y(k-1) + \ldots + a_n y(k-n) = b_0 u(k) + \ldots + b_n u(k-n), \tag{2.19}$$

wobei $u(k)$ das Eingangssignal und $y(k)$ das Ausgangssignal des Systems zum $k-$ ten Abtastzeitpunkt ist. (Natürlich dürfen einige der Koeffizienten a_i oder b_j Null sein).

Diese Gleichung in den diskreten Bildbereich transformiert ergibt die diskrete Übertragungsfunktion

$$G(z) = \frac{Y(z)}{U(z)} = \frac{b_0 + b_1 z^{-1} + \ldots + b_n z^{-n}}{1 + a_1 z^{-1} + \ldots + a_n z^{-n}} \tag{2.20}$$

oder in positiven Potenzen der komplexen Variablen z

$$G(z) = \frac{Y(z)}{U(z)} = \frac{b_0 z^n + b_1 z^{n-1} + \ldots + b_n}{z^n + a_1 z^{n-1} + \ldots + a_n}. \tag{2.21}$$

Aus der Fülle der möglichen Zustandsraum-Darstellungen für diskrete Systeme wollen wir im Folgenden die in der Praxis meist verwendeten vorstellen.

2.6.2.1 Steuerbare kanonische Form

Die Zustandsbeschreibung eines zeitdiskreten Systems, beschrieben durch die Gl. (2.19), (2.20) und (2.21) kann auf folgende Form gebracht werden:

$$\begin{bmatrix} x_1(k+1) \\ x_2(k+1) \\ \cdot \\ \cdot \\ x_{n-1}(k+1) \\ x_n(k+1) \end{bmatrix} = \begin{bmatrix} 0 & 1 & 0 & 0 & \ldots & 0 \\ 0 & 0 & 1 & 0 & \ldots & 0 \\ & \ldots & \ldots & \ldots & & \\ & \ldots & \ldots & \ldots & & \\ 0 & 0 & 0 & \ldots & \cdot & 1 \\ -a_n & -a_{n-1} & -a_{n-2} & & & -a_1 \end{bmatrix} \begin{bmatrix} x_1(k) \\ x_2(k) \\ \cdot \\ \cdot \\ x_{n-1}(k) \\ x_n(k) \end{bmatrix} + \begin{bmatrix} 0 \\ 0 \\ \cdot \\ \cdot \\ 0 \\ 1 \end{bmatrix} u(k) \tag{2.22}$$

$$y(k) = \left[b_n - a_n b_0, b_{n-1} - a_{n-1} b_0, \ldots b_1 - a_1 b_0 \right] \begin{bmatrix} x_1(k) \\ x_2(k) \\ \cdot \\ \cdot \\ x_{n-1}(k) \\ x_n(k) \end{bmatrix} + b_0 u(k) \tag{2.23}$$

Die Form der Zustandsgleichung (2.22) sowie die Ausgangsgleichung (2.23) werden als steuerbare kanonische Darstellung bezeichnet.

2.6.2.2 Beobachtbare kanonische Form

Alternativ zum Abschn. 2.6.2.1 kann die Zustandsbeschreibung eines zeitdiskreten Systems, beschrieben durch die Gl. (2.19), (2.20) und (2.21) auch auf folgende Form gebracht werden:

$$\begin{bmatrix} x_1(k+1) \\ x_2(k+1) \\ \cdot \\ \cdot \\ x_{n-1}(k+1) \\ x_n(k+1) \end{bmatrix} = \begin{bmatrix} 0 & 0 & \dots & 0 & 0 & -a_n \\ 1 & 0 & \dots & 0 & 0 & -a_{n-1} \\ & & \dots & \cdot & \cdot & \\ & & \dots & \cdot & \cdot & \\ 0 & 0 & \dots & 1 & 0 & -a_2 \\ 0 & 0 & \dots & 0 & 1 & -a_1 \end{bmatrix} \begin{bmatrix} x_1(k) \\ x_2(k) \\ \cdot \\ \cdot \\ x_{n-1}(k) \\ x_n(k) \end{bmatrix} + \begin{bmatrix} b_n - a_n b_0 \\ b_{n-1} - a_{n-1} b_0 \\ \cdot \\ \cdot \\ b_2 - a_2 b_0 \\ b_1 - a_1 b_0 \end{bmatrix} u(k) \tag{2.24}$$

$$y(k) = [00\dots01] \begin{bmatrix} x_1(k) \\ x_2(k) \\ \cdot \\ \cdot \\ x_{n-1}(k) \\ x_n(k) \end{bmatrix} + b_0 u(k) \tag{2.25}$$

Die $n * n$ Zustandsmatrix der Gl. (2.24) ist die Transponierte der Gl. (2.22).

2.6.2.3 Diagonale kanonische

fern die Pole $p_1, p_2, ...p_n$ der diskreten Übertragungsfunktion in Gl. (2.20) ausnahmslos verschieden sind, kann die Zustandsraumdarstellung auf die folgende Diagonalform gebracht werden:

$$\begin{bmatrix} x_1(k+1) \\ x_2(k+1) \\ \cdot \\ \cdot \\ x_{n-1}(k+1) \\ x_n(k+1) \end{bmatrix} = \begin{bmatrix} p_1 0 \dots 0 \\ 0 p_2 0 \dots 0 \\ \dots. \\ \dots. \\ 00 \dots p_n \end{bmatrix} \begin{bmatrix} x_1(k) \\ x_2(k) \\ \cdot \\ \cdot \\ x_{n-1}(k) \\ x_n(k) \end{bmatrix} + \begin{bmatrix} 1 \\ 1 \\ \cdot \\ \cdot \\ \cdot \\ 1 \end{bmatrix} u(k). \tag{2.26}$$

$$y(k) = [c_1 c_2 \dots c_n] \begin{bmatrix} x_1(k) \\ x_2(k) \\ \cdot \\ \cdot \\ x_{n-1}(k) \\ x_n(k) \end{bmatrix} + b_0 u(k). \tag{2.27}$$

2.6.2.4 Jordan kanonische Form

Falls die diskrete Übertragungsfunktion, Gl. (2.20), beispielsweise an der Stelle $z = p_1$ einen mehrfachen Pol der Ordnung m aufweist und sonst sämtliche Pole einfach und verschieden sind, so bekommen die Zustandsgleichung und die Ausgangsgleichung folgende Form:

$$\begin{bmatrix} x_1(k+1) \\ x_2(k+1) \\ . \\ . \\ x_m(k+1) \\ \hline x_{m+1}(k+1) \\ . \\ . \\ x_n(k+1) \end{bmatrix} = \left[\begin{array}{ccccc|ccccc} p_1 & 1 & 0 & \dots & 0 & 0 & . & . & . & 0 \\ 0 & p_1 & 1 & \dots & 0 & 0 & . & . & . & 0 \\ & . & . & . & . & 0 & . & . & . & 0 \\ & . & . & . & . & 0 & . & . & . & 0 \\ 0 & 0 & \dots & & p_1 & 0 & . & . & . & 0 \\ \hline 0 & 0 & 0 & \dots & 0 & p_{m+1} & 0 & . & . & 0 \\ & & & \dots & & & & \dots & & \\ & & & \dots & & & & \dots & & \\ 0 & 0 & 0 & \dots & 0 & 0 & & \dots & & p_n \end{array}\right] \begin{bmatrix} x_1(k) \\ x_2(k) \\ . \\ . \\ x_{n-1}(k) \\ x_n(k) \end{bmatrix} + \begin{bmatrix} 0 \\ 0 \\ . \\ . \\ 1 \\ - \\ 1 \\ . \\ . \\ 1 \end{bmatrix} u(k) \tag{2.28}$$

$$y(k) = [c_1 c_2 \dots c_n] \begin{bmatrix} x_1(k) \\ x_2(k) \\ . \\ . \\ x_{n-1}(k) \\ x_n(k) \end{bmatrix} + b_0 u(k) \tag{2.29}$$

Die Herleitung dieser Gleichungen sei der Literatur anheimgestellt, die sich ausschließlich mit den diversen Methoden der Zustandsraum-Darstellung befasst.

Beispiel 2.5

Gegeben sei ein System mit der diskreten Übertragungsfunktion

$$G(z) = \frac{Y(z)}{U(z)} = \frac{z+1}{z^2 + 1{,}3z + 0{,}4}.$$

Zu bestimmen ist die Zustandsraum-Darstellung in der steuerbaren-, der beobachtbaren- sowie in der Diagonalform.

Steuerbare Normalform:

$$\begin{bmatrix} x_1(k+1) \\ x_2(k+1) \end{bmatrix} = \begin{bmatrix} 0 & 1 \\ -0{,}4 & -1{,}3 \end{bmatrix} \begin{bmatrix} x_1(k) \\ x_2(k) \end{bmatrix} + \begin{bmatrix} 0 \\ 1 \end{bmatrix} u(k);$$

$$y(k) = [1 1] \begin{bmatrix} x_1(k) \\ x_2(k) \end{bmatrix}.$$

Beobachtbare Normalform:

$$\begin{bmatrix} x_1(k+1) \\ x_2(k+1) \end{bmatrix} = \begin{bmatrix} 0 & -0{,}4 \\ 1 & -1{,}3 \end{bmatrix} \begin{bmatrix} x_1(k) \\ x_2(k) \end{bmatrix} + \begin{bmatrix} 1 \\ 1 \end{bmatrix} u(k);$$

$$y(k) = [0 1] \begin{bmatrix} x_1(k) \\ x_2(k) \end{bmatrix}.$$

Diagonalform:

Die gegebene diskrete Übertragungsfunktion $G(z)$ wird zunächst in Partialbrüche zerlegt:

$$G(z) = \frac{5/3}{z + 0{,}5} + \frac{-2/3}{z + 0{,}8}.$$

Mit den nunmehr bekannten Polstellen und Residuen erhalten wir

$$\begin{bmatrix} x_1(k+1) \\ x_2(k+1) \end{bmatrix} = \begin{bmatrix} -0{,}5 & 0 \\ 0 & -0{,}8 \end{bmatrix} \begin{bmatrix} x_1(k) \\ x_2(k) \end{bmatrix} + \begin{bmatrix} 1 \\ 1 \end{bmatrix} u(k);$$

$$y(k) = \begin{bmatrix} \frac{5}{3} & -\frac{2}{3} \end{bmatrix} \begin{bmatrix} x_1(k) \\ x_2(k) \end{bmatrix}.$$

2.6.2.5 Lösung der diskreten, zeitinvarianten Zustandsraum-Gleichungen

Im Allgemeinen sind zeitdiskrete Differenzengleichungen einfacher zu lösen als Differenzialgleichungen kontinuierliche Systeme, begründet dadurch, dass die Ersteren in der Regel mithilfe rekursiver Prozeduren vergleichsweise einfach gelöst werden können. Gehen wir wie in den meisten Fällen aus von der Zustandsgleichung eines linearen, zeitinvarianten Systems

$$\boldsymbol{x}(k+1) = \boldsymbol{A}\boldsymbol{x}(k) + \boldsymbol{B}\boldsymbol{u}(k) \tag{2.30}$$

und der Ausgangsgleichung

$$\boldsymbol{y}(k) = \boldsymbol{C}\boldsymbol{x}(k) + \boldsymbol{D}\boldsymbol{u}(k), \tag{2.31}$$

so erhalten wir die Lösung der Gl. (2.30) rekursiv für jedes positive k, wie im Folgenden gezeigt wird:

$$\begin{aligned} \boldsymbol{x}(1) &= \boldsymbol{A}\boldsymbol{x}(0) + \boldsymbol{B}\boldsymbol{u}(0), \\ \boldsymbol{x}(2) &= \boldsymbol{A}\boldsymbol{x}(1) + \boldsymbol{B}\boldsymbol{u}(1) = \boldsymbol{A}^2\boldsymbol{x}(0) + \boldsymbol{A}\boldsymbol{B}\boldsymbol{u}(0) + \boldsymbol{B}\boldsymbol{u}(1), \\ \boldsymbol{x}(3) &= \boldsymbol{A}\boldsymbol{x}(2) + \boldsymbol{B}\boldsymbol{u}(2) = \boldsymbol{A}^3\boldsymbol{x}(0) + \boldsymbol{A}^2\boldsymbol{B}\boldsymbol{u}(0) + \boldsymbol{A}\boldsymbol{B}\boldsymbol{u}(1) + \boldsymbol{B}\boldsymbol{u}(2), \\ &\vdots \\ \boldsymbol{x}(k) &= \boldsymbol{A}^k\boldsymbol{x}(0) + \sum_{j=0}^{k-1} \boldsymbol{A}^{k-j-1}\boldsymbol{B}\boldsymbol{u}(j), \quad k = 1, 2, 3, \ldots, \end{aligned} \tag{2.32}$$

Offensichtlich besteht jeder Zustand $\boldsymbol{x}(k)$ aus zwei Anteilen, der Erste repräsentiert den Einfluss des Anfangszustandes $\boldsymbol{x}(0)$, für den zweiten Term ist die Eingangsgröße $\boldsymbol{u}(j)$ mit $j = 0, 1, 2, \ldots, k-1$ die maßgebliche Einflussgröße.

Durch Einsetzen der Gl. (2.32) in Gl. (2.31) ergibt sich die Ausgangsgröße als

$$\boldsymbol{y}(k) = \boldsymbol{C}\boldsymbol{A}^k\boldsymbol{x}(0) + \boldsymbol{C}\sum_{j=0}^{k-1} \boldsymbol{A}^{k-j-1}\boldsymbol{B}\boldsymbol{u}(j) + \boldsymbol{D}\boldsymbol{u}(k). \tag{2.33}$$

2.6.2.6 Die Transitionsmatrix

Aus der Gl. (2.30) finden wir die Lösung der *homogenen* Zustandsgleichung

$$\boldsymbol{x}(k+1) = \boldsymbol{A}\boldsymbol{x}(k) \tag{2.34}$$

und

$$\boldsymbol{x}(k) = \boldsymbol{\Phi}(k)\boldsymbol{x}(0), \tag{2.35}$$

wobei die $n * n$-Matrix $\boldsymbol{\Phi}(k)$ die Bedingungen

$$\boldsymbol{\Psi}(k+1) = \boldsymbol{A}\boldsymbol{\Phi}(k) \text{ und } \boldsymbol{\Phi}(0) = \boldsymbol{I} \tag{2.36}$$

erfüllt. Aus dieser kurzen Betrachtung finden wir die Identität

$$\boldsymbol{\Phi}(k) = \boldsymbol{A}^k. \tag{2.37}$$

Aus Gl. (2.35) können wir schließen, dass die Lösung der Gl. (2.34) lediglich einer Transformation des Anfangszustandes entspricht. Deshalb wird die Matrix $\boldsymbol{\Phi}(k)$ in der einschlägigen Literatur als *Transitions-Matrix* oder auch als *Fundamental-Matrix* bezeichnet. Die Transitions-Matrix beinhaltet die gesamte Information über die freien Bewegungen des durch Gl. (2.34) definierten Systems.

Unter Verwendung der Transitions-Matrix $\boldsymbol{\Phi}(k)$ kann Gl. (2.32) alternativ auch in der Form

$$\boldsymbol{x}(k) = \boldsymbol{\Phi}(k)\boldsymbol{x}(0) + \sum_{j=0}^{k-1} \boldsymbol{\Phi}(k-j-1)\boldsymbol{B}\boldsymbol{u}(j) = \boldsymbol{\Phi}(k)\boldsymbol{x}(0) + \sum_{j=0}^{k-1} \boldsymbol{\Phi}(j)\boldsymbol{B}\boldsymbol{u}(k-j-1) \tag{2.38}$$

Setzen wir schließlich Gl. (2.38) in Gl. (2.33) ein, so erhalten wir die Ausgangsgleichung des diskreten Systems zu

$$\boldsymbol{y}(k) = \boldsymbol{C}\boldsymbol{\Phi}(k)\boldsymbol{x}(0) + \boldsymbol{C}\sum_{j=0}^{k-1} \boldsymbol{\Phi}(k-j-1)\boldsymbol{B}\boldsymbol{u}(j) + \boldsymbol{D}\boldsymbol{u}(k),$$

$$\boldsymbol{y}(k) = \boldsymbol{C}\boldsymbol{\Phi}(k)\boldsymbol{x}(0) + \boldsymbol{C}\sum_{j=0}^{k-1} \boldsymbol{\Phi}(j)\boldsymbol{B}\boldsymbol{u}(k-j-1) + \boldsymbol{D}\boldsymbol{u}(k) \tag{2.39}$$

2.6.2.7 Lösung der diskreten Zustandsgleichung mithilfe der z-Transformation

Transformieren wir das zeitdiskrete System aus Gl. (2.30) in den z-Bereich, so erhalten wir

$$z\boldsymbol{X}(z) - z\boldsymbol{x}(0) = \boldsymbol{A}\boldsymbol{X}(z) + \boldsymbol{B}\boldsymbol{U}(z),$$

dabei ist

$$\boldsymbol{X}(z) = Z[\boldsymbol{x}(k)] \text{ und } \boldsymbol{U}(z) = Z[\boldsymbol{u}(k)].$$

Somit nimmt der obige Ansatz die Form

$$(z\boldsymbol{I} - \boldsymbol{A})\boldsymbol{X}(z) = z\boldsymbol{x}(0) + \boldsymbol{B}\boldsymbol{U}(z)$$

an. Multiplizieren wir nun beide Seiten dieser Gleichung von links weg mit $(z\boldsymbol{I} - \boldsymbol{A})^{-1}$, so ergibt sich

$$\boldsymbol{X}(z) = (z\boldsymbol{I} - \boldsymbol{A})^{-1} z\boldsymbol{x}(0) + (z\boldsymbol{I} - \boldsymbol{A})^{-1}\boldsymbol{B}\boldsymbol{U}(z). \tag{2.40}$$

Unterziehen wir beide Seiten dieser Gleichung einer Rücktransformation in den diskreten Zeitbereich, so erhalten wir damit

$$\boldsymbol{x}(k) = Z^{-1}\left[(z\boldsymbol{I} - \boldsymbol{A})^{-1} z\right]\boldsymbol{x}(0) + Z^{-1}\left[(z\boldsymbol{I} - \boldsymbol{A})^{-1}\boldsymbol{B}\boldsymbol{U}(z)\right]. \tag{2.41}$$

die diskrete Wertefolge des Zustandsvektors. Durch einen Vergleich der beiden Gl. (2.32) und (2.41) erhalten wir schließlich

$$\boldsymbol{\Phi}(k) = \boldsymbol{A}^k = Z^{-1}\left[(z\boldsymbol{I} - \boldsymbol{A})^{-1} z\right] \tag{2.42}$$

und

$$\sum_{j=0}^{k-1} \boldsymbol{A}^{k-j-1}\boldsymbol{B}\boldsymbol{u}(j) = Z^{-1}\left[(z\boldsymbol{I} - \boldsymbol{A})^{-1}\boldsymbol{B}\boldsymbol{U}(z)\right] \tag{2.43}$$

$$\text{mit } k = 1, 2, 3, \ldots$$

Beispiel 2.6

Es ist die Transitions-Matrix $\boldsymbol{\Phi}(k)$, die diskrete Wertefolge $\boldsymbol{x}(k)$ sowie die Ausgangsgleichung $y(k)$ eines Eingrößensystems

$$\boldsymbol{x}(k+1) = \boldsymbol{A}\boldsymbol{x}(k) + \boldsymbol{b}u(k)$$

$$y(k) = \boldsymbol{c}^T\boldsymbol{x}(k) + du(k)$$

für

$$\boldsymbol{A} = \begin{bmatrix} 0 & 1 \\ -0{,}16 & -1 \end{bmatrix}; \boldsymbol{b} = \begin{bmatrix} 1 \\ 1 \end{bmatrix} \quad \boldsymbol{c}^T = [10]$$

mit der Eingangsgröße

$$u(k) = 1 \quad f\,ü\,r \quad k = 0, 1, 2, \ldots$$

und dem Vektor des Anfangszustandes

$$\boldsymbol{x}(0) = \begin{bmatrix} 1 \\ -1 \end{bmatrix}$$

zu bestimmen. Mit dem Ansatz

$$(z\boldsymbol{I}-\boldsymbol{A})^{-1} = \begin{bmatrix} z & -1 \\ 0{,}16z & +1 \end{bmatrix}^{-1}$$

$$= \begin{bmatrix} \frac{z+1}{(z+0{,}2)(z+0{,}8)} & \frac{1}{(z+0{,}2)(z+0{,}8)} \\ \frac{-0{,}16}{(z+0{,}2)(z+0{,}8)} & \frac{z}{(z+0{,}2)(z+0{,}8)} \end{bmatrix} = \begin{bmatrix} \frac{\frac{4}{3}}{z+0{,}2} + \frac{-\frac{1}{3}}{z+0{,}8} & \frac{\frac{5}{3}}{z+0{,}2} + \frac{-\frac{5}{3}}{z+0{,}8} \\ \frac{-0{,}8/3}{z+0{,}2} + \frac{0{,}8/3}{z+0{,}8} & \frac{-1/3}{z+0{,}2} + \frac{4/3}{z+0{,}8} \end{bmatrix}$$

berechnen wir im Folgenden die Transitions-Matrix $\boldsymbol{\Phi}(k)$ zu

$$\boldsymbol{\Phi}(k) = \boldsymbol{A}^k = Z^{-1}\left[(z\boldsymbol{I}-\boldsymbol{A})^{-1}z\right]$$

$$= Z^{-1}\begin{bmatrix} \frac{4}{3}\frac{z}{z+0{,}2} - \frac{1}{3}\frac{z}{z+0{,}8} & \frac{5}{3}\frac{z}{z+0{,}2} - \frac{5}{3}\frac{z}{z+0{,}8} \\ -\frac{0{,}8}{3}\frac{z}{z+0{,}2} + \frac{0{,}8}{3}\frac{z}{z+0{,}8} & -\frac{1}{3}\frac{z}{z+0{,}2} + \frac{4}{3}\frac{z}{z+0{,}8} \end{bmatrix}$$

$$= \begin{bmatrix} \frac{4}{3}(-0{,}2)^k - \frac{1}{3}(-0{,}8)^k & \frac{5}{3}(-0{,}2)^k - \frac{5}{3}(-0{,}8)^k \\ -\frac{0{,}8}{3}(-0{,}2)^k + \frac{0{,}8}{3}(-0{,}8)^k & -\frac{1}{3}(-0{,}2)^k + \frac{4}{3}(-0{,}8)^k \end{bmatrix}. \tag{2.44}$$

Im nächsten Schritt wollen wir mit Gl. (2.41) den Zustandsvektor $\boldsymbol{x}(k)$ berechnen. Mit

$$\boldsymbol{X}(z) = (z\boldsymbol{I}-\boldsymbol{A})^{-1}z\boldsymbol{x}(0) + (z\boldsymbol{I}-\boldsymbol{A})^{-1}\boldsymbol{b}U(z) = (z\boldsymbol{I}-\boldsymbol{A})^{-1}\left[z\boldsymbol{x}(0) + \boldsymbol{b}U(z)\right]$$

für das in der Aufgabe gegebene Eingrößensystem und

$$U(z) = \frac{z}{z-1}$$

erhalten wir zunächst

$$z\boldsymbol{x}(0) + \boldsymbol{b}U(z) = \begin{bmatrix} z \\ -z \end{bmatrix} + \begin{bmatrix} \frac{z}{z-1} \\ \frac{z}{z-1} \end{bmatrix} = \begin{bmatrix} \frac{z^2}{z-1} \\ \frac{-z^2+2z}{z-1} \end{bmatrix}$$

und daraus

$$\boldsymbol{X}(z) = \begin{bmatrix} \frac{(z^2+2)z}{(z+0{,}2)(z+0{,}8)(z-1)} \\ \frac{(-z^2+1{,}84z)z}{(z+0{,}2)(z+0{,}8)(z-1)} \end{bmatrix} = \begin{bmatrix} \frac{-\frac{17}{6}z}{z+0{,}2} + \frac{\frac{22}{9}z}{z+0{,}8} + \frac{\frac{25}{18}z}{z-1} \\ \frac{\frac{3{,}4}{6}z}{z+0{,}2} + \frac{\frac{-17{,}6}{9}z}{z+0{,}8} + \frac{\frac{7}{18}z}{z-1} \end{bmatrix}.$$

Daraus erhalten wir durch Rücktransformation die diskreten Werte des Zustandsvektors

$$\boldsymbol{x}(k) = \begin{bmatrix} -\frac{17}{6}(-0{,}2)^k + \frac{22}{9}(-0{,}8)^k + \frac{25}{18} \\ \frac{3{,}4}{6}(-0{,}2)^k - \frac{17{,}6}{9}(-0{,}8)^k + \frac{7}{18} \end{bmatrix}.$$

Schließlich berechnet sich die Ausgangsgröße $y(k)$ unseres Beispiels aus

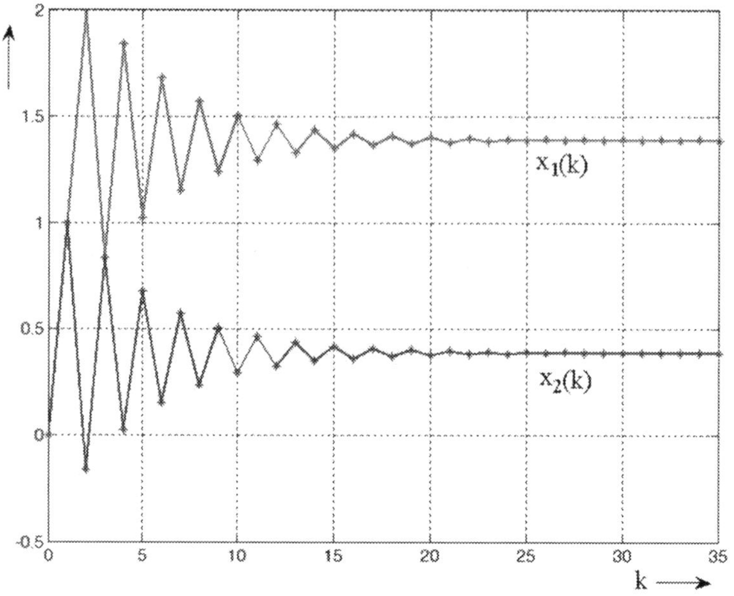

Abb. 2.3 Diskreter Verlauf der simulierten Zustandsgrößen $x_1(k)$ und $x_2(k)$

$$y(k) = [10] \cdot \begin{bmatrix} -\frac{17}{6}(-0{,}2)^k + \frac{22}{9}(-0{,}8)^k + \frac{25}{18} \\ \frac{3{,}4}{6}(-0{,}2)^k - \frac{17{,}6}{9}(-0{,}8)^k + \frac{7}{18} \end{bmatrix} = -\frac{17}{6}(-0{,}2)^k + \frac{22}{9}(-0{,}8)^k + \frac{25}{18}.$$

Abschließend hierzu sehen wir die digitale Simulation der Sprungantwort der beiden Zustandsgrößen $x_1(k)$ sowie $x_2(k)$ für den Bereich $0 \leq k \leq 35$.

Die Simulation der Ausgangsgröße $y(k)$ erübrigt sich insofern, als sie ja mit der Zustandsgröße $x_1(k)$ identisch ist.

Den stationären Endwert der Zustandsgröße $x_2(k)$ berechnen wir mithilfe des Endwertsatzes der z-Transformation zu

$$x_2(\infty) = \lim_{z \to 1} \frac{z-1}{z} \cdot X_2(z) \cdot U(z)$$

$$x_2(\infty) = \lim_{z \to 1} \frac{z-1}{z} \cdot \frac{(-z^2+1{,}84z)z}{(z+0{,}2)(z+0{,}8)(z-1)} \cdot \frac{z}{z-1} = 0{,}39.$$

Diesen Wert finden wir erwartungsgemäß im Abb. 2.3 bestätigt. Durch analoge Vorgehensweise wäre es natürlich möglich, den stationären Endwert von $x_1(\infty)$ zu bestimmen.

3 Gewöhnliche Extrema

Ein Großteil der modernen Systemtheorie kann als einfaches Extremwertproblem formuliert werden. Derartige Aufgaben lassen sich elegant mit den Methoden der Extremalrechnung lösen, wenn man lediglich an *einem* Parameter interessiert ist, der ein Minimum oder Maximum eines Optimierungsproblems erzeugen soll. In diesem Abschnitt untersuchen wir Beispiele dieser Art, beginnend mit einfachen skalaren Problemen und erweitern dann die Diskussion auf mehrdimensionale Fälle, also auf die vektorielle Darstellung.

3.1 Extrema von Funktionen ohne Nebenbedingungen

Wir beginnen das Studium optimaler Systeme mit der Definition notwendiger Bedingungen im Hinblick auf die Bestimmung von Extrema, also auf Maxima oder Minima einer reellen Funktion $f(x)$.

Definition:
Im Punkt x^* befindet sich ein *lokales Minimum*
der Funktion $f(x)$, siehe Abb. 3.1, sofern

$$f\left(x^*\right) \leq f(x)$$

für jedes x in der *Umgebung* von x^*.

Definition:
Im Punkt x^* befindet sich ein *absolutes Minimum*
der Funktion $f(x)$, falls

$$f\left(x^*\right) \leq f(x)$$

für *jedes* x im *Definitionsbereich* von $f(x)$.

A. Braun, *Optimale und adaptive Regelung technischer Systeme*,
https://doi.org/10.1007/978-3-658-30916-9_3

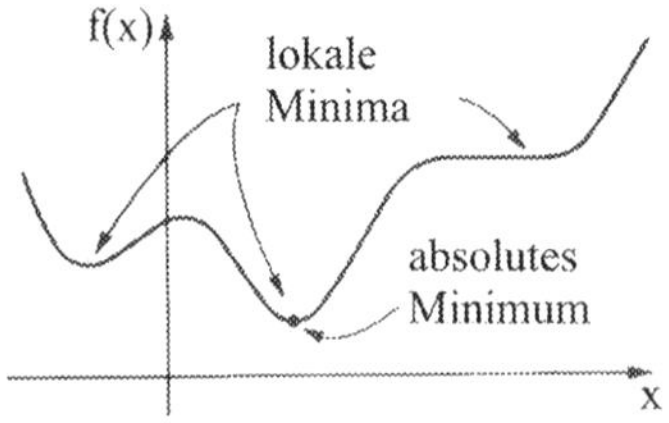

Abb. 3.1 Typen von Minima

Die notwendige Bedingung hierfür, dass $f(x)$ im Punkt x^* maximal oder minimal ist besteht darin, dass

$$f'(x) = \frac{df(x)}{dx}|_{x^*} = 0. \tag{3.1}$$

Unter der Voraussetzung, dass im Punkt x^* eine kontinuierliche zweite Ableitung $f''(x)$ existiert, so ist $f''(x) > 0$ für ein relatives Minimum und $f''(x) < 0$ für ein relatives Maximum.

Die gezeigte Methode zur Auffindung von Extrema lässt sich durch Anwendung der partiellen Ableitungen auch auf Funktionen mit mehr als einer unabhängigen Variablen übertragen. Für

$$f(\boldsymbol{x}) = f(x_1, x_2, \ldots, x_n)$$

lautet nunmehr analog zu Gl. (3.1) die notwendige Bedingung für ein Extremum im vektoriellen Punkt $\boldsymbol{x}^*$

$$f'(\boldsymbol{x}\ ) = \frac{\partial f(\boldsymbol{x})}{\partial \boldsymbol{x}}|_x = \frac{\partial f(\boldsymbol{x}\ )}{\partial x_1} = \frac{\partial f(\boldsymbol{x}\ )}{\partial x_2} = \ldots = \frac{\partial f(\boldsymbol{x}\ )}{\partial x_n} = 0, \tag{3.2}$$

wobei natürlich im Extremum $\boldsymbol{x} = \boldsymbol{x}^*$ sämtliche partiellen Ableitungen existieren müssen.

Definition:

Die skalare Funktion $f(\boldsymbol{x})$ hat an der Stelle $\boldsymbol{x}^*$ ein (lokales) Minimum, sofern $f'(\boldsymbol{x}^*) = 0$ und.

$$f''(\boldsymbol{x}^*) = \sum_{i=1}^{n} \sum_{j=1}^{n} \frac{\partial^2 f(x^*)}{\partial x_i \partial x_j} > 0 \tag{3.3}$$

Diese Definition kann alternativ formuliert werden, wenn wir eine symmetrische $(n * n)$ Matrix

$$\boldsymbol{Q} \quad \begin{bmatrix} \frac{\partial^2 f(x^*)}{\partial x_1^2} & \frac{\partial^2 f(x^*)}{\partial x_1 \partial x_2} & \ldots & \frac{\partial^2 f(x^*)}{\partial x_1 \partial x_n} \\ \frac{\partial^2 f(x^*)}{\partial x_2 \partial x_1} & \frac{\partial^2 f(x^*)}{\partial x_2^2} & \ldots & \frac{\partial^2 f(x^2)}{\partial x_2 \partial x_n} \\ \ldots & \ldots & . & \ldots \\ \frac{\partial^2 f(x^*)}{\partial x_n \partial x_1} & \frac{\partial^2 f(x^*)}{\partial x_n \partial x_2} & \ldots & \frac{\partial^2 f(x^*)}{\partial x_n^2} \end{bmatrix}. \tag{3.4}$$

definieren. Für $f'(\boldsymbol{x}^*) = 0$ hat die Funktion $f(\boldsymbol{x})$ im Punkt $\boldsymbol{x}^*$ ein (lokales) Minimum, sofern die Matrix $\boldsymbol{Q}$ positiv definit ist, wenn also sämtliche Unterdeterminanten der Gl. (3.4) positiv sind.

Beispielsweise sind für den Fall $f(\boldsymbol{x}) = f(x_1, x_2)$

$$\frac{\partial f(\boldsymbol{x}\ )}{\partial x_1} = \frac{\partial f(\boldsymbol{x}\ )}{\partial x_2} = 0$$

$$\frac{\partial^2 f(x^*)}{\partial x_1^2} > 0 \text{ und}$$

$$\frac{\partial^2 f(x^*)}{\partial x_1^2} \cdot \frac{\partial^2 f(x^*)}{\partial x_2^2} - \left[\frac{\partial^2 f(x^*)}{\partial x_1 \partial x_2}\right]^2 > 0$$

Bedingung für ein Minimum der Funktion $f(\boldsymbol{x})$ in $\boldsymbol{x}^*$.

Beispiel 3.1

Betrachten wir die Funktion $f(x_1, x_2) = \left(x_1^2 - x_2^2\right)/2$. Für dieses Beispiel verschwinden im Punkt $\boldsymbol{x} = 0$ die partiellen Ableitungen $\frac{\partial f}{\partial x_1}$ und $\frac{\partial f}{\partial x_2}$, also befindet sich in diesem Punkt ein Extremum. Die Matrix $\boldsymbol{Q}$ wird für dieses Beispiel

$$\boldsymbol{Q} = \begin{bmatrix} 1 & 0 \\ 0 & -1 \end{bmatrix}.$$

Wie wir sehen, diese Matrix ist weder positiv noch negativ definit. Die Funktion $f(x_1, x_2)$, betrachtet als zweidimensionale Fläche im Abb. 3.2, entspricht einem hyperbolischen Paraboloid. Extrema dieser Art werden in der einschlägigen Literatur als *Sattelpunkt* bezeichnet.

Um die Existenz eines Sattelpunkts in $\boldsymbol{x} = 0$ nachzuweisen, verwenden wir alternativ die klassische Mathematik zur Bestimmung von Extrema.

Für

$$f(x_1, x_2) = \left(x_1^2 - x_2^2\right)/2$$

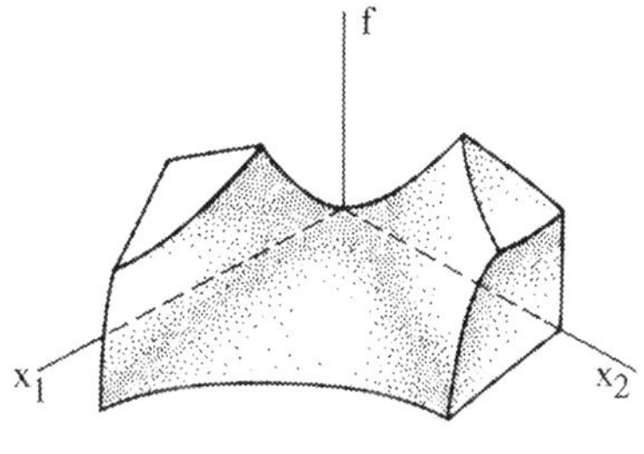

Abb. 3.2 Sattelpunkt

erhalten wir mit

$$\frac{\partial f}{\partial x_1} = x_1 \equiv 0 \rightarrow x_1 = 0; \ \frac{\partial^2 f}{\partial x_1^2} = 1 > 0;$$

die Funktion $f(x_1, x_2)$ hat also im Punkt $x_1 = 0$ ein Minimum. Hingegen erhalten wir für

$$\frac{\partial f}{\partial x_2} = -x_2 \equiv 0 \rightarrow x_2 = 0; \quad \frac{\partial^2 f}{\partial x_2^2} = -1 < 0.$$

Aus diesem Ergebnis folgern wir, dass $f(x_1, x_2)$ im Punkt $x_2 = 0$ ein Maximum aufweist.

Nehmen wir auf Abb. 3.2 Bezug können wir daraus unschwer den Schluss ziehen, dass im Punkt $(x_1, x_2) = (0, 0)$ ein Sattelpunkt vorliegt.

Beispiel 3.2
Betrachten wir die Maximierung der Funktion

$$f(\boldsymbol{x}) = \frac{1}{(x_1 - 1)^2 + (x_2 - 1)^2 + 1}, \ \boldsymbol{x}^T = [x_1, x_2]$$

wie sie im Abb. 3.3 skizziert ist. Folgen wir der Prozedur im Beispiel 3.1, so müssen wir die partiellen Ableitungen der Funktion $f(\boldsymbol{x})$ nach den Variablen x_1 und x_2 bilden und jede zu Null setzen:

$$\frac{\partial f}{\partial x_1} = \frac{-1 \cdot 2(x_1 - 1)}{\left[(x_1 - 1)^2 + (x_2 - 1)^2 + 1\right]^2} = 0, \rightarrow x_1^* = 1;$$

$$\frac{\partial f}{\partial x_2} = \frac{-1 \cdot 2(x_2 - 1)}{\left[(x_1 - 1)^2 + (x_2 - 1)^2 + 1\right]^2} = 0, \rightarrow x_2^* = 1.$$

Abb. 3.3 Maximum der Funktion $f(\boldsymbol{x})$

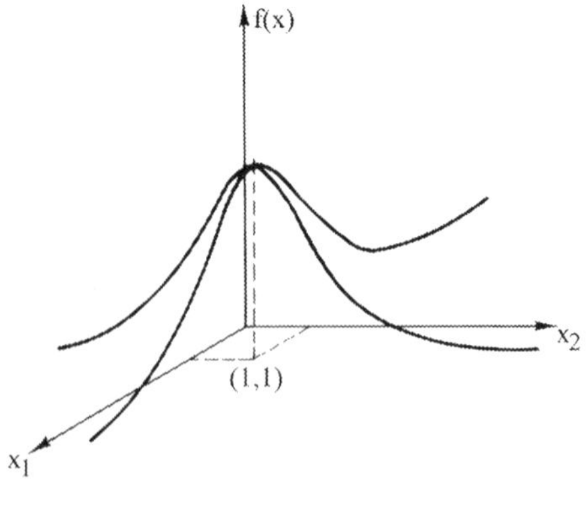

Durch entsprechende Vorgehensweise wie im Beispiel 3.1 stellen wir fest, dass in diesem Extremum die zweiten Ableitungen negativ sind und deshalb im Punkt $\left(x_1^*, x_2^*\right) = (1, 1)$ ein Maximum vorliegen muss. Abb. 3.3 zeigt skizzenhaft den Funktionsgraf des gegebenen Beispiels. Der Funktionswert im Extremum ergibt sich durch Einsetzen von $\left(x_1^*, x_2^*\right)$ zu $f\left(x_1^*, x_2^*\right) = 1$.

3.2 Extrema von Funktionen mit Nebenbedingungen

3.2.1 Das Einsetzverfahren

Die aufzuzeigende Vorgehensweise kann als Fortsetzung des im Abschn. 3.1 gezeigten Verfahrens betrachtet werden, indem es einen durch Gleichungsnebenbedingungen $c(\boldsymbol{x}) = 0$ definierten zulässigen Bereich der Form

$$\min_{x \in X} f(\boldsymbol{x}) \text{ mit } \boldsymbol{X} = \{\boldsymbol{x} | c(\boldsymbol{x}) = 0\} \tag{3.5}$$

berücksichtigt. Definieren wir n als die Dimension des Vektors $\boldsymbol{x}$ der Optimierungsvariablen f und m als die Anzahl der Gleichungsnebenbedingungen; $c(\boldsymbol{x}) = 0$ ist die Gleichungsnebenbedingung, auf die erst im Abschn. 3.2.2 detailliert eingegangen werden kann. Eine Möglichkeit, Aufgaben dieser Art auf ein Extremwertproblem ohne Nebenbedingungen zurückzuführen, bietet das *Einsetzverfahren*.

Beispiel 3.3
Ein Dosenfabrikant beabsichtigt, das Volumen einer Dose unter der Nebenbedingung zu maximieren, dass die zur Verfügung stehende Metalloberfläche A_0 eine vorgegebene Konstante ist.

Unter der Voraussetzung konstanter Materialstärke wird das von der Dose eingeschlossene Volumen

$$V(r, h) = r^2 \pi h \tag{3.6}$$

sowie die dazu entsprechende Oberfläche

$$A(r, h) = 2\pi r^2 + 2r\pi h = A_0. \tag{3.7}$$

Die Aufgabe besteht also in der Maximierung des Volumens $V(r, h)$ unter Berücksichtigung der Nebenbedingung

$$A(r, h) = A_0 = \text{konst.}$$

Um das Optimierungsproblem mit zwei unabhängigen Variablen r und h auf ein solches mit einer Unabhängigen überzuführen lösen wir Gl. (3.7) nach der Höhe h auf und erhalten so das Volumen ausschließlich in Abhängigkeit vom Radius r. Aus Gl. (3.7) folgt

$$h = \frac{A_0 - 2\pi r^2}{2r\pi}. \tag{3.8}$$

Durch Substitution der Gl. (3.8) in Gl. (3.6) erhalten wir

$$V(r) = \frac{r}{2}A_0 - \pi r^3. \tag{3.9}$$

Wenn wir das Volumens V nach dem Radius r differenzieren und Null setzen, so erhalten wir

$$\frac{dV(r)}{dr} = \frac{A_0}{2} - 3\pi r^2 = 0$$

und daraus den optimalen Radius

$$r^* = \sqrt{\frac{A_0}{6\pi}}. \tag{3.10}$$

Setzen wir nun Gl. (3.10) in Gl. (3.8) ein und lösen nach h auf, so erhalten wir

$$h^* = 2 \cdot \sqrt{\frac{A_0}{6\pi}} = \sqrt{\frac{2A_0}{3\pi}}. \tag{3.11}$$

Aus dieser Rechnung ergibt sich das verblüffende Ergebnis, dass sich das maximale Volumen für den Fall ergibt, wenn der Durchmesser der Dose mit ihrer Höhe identisch ist.

Beispiel 3.4

Wenden wir alternativ auf das Beispiel 3.2 das Einsetzverfahren unter der Nebenbedingung an, dass der Betrag des Vektors $\boldsymbol{x}$ zu Eins wird. Mathematisch bedeutet diese Forderung

$$\|\boldsymbol{x}\|^2 = \boldsymbol{x}^T\boldsymbol{x} = x_1^2 + x_2^2 + \ldots + x_n^2 = 1;$$

für unser Beispiel ist also $\|\boldsymbol{x}\|^2 = x_1^2 + x_2^2 = 1$. Analog zu Beispiel 3.3 stellen wir x_1 in Abhängigkeit von x_2 dar und gehen damit in die zu minimierende Gleichung $f(\boldsymbol{x})$. Aus der gegebenen Nebenbedingung erhalten wir $x_1 = \sqrt{1 - x_2^2}$. Gehen wir damit in die zu minimierende Funktion, so ergibt sich jetzt

$$f(x_2) = \frac{1}{\left(\sqrt{1 - x_2^2} - 1\right)^2 + (x_2 - 1)^2 + 1}.$$

Differenzieren wir diesen Ausdruck nach x_2 und setzen das daraus resultierende Ergebnis zu Null, ergibt sich im gegebenen Fall das (absolute) Maximum an der Stelle $(\boldsymbol{x}\ )^T = \left[\frac{\sqrt{2}}{2}, \frac{\sqrt{2}}{2}\right]$. Im Abb. 3.4 sehen wir das Maximum bezüglich $\boldsymbol{x}$ mit und ohne Nebenbedingung.

3.2.2 Lagrange Multiplikatoren

Der wesentliche Nachteil des Einsetzverfahrens besteht darin, dass sich die wenigsten praktisch relevanten Beispiele mit Gleichungsnebenbedingungen mit vertretbarem mathematischen Aufwand analytisch lösen lassen. Ein Kunstgriff von Lagrange macht es möglich, ein Extremalproblem mit Nebenbedingung auf ein solches ohne Nebenbedingung zurückzuführen: Die Einführung von Multiplikatoren.

Zur Formulierung der Optimalitätsbedingung führen wir die *Lagrange-Funktion*

$$L(\boldsymbol{x}, \lambda) = f(\boldsymbol{x}) + \boldsymbol{\lambda}^T \cdot c(\boldsymbol{x}) \tag{3.12}$$

ein, wobei mit $\boldsymbol{\lambda}$ der sogenannte *Lagrange-Multiplikator* bezeichnet wird und $c(\boldsymbol{x}) = 0$ die für das jeweilige Problem aktuelle Gleichung der Nebenbedingung ist.

Die notwendigen Bedingungen 1. Ordnung für ein reguläres lokales Minimum einer Funktion unter Gleichungsnebenbedingungen lassen sich wie folgt formulieren:

$$\frac{\partial L(\boldsymbol{x}, \lambda)}{\partial \boldsymbol{x}} = \frac{\partial f(\boldsymbol{x})}{\partial \boldsymbol{x}} + \left(\frac{\partial c(\boldsymbol{x})}{\partial \boldsymbol{x}}\right)^T \cdot \boldsymbol{\lambda}^* = 0 \text{ für } \boldsymbol{x} = \boldsymbol{x}\ , \tag{3.13}$$

$$\frac{\partial L(\boldsymbol{x}, \lambda)}{\partial \boldsymbol{\lambda}} = c(\boldsymbol{x}) = 0 \text{ im Punkt } \boldsymbol{x} = \boldsymbol{x}\ . \tag{3.14}$$

Die Gl. (3.13) beinhaltet n und Gl. (3.14) m skalare Gleichungen. Deshalb bilden die notwendigen Bedingungen 1. Ordnung ein Gleichungssystem $(n+m)$-ter Ordnung zur Berechnung der $n+m$ Unbekannten $\boldsymbol{x}$ und $\boldsymbol{\lambda}^*$.

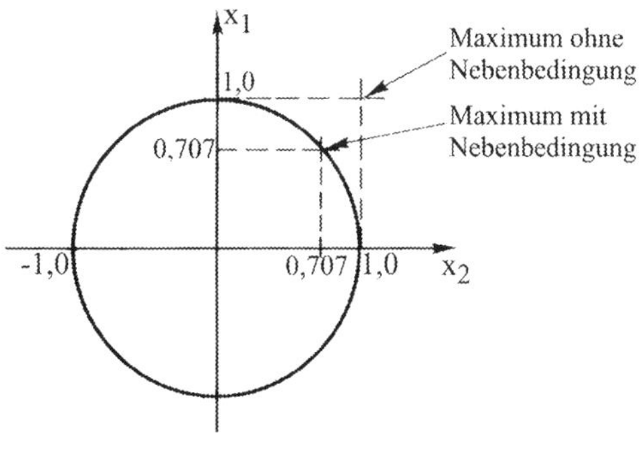

Abb. 3.4 Maximum bezüglich x_1 und x_2 mit und ohne Nebenbedingung

Beispiel 3.5
Unter den rechtwinkeligen Dreiecken mit gegebener Länge l der Hypotenuse (Restriktion) wird dasjenige gesucht, das mit der zu bestimmenden Ankathete x_1 und Gegenkathete x_2 maximale Fläche einschließt.

Die zu maximierende Fläche berechnet sich bekanntlich zu $A = \frac{1}{2}x_1 x_2$. Die Lagrange-Funktion lautet somit für dieses Beispiel

$$L(\boldsymbol{x}, \lambda) = \frac{1}{2}x_1 x_2 + \lambda\left(x_1^2 + x_2^2 - l^2\right), \tag{3.15}$$

sodass aus den Gl. (3.13) und (3.14) folgende drei Gleichungen resultieren:

$$\frac{\partial L(\boldsymbol{x}, \lambda)}{\partial x_1} = \frac{1}{2}x_2 + 2\lambda x_1 = 0; \tag{3.16}$$

$$\frac{\partial L(\boldsymbol{x}, \lambda)}{\partial x_2} = \frac{1}{2}x_1 + 2\lambda x_2 = 0; \tag{3.17}$$

$$\frac{\partial L(\boldsymbol{x}, \lambda)}{\partial \lambda} = x_1^2 + x_2^2 - l^2 = 0. \tag{3.18}$$

Aus (3.16) und (3.17) erhalten wir zunächst $x_1^* = x_2^*$ und durch Einsetzen in (3.18). $x_1^* = x_2^* = l/\sqrt{2}$. Der Lagrange-Multiplikator errechnet sich für dieses Beispiel zu $\lambda^* = 0{,}25$.

Beispiel 3.6
Es soll die Gütefunktion

$$f(\boldsymbol{x}) = -x_1 - x_2$$

unter der Restriktion

$$c(\boldsymbol{x}) = 1 - x_1^2 - x_2^2 = 0$$

minimiert werden. Zu bestimmen sind die optimalen Parameter x_1^* und x_2^* sowie die optimale Gütefunktion $f(\boldsymbol{x}^*)$.

Setzen wir die Gütefunktion sowie die Gleichungsnebenbedingung in Gl. (3.12) ein, so erhalten wir zunächst

$$L(\boldsymbol{x}, \lambda) = -x_1 - x_2 + \lambda\left(1 - x_1^2 - x_2^2\right).$$

Mit den entsprechenden partiellen Ableitungen erhalten wir

$$\frac{\partial L(\boldsymbol{x}, \lambda)}{\partial x_1} = -1 - 2\lambda x_1 \rightarrow x_1 = \frac{-1}{2\lambda} \text{ oder } \lambda = \frac{-1}{2x_1};$$

$$\frac{\partial L(\boldsymbol{x},\lambda)}{\partial x_2} = -1 - 2\lambda x_2 = 0, \rightarrow x_2 = \frac{-1}{2\lambda} \text{ oder } \lambda = \frac{-1}{2x_2} \text{ und daraus } x_1^* = x_2^*.$$

$$\frac{\partial L(\boldsymbol{x},\lambda)}{\partial \lambda} = 1 - x_1^2 - x_2^2 = 0.$$

Mit $x_1^* = x_2^*$ ergibt sich aus obiger Gleichung $x_1^* = x_2^* = \frac{1}{\sqrt{2}}$ und daraus $\lambda^* = \frac{1}{\sqrt{2}}$. Der Wert der minimierten Gütefunktion wird damit

$$f\left(\boldsymbol{x}^*\right) = -\left(x_1^* + x_2^*\right) = \sqrt{2}.$$

Zum Verständnis der Gl. (3.12) lösen wir das im Beispiel 3.3 gezeigte Optimierungsproblem unter Anwendung der Lagrange-Funktion.

Beispiel 3.7

Wir wollen erneut das Volumen $V(r,h)$ im Beispiel 3.4 unter der Nebenbedingung $A(r,h) = A_0$ maximieren. Die Lagrange-Funktion der Gl. (3.12) wird für dieses Beispiel

$$L(r,h) = V(r,h) + \lambda \cdot [A(r,h) - A_0].$$

In Abhängigkeit der zu optimierenden Parameter erhalten wir

$$L(r,h) = r^2\pi h + \lambda\left[2\pi r^2 + 2r\pi h - A_0\right].$$

Differenzieren wir diese Gleichung partiell nach den beiden Variablen r und h und setzen das Ergebnis jeweils zu Null, so erhalten wir

$$\frac{\partial V(r,h)}{\partial h} = r^2\pi + \lambda 2r\pi = 0, \rightarrow r = -2\lambda,$$

$$\frac{\partial V(r,h)}{\partial r} = 2r\pi h + \lambda[4r\pi + 2\pi h] = 0; \text{ mit } \lambda = -\frac{r}{2} \text{ folgt } h = 2r.$$

Nun berechnen wir λ unter Verwendung der Nebenbedingung. Aus

$$A_0 = 2\pi r^2 + 2r\pi h$$

erhalten wir mit $r = -2\lambda$

$$A_0 = 2\pi\left(4\lambda^2\right) + 2\pi \cdot 2\lambda \cdot 4\lambda,$$

$$A_0 = 8\pi\lambda^2 16\pi\lambda^2 = 24\pi\lambda^2 \rightarrow \lambda^* = \sqrt{\frac{A_0}{24\pi}}$$

die optimalen Parameter

$$r^* = 2\lambda^* = 2\sqrt{\frac{A_0}{24\pi}},\ h^* = 2r^* = 4\sqrt{\frac{A_0}{24\pi}}.$$

An dieser Stelle ist anzumerken, dass wir die negative Wurzel von λ verwendet haben, damit die Variablen r und h positiv werden, was ja auch physikalisch sinnvoll ist. Außerdem wird uns erneut bestätigt, dass sich für ein Verhältnis von $\frac{h}{r} = 2$ maximales Volumen ergibt.

Die Vorgehensweise nach Lagrange lässt sich vergleichsweise einfach auf den Fall von m Nebenbedingungen verallgemeinern. Die Lagrange-Funktion ist bekanntlich definiert zu

$$L(\boldsymbol{x}, \boldsymbol{\lambda}) = f(\boldsymbol{x}) + \boldsymbol{\lambda}^T \cdot \boldsymbol{c}(\boldsymbol{x}), \tag{3.19}$$

mit $\boldsymbol{\lambda} \in R^m, \boldsymbol{x} \in R^n$. Das zu bestimmende Extremum erhalten wir wieder aus $\frac{\partial L}{\partial \boldsymbol{x}} = 0$ und

$$\frac{\partial L}{\partial \boldsymbol{\lambda}} = 0 \text{ im Punkt } \boldsymbol{x} = \boldsymbol{x}^*.$$

Falls ein Extremum dahingehend überprüft werden muss, ob es sich um ein Maximum oder um ein Minimum handelt, so muss im ersten Fall die Bedingung

$$\frac{\partial^2 L(\boldsymbol{x}, \boldsymbol{\lambda})}{\partial x^2} > 0$$

und im zweiten Fall

$$\frac{\partial^2 L(\boldsymbol{x}, \boldsymbol{\lambda})}{\partial \boldsymbol{x}^2} < 0$$

erfüllt sein.

3.2.3 Optimale statische Prozesssteuerung

Wir wollen die im letzten Abschnitt vorgestellte Methode auf das Problem der optimalen Steuerung statischer Prozesse anwenden. Das *Prozessmodell* im *stationären* Zustand lautet

$$g(\boldsymbol{x}, \boldsymbol{u}, z) = 0, \tag{3.20}$$

wobei die steuerungstechnische Aufgabenstellung darin besteht, für bekannte Störgrößen z den Vektor der Steuergrößen $\boldsymbol{u}$ und den zugehörigen Vektor der Zustandsgrößen $\boldsymbol{x}$ so zu bestimmen, dass die noch zu definierende skalare Gütefunktion J unter Berücksichtigung des Prozessmodells minimiert oder maximiert wird. Diese Aufgabenstellung entspricht dem Format der allgemeinen Problemstellung Gl. (3.5). Zur Verdeutlichung sei auf Abb. 3.5 verwiesen.

Allgemein ausgedrückt soll das skalare Gütefunktional

$$J = f(\boldsymbol{x}, \boldsymbol{u}) \tag{3.21}$$

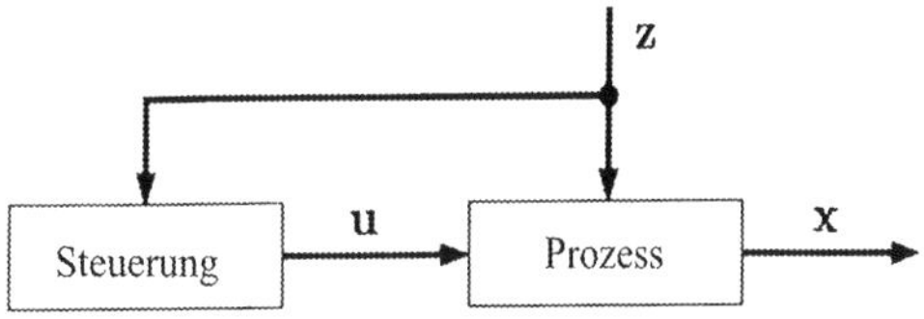

Abb. 3.5 Blockschaltbild, statische optimale Prozesssteuerung

auch als Güteindex bezeichnet, unter Anwendung der uns nunmehr geläufigen Gleichungsnebenbedingung

$$\boldsymbol{c}(\boldsymbol{x},\boldsymbol{u}) = 0 \tag{3.22}$$

mit

$$\boldsymbol{x}^T = [x_1, x_2 \ldots, x_n],$$

$$\boldsymbol{u}^T = [u_1, u_2 \ldots, u_m],$$

$$\boldsymbol{c}^T(\boldsymbol{x},\boldsymbol{u}) = [c_1(\boldsymbol{x},\boldsymbol{u}), c_2(\boldsymbol{x},\boldsymbol{u}), \ldots, c_n(\boldsymbol{x},\boldsymbol{u})]$$

je nach Aufgabenstellung minimiert oder maximiert werden. Zur Lösung dieser Aufgabe stellen wir wiederum die Lagrange-Funktion

$$L(\boldsymbol{x},\boldsymbol{u},\boldsymbol{\lambda}) = f(\boldsymbol{x},\boldsymbol{u}) + \boldsymbol{\lambda}^T\boldsymbol{c}(\boldsymbol{x},\boldsymbol{u})$$

mit

$$\boldsymbol{\lambda}^T = \left[\lambda_1, \lambda_2 \ldots, \lambda_n\right].$$

auf. Um die optimalen Werte für ein Minimum oder ein Maximum bezüglich L zu finden, gehen wir nach der bereits bekannten Methode vor:

$$\frac{\partial L}{\partial \boldsymbol{x}} = \frac{\partial f}{\partial \boldsymbol{x}} + \frac{\partial}{\partial \boldsymbol{x}}\left\{\boldsymbol{c}^T(\boldsymbol{x},\boldsymbol{u})\right\} \cdot \boldsymbol{\lambda} = 0,$$

$$\frac{\partial L}{\partial \boldsymbol{u}} = \frac{\partial f}{\partial \boldsymbol{u}} + \frac{\partial}{\partial \boldsymbol{u}}\left\{\boldsymbol{c}^T(\boldsymbol{x},\boldsymbol{u})\right\} \cdot \boldsymbol{\lambda} = 0,$$

mit

$$\left[\frac{\partial L}{\partial \boldsymbol{u}}\right]^T = \left[\frac{\partial L}{\partial u_1}, \frac{\partial L}{\partial u_2}, \ldots, \frac{\partial L}{\partial u_m}\right].$$

Damit entsprechend Gl. (3.21) die Gütefunktion J zu einem Extremum wird, muss zusätzlich zu

$$\frac{\partial L}{\partial \boldsymbol{x}} = 0 \text{ und } \frac{\partial L}{\partial \boldsymbol{u}} = 0$$

die zweite Variation von L für ein Minimum positiv und für ein Maximum negativ sein. Wir wollen deshalb zeigen, wie sich diese Bedingung auf die zweite Variation von $L(\boldsymbol{x}, \boldsymbol{u}, \boldsymbol{\lambda})$ auswirkt, damit $J(\boldsymbol{x}, \boldsymbol{u})$ zu einem Extremum wird. Die erste Variation von $L(\boldsymbol{x}, \boldsymbol{u}, \boldsymbol{\lambda})$ lautet

$$\delta L = \left(\frac{\partial L}{\partial \boldsymbol{x}}\right)^T \boldsymbol{\delta x} + \left(\frac{\partial L}{\partial \boldsymbol{u}}\right)^T \boldsymbol{\delta u},$$

was ja dem linearen Teil

$$\Delta L = L(\boldsymbol{x} + \boldsymbol{\delta x}, \boldsymbol{u} + \Delta \boldsymbol{u}) - L(\boldsymbol{x}, \boldsymbol{u}) \tag{3.23}$$

entspricht. Zur Bestimmung der zweiten Variation von L, bezeichnet mit $\boldsymbol{\delta}^2 L$, bestimmen wir den zweiten Term der Taylor-Reihe um den Punkt $\boldsymbol{\delta u} = 0, \boldsymbol{\delta x} = 0$ und erhalten so

$$\boldsymbol{\delta}^2 L = \frac{1}{2}\boldsymbol{\delta x}^T \cdot \left\{\frac{\partial}{\partial \boldsymbol{x}}\frac{\partial L}{\partial \boldsymbol{x}}\boldsymbol{\delta x} + \frac{\partial}{\partial \boldsymbol{u}}\frac{\partial L}{\partial \boldsymbol{x}}\boldsymbol{\delta u}\right\} + \frac{1}{2}\partial \boldsymbol{u}^T\left\{\frac{\partial}{\partial \boldsymbol{x}}\frac{\partial L}{\partial \boldsymbol{u}}\boldsymbol{\delta x} + \frac{\partial}{\partial \boldsymbol{u}}\frac{\partial L}{\partial \boldsymbol{u}}\boldsymbol{\delta u}\right\}.$$

Kompakter angeschrieben erhalten wir für diese Gleichung

$$\boldsymbol{\delta}^2 L = \frac{1}{2}\left[\boldsymbol{\delta x}^T \boldsymbol{\delta u}^T\right] \cdot \begin{bmatrix} \frac{\partial}{\partial \boldsymbol{x}}\frac{\partial L}{\partial \boldsymbol{x}} & \frac{\partial}{\partial \boldsymbol{u}}\frac{\partial L}{\partial \boldsymbol{x}} \\ \frac{\partial}{\partial \boldsymbol{x}}\frac{\partial L}{\partial \boldsymbol{u}} & \frac{\partial}{\partial \boldsymbol{u}}\frac{\partial L}{\partial \boldsymbol{u}} \end{bmatrix} \cdot \begin{bmatrix} \delta x \\ \delta u \end{bmatrix}. \tag{3.24}$$

Mit den Definitionen

$$\boldsymbol{\delta g}^T = \left[\boldsymbol{\delta x}^T \boldsymbol{\delta u}^T\right], \quad \boldsymbol{P} = \begin{bmatrix} \frac{\partial}{\partial \boldsymbol{x}}\frac{\partial L}{\partial \boldsymbol{x}} & \frac{\partial}{\partial \boldsymbol{u}}\frac{\partial L}{\partial \boldsymbol{x}} \\ \frac{\partial}{\partial \boldsymbol{x}}\frac{\partial L}{\partial \boldsymbol{u}} & \frac{\partial}{\partial \boldsymbol{u}}\frac{\partial L}{\partial \boldsymbol{u}} \end{bmatrix}$$

reduziert sich Gl. (3.24) auf die quadratische Form der Art

$$\boldsymbol{\delta}^2 L = \frac{1}{2}\boldsymbol{\delta g}^T \boldsymbol{P} \boldsymbol{\delta g} = \frac{1}{2}\boldsymbol{\delta g}_P^2.$$

Eine positiv definite quadratische Form ist gegeben für $\boldsymbol{\delta g}^T \boldsymbol{P} \boldsymbol{\delta g} > 0$. Eine positiv semidefinite Matrix $\boldsymbol{P}$ existiert für $\boldsymbol{\delta g}^T \boldsymbol{P} \boldsymbol{\delta g} \geq 0$. Analog dazu ist eine negativ definite oder negativ semidefinite quadratische Form einer Matrix $\boldsymbol{P}$ definiert. Somit können wir nunmehr die beiden notwendigen Bedingungen formulieren, unter denen $J(\boldsymbol{x}, \boldsymbol{u})$ ein Extremum hat.

3.2.3.1 Die folgenden Vektoren sind Null:

$$\frac{\partial L}{\partial \boldsymbol{x}} = 0, \quad \frac{\partial L}{\partial \boldsymbol{u}} = 0;$$

3.2.3.2 Die Matrix

$$\boldsymbol{P} = \begin{bmatrix} \frac{\partial}{\partial \boldsymbol{x}}\frac{\partial L}{\partial \boldsymbol{x}} & \frac{\partial}{\partial \boldsymbol{u}}\frac{\partial L}{\partial \boldsymbol{x}} \\ \frac{\partial}{\partial \boldsymbol{x}}\frac{\partial L}{\partial \boldsymbol{u}} & \frac{\partial}{\partial \boldsymbol{u}}\frac{\partial L}{\partial \boldsymbol{u}} \end{bmatrix}$$

ist positiv definit für ein Minimum unter der Nebenbedingung $\boldsymbol{c}(\boldsymbol{x},\boldsymbol{u}) = 0$,
und negativ definit für ein Maximum unter der Nebenbedingung $\boldsymbol{c}(\boldsymbol{x},\boldsymbol{u}) = 0$.

Eine hinreichende Bedingung für ein Minimum (Maximum) einer zu optimierenden Funktion besteht unter der Voraussetzung, dass die erste Variation verschwindet, darin, dass die zweite Variation positiv (negativ) ist.

Beispiel 3.8

Wir gehen davon aus, dass ein lineares System durch die Gleichung

$$\boldsymbol{c}(\boldsymbol{x},\boldsymbol{u}) = \boldsymbol{A}\boldsymbol{x} + \boldsymbol{B}\boldsymbol{u} + z = 0$$

eindeutig definiert sei und der $m-$ dimensionale Vektor $\boldsymbol{u}$ zu bestimmen ist, der das Gütekriterium

$$J(\boldsymbol{x},\boldsymbol{u}) = \frac{1}{2}\boldsymbol{x}^T\boldsymbol{Q}\boldsymbol{x} + \frac{1}{2}\boldsymbol{u}^T\boldsymbol{R}\boldsymbol{u}$$

minimiert, wobei $\boldsymbol{A}$ eine $(n*n)-$ Matrix und $\boldsymbol{B}$ eine $(n*m)-$ Matrix ist, $\boldsymbol{x},\boldsymbol{c}$ und 0 sind $n-$ dimensionale Spaltenvektoren. $\boldsymbol{R}$ und $\boldsymbol{Q}$ sind positiv definite symmetrische $(m*m)-$ beziehungsweise $(n*n)-$ Matrizen.

Die Lagrange-Funktion erstellen wir durch Berücksichtigung der Kostenfunktion und der Nebenbedingung zu

$$L = \frac{1}{2}\boldsymbol{x}^T\boldsymbol{Q}\boldsymbol{x} + \frac{1}{2}\boldsymbol{u}^T\boldsymbol{R}\boldsymbol{u} + \boldsymbol{\lambda}^T[\boldsymbol{A}\boldsymbol{x} + \boldsymbol{B}\boldsymbol{u} + z].$$

Zur Minimierung der Gütefunktion $J(\boldsymbol{x},\boldsymbol{u})$ müssen die Bedingungen

$$\frac{\partial L}{\partial \boldsymbol{x}} = \boldsymbol{Q}\boldsymbol{x} + \boldsymbol{A}^T\boldsymbol{\lambda} = 0, \qquad \frac{\partial L}{\partial \boldsymbol{u}} = \boldsymbol{R}\boldsymbol{u} + \boldsymbol{B}^T\boldsymbol{\lambda} = 0$$

erfüllt sein, wobei $\boldsymbol{\lambda}$ unter der Voraussetzung zu bestimmen ist, dass die Gleichungsnebenbedingung $\boldsymbol{A}\boldsymbol{x} + \boldsymbol{B}\boldsymbol{u} + z = 0$ eingehalten wird. Durch Elimination von $\boldsymbol{x}$ und $\boldsymbol{\lambda}$ ergibt sich

$$\boldsymbol{u} = -\left(\boldsymbol{R} + \boldsymbol{B}^T\boldsymbol{A}\boldsymbol{Q}\boldsymbol{A}^T\boldsymbol{B}\right)^{-1}\boldsymbol{B}^T\boldsymbol{A}^T\boldsymbol{Q}\boldsymbol{A}^{-1}z = \boldsymbol{R}^{-1}\boldsymbol{B}^T\left(\boldsymbol{A}\boldsymbol{Q}^{-1}\boldsymbol{A}^T + \boldsymbol{B}\boldsymbol{R}^{-1}\boldsymbol{B}^T\right)^{-1}\cdot z$$

als der optimale Steuervektor. Um nunmehr festzustellen, ob diese Lösung den Güteindex J minimiert, bilden wir die zweite Variation und wenden die oben angeführte notwendige zweite Bedingung an. Die Gl. (3.24) wird für unser Beispiel zu

$$\delta^2 L = \frac{1}{2}\left[\delta\boldsymbol{x}^T\delta\boldsymbol{u}^T\right]\begin{bmatrix}\boldsymbol{Q} & 0\\ 0 & \boldsymbol{R}\end{bmatrix}\begin{bmatrix}\delta x\\ \delta u\end{bmatrix} = \frac{1}{2}\delta\boldsymbol{x}^T\boldsymbol{Q}\delta\boldsymbol{x} + \frac{1}{2}\delta\boldsymbol{u}^T\boldsymbol{R}\delta\boldsymbol{u}.$$

Wie wir unschwer sehen können, ist die Matrix

$$P = \begin{bmatrix} \boldsymbol{Q} & \boldsymbol{0} \\ \boldsymbol{0} & \boldsymbol{R} \end{bmatrix}$$

positiv definit; die Gütefunktion $J(\boldsymbol{x}, \boldsymbol{u})$ hat somit das gewünschte Minimum.

4 Minimierung von Funktionalen unter Anwendung der Variationsrechnung

4.1 Symptom der dynamischen Optimierung

Mit dem Ziel einer problemorientierten Optimierung mussten bei den bisher betrachteten Aufgabenstellungen, also der statischen Optimierung, die Entscheidungsvariablen $\boldsymbol{x}$ ganz bestimmte, feste Werte annehmen. Bei der dynamischen Optimierung hingegen handelt es sich grundsätzlich darum, *Funktionen* $\boldsymbol{x}(t)$ einer unabhängigen Variablen t zu bestimmen. Nicht zuletzt deshalb sprechen wir von einer *dynamischen* Optimierung. Dabei ist die unabhängige Variable häufig, aber nicht in allen Fällen, die Zeit, siehe folgendes Beispiel,

Beispiel 4.1
Auf der $(x, t)-$ Ebene sei der Punkt $A = (1, 0)$ und die Endzeit $t = t_e$ gegeben; siehe Abb. 4.1.

Zu bestimmen ist der optimale Funktionsverlauf $x(t)$, $0 \leq t \leq t_e$, der den Punkt A mit der Geraden $t = t_e$ auf kürzestem Weg verbindet. Zur Verdeutlichung der in der Einleitung formulierten Problemstellung soll im Folgenden lediglich der Lösungsansatz aufgezeigt werden. Bezeichnen wir mit $s(t)$ die bereits zurückgelegte Wegstrecke, so kann die bezüglich $x(t)$ zu minimierende Größe als

$$J(x(t)) = \int_{x(0)}^{x(t_e)} ds = \int_0^{t_e} \sqrt{1 + \dot{x}(t)^2}\, dt \tag{4.1}$$

formuliert werden, wobei $ds = \sqrt{dx^2 + dt^2}$ bekanntlich die Bogenlänge eines Funktionsgrafen ist. Die Randbedingungen gemäß der Gl. (4.1) lauten

$$x(0) = 1,\ x(t_e)\text{frei,}t_e\text{fest.}$$

A. Braun, *Optimale und adaptive Regelung technischer Systeme*,
https://doi.org/10.1007/978-3-658-30916-9_4

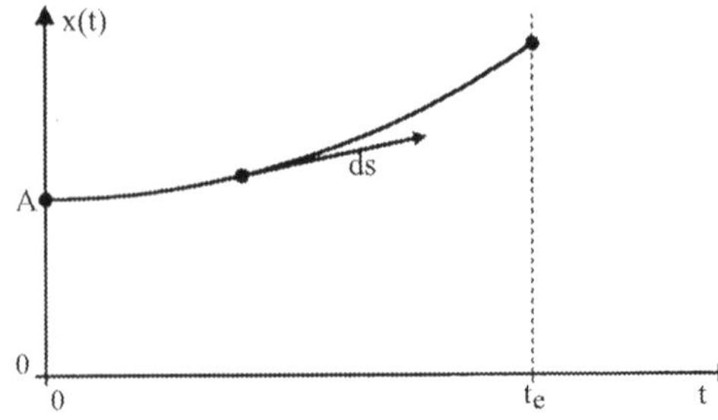

Abb 4.1 Bestimmung einer optimalen Funktion $x(t)$

Sofern mehrere Funktionen $x_i(t)$ gesucht sind, die dann in der Vektorfunktion $\boldsymbol{x}(t)$ zum Ausdruck kommen, so bezeichnen wir mit $J[\boldsymbol{x}(t)]$ das zu minimierende *Funktional* oder auch *Gütefunktional*.

In den folgenden Abschnitten werden wir uns im Wesentlichen mit der Herleitung der Euler- Lagrange Gleichungen und den damit assoziierten Transversalitätsbedingungen beschäftigen. Darüber hinaus wird in diesem Kapitel das notwendige Grundkonzept zur Lösung von Variationsproblemen im Hinblick auf eine optimale Regelung technischer Systeme aufgezeigt.

4.2 Dynamische Optimierung ohne Nebenbedingungen

Wir behandeln in diesem Abschnitt Problemstellungen, die als Verallgemeinerung von Beispiel 4.1 aufgefasst werden können. Es handelt sich um die Minimierung des folgenden *Gütefunktionals*, auch *Kostenfunktion* genannt

$$J[\boldsymbol{x}(t)] = \int_{t_a}^{t_e} \Phi[\boldsymbol{x}(t), \dot{\boldsymbol{x}}(t), t]dt \tag{4.2}$$

Dabei ist Φ eine reelle, durch die Aufgabenstellung gegebene stetig differenzierbare Funktion, während die Anfangs- und Endzeiten t_a sowie t_e feste, je nach Problemstellung gegebene Werte haben. Funktionen dieser Art werden in der einschlägigen Literatur als *erlaubte Trajektorien* bezeichnet. Die Aufgabe besteht also darin, unter der Klasse der zweifach stetig differenzierbaren Vektorfunktionen $\boldsymbol{x}(t)$ diejenige zu bestimmen, die $J[\boldsymbol{x}(t)]$ minimiert, wobei die Randbedingungen $\boldsymbol{x}(t_a)$ und $\boldsymbol{x}(t_e)$ teils fest und teils frei sein können.

Das Gütefunktional der Gl. (4.2), bezeichnet als *Lagrange-Form*, ist unter nicht wesentlichen Annahmen äquivalent zu mehreren anderen nützlichen Gütefunktionalen, beispielsweise dem *Mayerschen Gütemaß*

$$J = h(\boldsymbol{x}(t_e), t_e), \tag{4.3}$$

mit einer durch die Problemstellung gegebenen Funktion $h(\boldsymbol{x}(t_e), t_e)$. Während sich das Lagrangesche Gütemaß auf den gesamten Steuerungszeitraum t_a bis t_e bezieht und damit ein günstiges Übergangsverhalten anstrebt, bewertet das Mayersche Gütemaß ausschließlich das Endverhalten. In häufig auftreten Fällen, wo beides von Bedeutung ist, etwa wenn während des gesamten transienten Vorgangs Energie gespart werden soll und darüber hinaus ein möglichst günstiges Endverhalten erzielt werden soll ist es naheliegend, das Lagrangesche und das Mayersche Gütemaß zu kombinieren und kommt so zum *Bolzaschen Gütemaß*

$$J = h(\boldsymbol{x}(t_e), t_e) + \int_{t_a}^{t_e} \Phi[\boldsymbol{x}(t), \dot{\boldsymbol{x}}(t), t]dt. \tag{4.4}$$

Wie wir sehen, sind die Mayer- und die Lagrange-Form Spezialfälle der Bolza-Form.

Nunmehr wollen wir die notwendigen Bedingungen für eine zulässige optimale Trajektorie entwickeln, bezeichnet als *Euler-Lagrange-Gleichung* und die *Transversalitätsbedingungen*.

Ohne Einschränkung der Allgemeingültigkeit gehen wir zunächst davon aus, dass der Integrand nur von einer einzigen Zeitfunktion abhängen soll. Außerdem bestehen, wie bereits in der Überschrift angemerkt, keine Nebenbedingungen. Definieren wir mit $x(t)$ eine zulässige aber nicht notwendigerweise optimale Trajektorie und mit $x^*(t)$ die optimale Trajektorie mit $t \in [t_a, t_e]$, so gilt der Ansatz

$$x(t) = x^*(t) + \varepsilon\eta(t). \tag{4.5}$$

Dabei ist ε ein Parameter, der sich in dem (kleinen) Intervall $-\varepsilon_0 < \varepsilon < \varepsilon_0$, $(\varepsilon_0 > 0)$ bewegt und $\eta(t)$ eine beliebige Funktion ist, für die lediglich $\eta(t_a) = 0$ und $\eta(t_e) = 0$. gelten muss, damit die Vergleichskurven durch den Anfangspunkt P_a und den Endpunkt P_e gehen. Für $\varepsilon = 0$ ist die optimale Lösung in den Vergleichskurven enthalten. Abb. 4.2 veranschaulicht die Konstruktion der Vergleichskurven.

Die Veränderung

$$\delta x^* = \varepsilon\eta(t),$$

durch die aus der *angenommenen* optimalen Lösung $x^*(t)$ die Vergleichskurven $x(t)$ entstehen, wurde von den zeitgenössischen Mathematikern als *Variation* von $x^*(t)$ bezeichnet, wodurch denn auch der Begriff "Variationsrechnung" begründet ist.

Auf der optimalen Trajektorie $x^*(t)$ muss natürlich dann die Gleichung

$$\frac{\partial J}{\partial \varepsilon}\Big|_{\varepsilon=0} = 0 \tag{4.6}$$

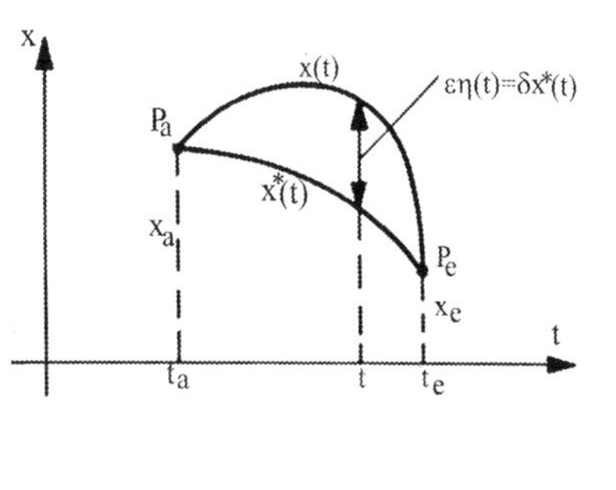

Abb 4.2 Vergleichskurve $x(t)$, optimale Trajektorie $x^*(t)$

Gültigkeit haben. Nunmehr bestimmen wir durch Differenziation das Extremum der Gl. (4.2). Differenzieren wir die Gl. (4.5) nach der Zeit, so erhalten wir

$$\dot{x}(t) = \dot{x}^*(t) + \varepsilon\dot{\eta}(t). \tag{4.7}$$

Substituieren wir nun die Gl. (4.5) und (4.7) in das ursprüngliche Funktional, Gl. (4.2), so erhalten wir

$$J[x(t)] = \int_{t_a}^{t_e} \Phi\left[x^*(t) + \varepsilon\eta(t), \dot{x}^*(t) + \varepsilon\dot{\eta}(t), t\right] dt \tag{4.8}$$

Mit

$$\lim_{\varepsilon=0} J[x(t)] = J\left(x^*\right) \text{ und } \lim_{\varepsilon=0} x(t) = x^*(t)$$

wenden wir Gl. (4.6) unter Berücksichtigung der Kettenregel auf Gl. (4.8) an:

$$\frac{\partial J}{\partial \varepsilon}|_{\varepsilon=0} = \int_{t_a}^{t_e} \left[\frac{\partial \Phi(x^*, \dot{x}^*, t)}{\partial x^*}\eta(t) + \frac{\partial \Phi(x^*, \dot{x}^*, t)}{\partial \dot{x}^*}\dot{\eta}(t)\right] dt = 0 \tag{4.9}$$

oder

$$\int_{t_a}^{t_e} \frac{\partial \Phi(x^*, \dot{x}^*, t)}{\partial x^*}\eta(t)dt + \int_{t_a}^{t_e} \dot{\eta}(t)\frac{\partial \Phi(x^*, \dot{x}^*, t)}{\partial \dot{x}^*}dt = 0. \tag{4.10}$$

Dabei treten als Argumente der partiellen Ableitungen $t, x^*(t), \dot{x}^*(t)$ auf. Nach Anwendung der partiellen Integration und entsprechender Vereinfachung erhalten wir

$$\int_{t_a}^{t_e} \eta(t)\left[\frac{\partial \Phi}{\partial x^*} - \frac{d}{dt}\frac{\partial \Phi}{\partial \dot{x}^*}\right] dt + \frac{\partial \Phi}{\partial \dot{x}^*}\eta(t)|_{t_a}^{t_e} = 0. \tag{4.11}$$

Diese Gleichung muss für eine bis auf die Randwerte beliebige Funktion $\eta(t)$ gelten. Dies ist wiederum nur möglich, wenn für jedes t aus dem Intervall $[t_a, t_e]$, also entlang der optimalen Trajektorie

$$\frac{\partial \Phi}{\partial x^*} - \frac{d}{dt}\frac{\partial \Phi}{\partial \dot{x}^*} = 0. \tag{4.12}$$

$$\frac{\partial \Phi}{\partial \dot{x}^*}\eta(t) = 0. \quad \text{für} \quad t = t_a, t_e \tag{4.13}$$

erfüllt ist. Nachdem, wie bereits oben angemerkt, als Argumente der partiellen Ableitungen $t, x^*(t)$ und $\dot{x}^*(t)$ auftreten, folgt daraus: Die optimale Lösung muss im Bereich $t_a \leq t \leq t_e$ der Gl. (4.12) genügen. Weil außerdem Gl. (4.11) unabhängig von $\eta(t)$ erfüllt ist, haben somit die Gl. (4.12) und (4.13) ihre Gültigkeit.

Diese beiden exorbitant wichtigen Beziehungen sind maßgebliche Grundlage zur Lösung von Variationsproblemen. Die Gl. (4.12) ist als *Euler-Lagrange-Gleichung* bekannt und Gl. (4.13) ist die dazu assoziierte *Transversalitätsbedingung*. Die Lösung der Gl. (4.12) zur Bestimmung des gesuchten Minimums $x^*(t)$ erfordert die Existenz der gegebenen Randbedingungen, die der Gl. (4.13) genügen müssen. Die beiden Gleichungen spezifizieren eine Differenzialgleichung mit Anfangs- und Endpunkt, deren Lösung eine optimale Trajektorie in Abhängigkeit der bekannten, durch die Aufgabenstellung gegebenen Funktion Φ liefert. In der Tat impliziert die Transversalitätsbedingung, dass $\frac{\partial\Phi}{\partial x^*}(t_a) = 0$ sowie $\frac{\partial\Phi}{\partial x^*}(t_e) = 0$ gelten muss, sofern $x(t_a)$ beziehungsweise $x(t_e)$ frei sind, da in diesem Fall $\delta x(t_a)$. beziehungsweise $\delta x(t_e)$ beliebig sein dürfen.

Beispiel 4.2
Wir wollen nun die abgeleiteten notwendigen Bedingungen zur Lösung der Problemstellung von Beispiel 4.1 anwenden. Mit

$$\Phi[\boldsymbol{x}(t), \dot{\boldsymbol{x}}(t), t] = \sqrt{1 + \dot{x}(t)^2}, \ \frac{\partial\Phi}{\partial x} = 0 \text{ und } \frac{\partial\Phi}{\partial \dot{x}} = \frac{\dot{x}}{\sqrt{1 + \dot{x}(t)^2}}.$$

Somit verbleibt für Gl. (4.12) lediglich

$$\frac{d}{dt}\left\{\frac{\dot{x}}{\sqrt{1 + \dot{x}(t)^2}}\right\} = 0.$$

Die Integration dieser Gleichung ergibt

$$\frac{\dot{x}}{\sqrt{1 + \dot{x}(t)^2}} = const.$$

und damit auch

$$\dot{x} = const. = c_1.$$

Die Integration dieser Gleichung ergibt

$$x(t) = c_1 t + c_2.$$

Diese Lösung muss nunmehr den Randbedingungen angepasst werden:

I) $c_1 t_a + c_2 = x_a$;

II) $c_1 t_e + c_2 = x_e$;

II) –I): $c_1 = \frac{x_e - x_a}{t_e - t_a}$; c_1 in I) einsetzen ergibt

$$c_2 = -\frac{x_e - x_a}{t_e - t_a} t_e + x_e$$

I') $x = x_e + \frac{x_e - x_a}{t_e - t_a} \cdot (t - t_e)$.

Die Lösung des Randwertproblems ist somit, wie nicht anders zu erwarten, die Gerade durch die beiden Punkte $P_a = (x_a, t_a)$ und $P_e = (x_e, t_e)$.

Beispiel 4.3
Auf der (x, t)-Ebene sei der Punkt $A = (1, 0)$ und die Gerade $x = 2 - t$, siehe Abb. 4.3, gegeben. Gesucht ist der Funktionsverlauf $x(t)$, der den Punkt A mit der Geraden $x = 2 - t$ auf kürzestem Weg verbindet.

Während das Gütefunktional für dieses Beispiel identisch ist mit Gl. (4.1), lauten nun die gegebenen Randbedingungen

$$x(0) = 1; x(t_e) = 2 - t_e.$$

Wir erhalten zunächst wieder dieselbe Euler-Lagrange-Gleichung (4.12) mit der Lösung

$$x^*(t) = c_1 t + c_2.$$

Durch Berücksichtigung der Anfangsbedingung $x^*(0) = 1$ ergibt sich hier die Integrationskonstante zu $c_2 = 1$. Mit

$$\Phi\left[\boldsymbol{x}(t_e), t_e, \lambda\right] = \lambda \cdot [2 - x(t_e) - t_e]$$

erhalten wir nunmehr

$$\frac{\dot{x}(t_e)}{\sqrt{1 + \dot{x}(t_e)^2}} - \lambda = 0;$$

$$\sqrt{1 + \dot{x}(t_e)^2} - \frac{\dot{x}(t_e)^2}{\sqrt{1 + \dot{x}(t_e)^2}} - \lambda = 0;$$

$$2 - x(t_e) - t_e = 0.$$

Aus diesen drei Gleichungen erhalten wir die Unbekannten λ, c_1 und $t_e = t_e^*$ mit den Lösungen $t_e^* = 0,5$; $c_1 = 1$ und $\lambda = 1/\sqrt{2}$.

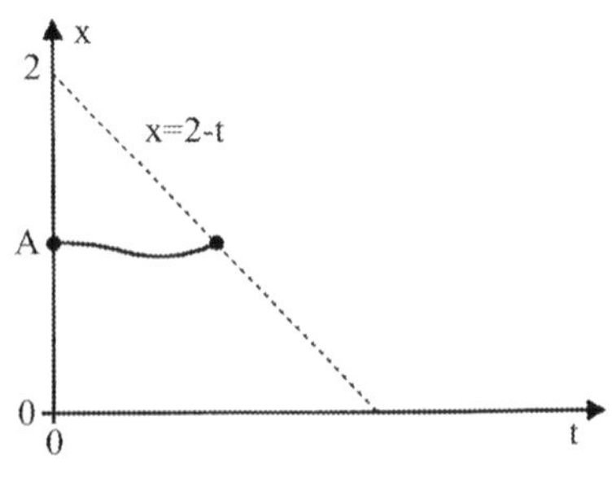

Abb 4.3 Grafische Darstellung

Die Gleichung der gesuchten Extremalen lautet also

$$x^*(t) = 1 + t.$$

Wenn wir uns auf Abb. 4.3 beziehen ist ersichtlich, dass es sich tatsächlich um das gesuchte Minimum handelt.

4.3 Transversalitätsbedingungen

Wir wollen in diesem Abschnitt die Transversalitätsbedingungen einer genaueren Betrachtung unterziehen. Hierzu muss die Gl. (4.13) in Verbindung mit.den gegebenen Randbedingungen der Trajektorie untersucht werden. Randbedingungen, also Restriktionen bezüglich $x(t)$ zu den Zeitpunkten t_a und t_e, sind gewöhnlich von folgender Form: Der Wert von $x(t_R)$, wobei $t_R = t_a$ oder $t_R = t_e$ oder beides sein kann, ist fest, frei oder beschränkt. Wenn $x(t_R)$ einen festen Wert hat, dann muss $x^*(t_R) = x(t_R)$ für alle zulässigen Trajektorien $x(t)$ erfüllen; also muss gemäß Gl. (4.13) $\eta(t_R) = 0$ sein, für den Wert von $\frac{\partial \Phi}{\partial \dot{x}^*}$ bestehen dann keinerlei Restriktionen. Wenn im umgekehrten Fall $x(t_R)$ nicht spezifiziert ist gibt es keine Restriktionen bezüglich $\eta(t_R)$, also muss dann für $t = t_R$ nach Gl. (4.13) $\frac{\partial \Phi}{\partial \dot{x}^*} = 0$ sein. Die möglichen Kombinationen der genannten Fälle werden im Abb. 4.4 angedeutet.

Beispiel 4.4
Die Aufgabe besteht darin, den Funktionsgraf mit minimaler Bogenlänge zwischen dem Punkt $x(0) = x(t_a) = 1$ und der Linie $t_e = 2$ zu finden; siehe Abb. 4.4, d).

Wie immer besteht der erste Schritt in der Formulierung des zu minimierenden Funktionals $J[\boldsymbol{x}(t)]$. Analog zu Beispiel 4.2 ist

$$J(x(t)) = \int_{x(0)}^{x(t_e)} ds = \int_{t=0}^{t=2} \sqrt{1 + \dot{x}(t)^2} dt$$

mit $x(t = 0) = 1$ und $x(t = 2)$ beliebig. Es ist also

$$\Phi[x(t), \dot{x}(t), t] = \sqrt{1 + \dot{x}(t)^2}.$$

Aus der Euler-Lagrange-Gleichung

$$\frac{\partial \Phi}{\partial x^*} - \frac{d}{dt} \frac{\partial \Phi}{\partial \dot{x}^*} = 0.$$

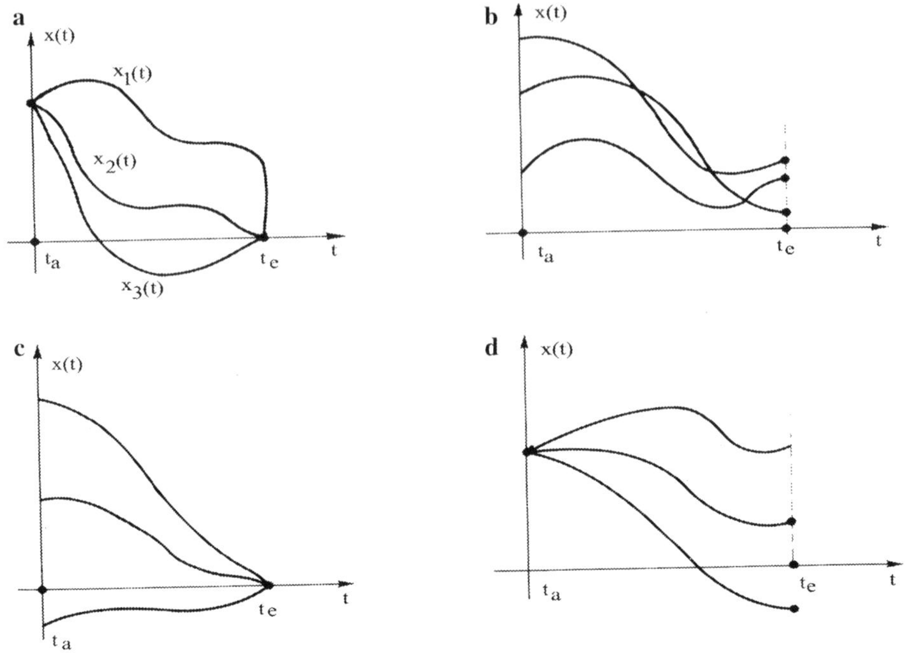

Abb 4.4 a) $x(t_a)$ und $x(t_e)$ fest, b) $x(t_a)$ und $x(t_e)$ frei, c) $x(t_a)$ frei und $x(t_e)$ fest, d) $x(t_a)$ fest und $x(t_e)$ frei

erhalten wir für diese Aufgabe

$$-\frac{d}{dt}\left[\frac{\dot{x}}{\sqrt{1+\dot{x}^2}}\right] = 0.$$

Die Integration dieser Gleichung über t liefert

$$\frac{\dot{x}}{\sqrt{1+\dot{x}^2}} \equiv c = const., \dot{x}^2 = \frac{c^2}{1-c^2} \equiv a^2.$$

Damit ist die Extremale gegeben zu

$$x^*(t) = at + b.$$

Wie wir sehen ist der kürzeste Abstand zwischen einem Punkt und einer senkrechten Geraden erwartungsgemäß wiederum eine Gerade.

Die gleiche Lösung erhalten wir durch geeignete Anwendung der Transversalitäts-Bedingung auf die gegebenen Randbedingungen. Mit $x(t_a = 0) = 1$ und $\frac{\partial \Phi}{\partial x^*} = 0 = \frac{\dot{x}^*}{\sqrt{1+(\dot{x}^*)^2}}$ für $t_e = 2$ oder $\dot{x}^* = 0$ an der Stelle $t = 2$.

Differenzieren wir die obige Lösung für $x^*(t)$ nach t, so erhalten wir $\dot{x}^* = a$ und durch Anwendung der Transversalitätsbedingung $a = 0$ und somit

$\eta(t_e) \neq 0, \rightarrow \eta(t_e) = b = 1$. Damit wird die gesuchte Extremale unter Einbezug der Randbedingung zu $x = 1$.

Um schließlich festzustellen, dass es sich bei unserem Ergebnis um ein Minimum handelt müssen wir zeigen, dass die zweite Variation positiv ist. Für unser Beispiel ergibt sich

$$\frac{\partial^2 \Phi}{\partial x^* \partial \dot{x}^*} = 0, \quad \frac{\partial^2 \Phi}{\partial \dot{x}^{*2}} = \frac{1}{\left(1 + \dot{x}(t_e)^2\right)^{3/2}}.$$

Nachdem $\frac{\partial^2 \Phi}{\partial \dot{x}^{*2}}$ immer positiv ist, liegt tatsächlich das erwartete Minimum vor.

Beispiel 4.5
Im Gegensatz zu Beispiel 4.4 gehen wir nunmehr von umgekehrter Voraussetzung aus:

Wir suchen die Gleichung der Funktion, die das Gütefunktional

$$J(x(t)) = \int_0^2 \left[\frac{1}{2}\dot{x}^2 + x\dot{x} + \dot{x} + x\right] dt, also \Phi(\mathrm{x}, \dot{x}) = \frac{1}{2}\dot{x}^2 + x\dot{x} + \dot{x} + x$$

minimiert, wobei entsprechend Abb. 4.4, b) keine Randbedingungen spezifiziert seien. Aus der Euler-Lagrange-Gleichung erhalten wir zunächst

$$\frac{\partial \Phi}{\partial \dot{x}} = \dot{x} + x + 1 \text{ und } \frac{\partial \Phi}{\partial x} = \dot{x} + 1.$$

Weil im gegebenen Beispiel die Variable t nicht explizit auftritt, können wir auch den Term $\frac{d}{dt}\frac{\partial \Phi}{\partial \dot{x}}$ nicht explizit berechnen. Wir formen deshalb die Gl. (4.12) geringfügig um und erhalten

$$\frac{\partial \Phi}{\partial \dot{x}} = \int \left(\frac{\partial \Phi}{\partial x}\right) dt = \int (\dot{x} + 1) dt \quad \rightarrow \quad \dot{x} + x + 1 = x + t + C;$$

$$\dot{x} = t + C - 1 \rightarrow \dot{x} = t + C_1$$

Die erneute Integration ergibt zunächst die allgemeine Lösung dieser Gleichung

$$x(t) = \frac{t^2}{2} + C_1 t + C_2.$$

Zur Bestimmung der beiden Integrationskonstanten C_1 und C_2 müssen wir die in der Aufgabe statuierten Transversalitätsbedingungen anwenden:

Weil, bezugnehmend auf Abb. 4.4, b), sowohl $x(t_a)$ als auch $x(t_e)$ frei sind, muss $\eta(t) \neq 0$ sein. Mit

$$\frac{\partial \Phi}{\partial \dot{x}} = \dot{x} + x + 1 = 0 f\ddot{u}r t = 0 undt = 2.$$

Aus der gefundenen Lösung für $x(t)$ und ihrer Ableitung erhalten wir

$$\frac{\partial \Phi}{\partial \dot{x}} = (t + C_1) + \left(\frac{t^2}{2} + C_1 t + C_2 \right) + 1 = 0 \text{ für } t = 0 \; und \; t = 2.$$

Setzen wir in die beiden letzten Gleichungen $t = 0$ und $t = 2$ ein, so erhalten wir die simultanen Gleichungen.

$$C_1 + C_2 = -1, 3C_1 + C_2 = -5 \to C_1 = -2; C_2 = 1.$$

Damit wird die Extremale, entsprechend unserer Randbedingungen zu

$$x(t) = \frac{t^2}{2} - 2t + 1.$$

Den tatsächlichen Wert des Extremums erhalten wir durch Einsetzen der gefundenen Lösung in die in der Aufgabe gegebenen Kostenfunktion und nachfolgender Integration zu $J_{min} = \frac{4}{3}$.

4.4 Vektorielle Formulierung der Euler-Lagrange Gleichung und der Transversalitätsbedingung

In den Abschnitten 4.1 und 4.2 und den dazu assoziierten Beispielen wurde im Hinblick auf die Nebenbedingungen mit Absicht nur der skalare Fall diskutiert, der in den meisten Fällen bei der Behandlung physikalischer Probleme auftritt. Nunmehr wollen wir für den vektoriellen Fall die Kostenfunktion

$$\boldsymbol{J} = \int_{t_a}^{t_e} \boldsymbol{\Phi}[\boldsymbol{x}, \dot{\boldsymbol{x}}, t] dt \tag{4.14}$$

bezüglich der m-dimensionalen Gleichungsnebenbedingung

$$\boldsymbol{\Lambda}(\boldsymbol{x}, \dot{\boldsymbol{x}}, t) = 0 \quad \text{für} \quad t \in [t_a, t_e] \tag{4.15}$$

bestimmen. Unsere Aufgabe besteht darin, die Kostenfunktion

$$\boldsymbol{J}' = \int_{t_a}^{t_e} \left[\boldsymbol{\Phi}(\boldsymbol{x}, \dot{\boldsymbol{x}}, t) + \boldsymbol{\lambda}^{\mathrm{T}}(\mathrm{t}) \cdot \boldsymbol{\Lambda}(\boldsymbol{x}, \dot{\boldsymbol{x}}, t) \right] dt \tag{4.16}$$

zu minimieren, wobei der zeitabhängige m-dimensionale Vektor $\boldsymbol{\lambda}(\mathrm{t})$ dem bereits weidlich diskutierten Lagrange Multiplikator äquivalent ist.

Zur Illustration der Herleitung der Lagrange Multiplikatoren betrachten wir den Spezialfall, dass $\boldsymbol{x}$ als zweidimensionaler Vektor angenommen sei. Gehen wir weiter davon aus, dass wir

$$J = \int_{t_a}^{t_e} \boldsymbol{\Phi}(x_1, x_2, \dot{x}_1, \dot{x}_2, t) dt \tag{4.17}$$

bezüglich der Nebenbedingung fester Endpunkte

$$\mathbf{\Lambda}(x_1, x_2, t) = 0 \tag{4.18}$$

zu minimieren wünschen. Symptomatisch für ein Minimum besteht die Notwendigkeit, dass die erste Variation der Gl. (4.14) zu Null wird, also

$$\boldsymbol{\delta J} = \int_{t_a}^{t_e} \left\{ \delta x_1 \left[\frac{\partial \mathbf{\Phi}}{\partial x_1} - \frac{d}{dt} \frac{\partial \mathbf{\Phi}}{\partial \dot{x}_1} \right] + \delta x_2 \left[\frac{\partial \mathbf{\Phi}}{\partial x_2} - \frac{d}{dt} \frac{\partial \mathbf{\Phi}}{\partial \dot{x}_2} \right] \right\} dt = 0. \tag{4.19}$$

Weil aufgrund der Nebenbedingung eine Abhängigkeit zwischen x_1 und x_2 besteht, müssen wir die Nebenbedingung berücksichtigen.

Bilden wir die Variation der Gl. (4.18), so ergibt sich

$$\boldsymbol{\delta \lambda} = \frac{\partial \mathbf{\Lambda}}{\partial x_1} \delta x_1 + \frac{\partial \mathbf{\Lambda}}{\partial x_2} \delta x_2 = 0. \tag{4.20}$$

Außerdem dürfen wir Gl. (4.20) mit jedem endlichen $\lambda(t)$ multiplizieren und über t integrieren und erhalten daraus

$$\int_{t_a}^{t_e} \lambda(t) \left[\frac{\partial \mathbf{\Lambda}}{\partial x_1} \delta x_1 + \frac{\partial \mathbf{\Lambda}}{\partial x_2} \delta x_2 \right] dt = 0. \tag{4.21}$$

Addieren wir schließlich Gl. (4.19) und Gl. (4.21), so erhalten wir

$$\int_{t_a}^{t_e} \left\{ \delta x_1 \left[\frac{\partial \mathbf{\Phi}}{\partial x_1} - \frac{d}{dt} \frac{\partial \mathbf{\Phi}}{\partial \dot{x}_1} + \lambda \frac{\partial \mathbf{\Lambda}}{\partial x_1} \right] + \delta x_2 \left[\frac{\partial \mathbf{\Phi}}{\partial x_2} - \frac{d}{dt} \frac{\partial \mathbf{\Phi}}{\partial \dot{x}_2} + \lambda \frac{\partial \mathbf{\Lambda}}{\partial x_1} \right] \right\} dt = 0. \tag{4.22}$$

Wir müssen nun λ derart anpassen, dass der Term innerhalb der ersten Klammer des Integranden zu Null wird. Ebenso, w.il ja δx_2 als beliebig angenommen wird, muss der Term der zweiten Klammer zu Null werden.

Beispiel 4.6
Gegeben ist die Differenzialgleichung einer in vertikaler Richtung zu regelnden Rakete

$$\theta \cdot \ddot{\varphi}(t) = u(t)$$

als doppelt integrierendes System.

Dabei wird mit θ das inertiale Massenträgheitsmoment der Rakete bezeichnet und der einfacheren Rechnung wegen zu eins angenommen, $\varphi(t)$ ist der Auslenkwinkel aus der vertikalen Richtung als Ausgangsgröße und $u(t)$ das treibende Moment einer Steuerdüse als ursächliche Eingangsgröße.

Unsere Aufgabe besteht darin, das Gütekriterium

$$J = \frac{1}{2} \int_0^2 \left(\ddot{\varphi} \right)^2 dt$$

so zu minimieren, dass

$$\varphi(t=0)=1, \quad \varphi(t=2)=0;$$

$$\dot{\varphi}(t=0)=1, \quad \ddot{\varphi}(t=2)=0;$$

Zur Darstellung dieser Aufgabe im Zustandsraum definieren wir die Zustandsgrößen

$$x_1(t)=\varphi(t), \quad \dot{x}_1(t)=x_2(t), \quad \dot{x}_2(t)=u(t).$$

Mit diesen Definitionen erhalten wir für die Zustandsgleichung

$$\dot{\boldsymbol{x}}(t)=\boldsymbol{A}\boldsymbol{x}(t)+\boldsymbol{b}u(t)$$

.mit

$$\boldsymbol{x}^T=[x_1x_2], \quad \boldsymbol{A}=\begin{bmatrix}01\\00\end{bmatrix}, \quad \boldsymbol{b}^T=[01].$$

Unter Anwendung der Gl. (4.16) bekommt das eingangs definierte Gütekriterium die Form

$$J=\int_0^2\left\{\frac{1}{2}u^2(t)+\boldsymbol{\lambda}^{\mathrm{T}}(\mathrm{t})\cdot\left[\boldsymbol{A}\boldsymbol{x}(t)+\boldsymbol{b}u(t)-\dot{\boldsymbol{x}}(t)\right]\right\}dt.$$

Durch Ausmultiplizieren erhalten wir

$$J=\int_0^2\left\{\frac{1}{2}u^2(t)+\lambda_1(t)[x_2(t)-\dot{x}_1(t)]+\lambda_2(t)[u(t)-\dot{x}_2(t)]\right\}dt.$$

Mit Gl. (4.22) ergeben sich die Lagrange-Multiplikatoren zu

$$\dot{\lambda}_1=0, \quad \dot{\lambda}_2=-\lambda_1(t), \quad u(t)=-\lambda_2(t).$$

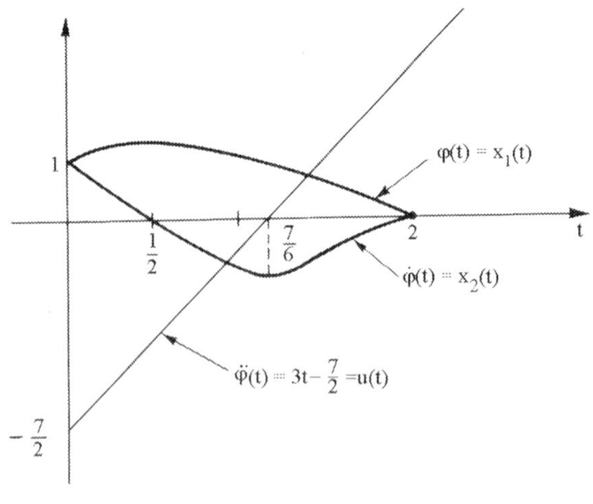

Abb 4.5 Zustandstrajektorien der optimal geregelten Rakete

Verwenden wir nun die eingangs gegebene Differenzialgleichung, so erhalten wir unter Berücksichtigung der Anfangs- und Endbedingungen die optimalen Zustandsgrößen

$$x_1(t) = \frac{1}{2}t^3 - \frac{7}{4}t^2 + t + 1; \quad x_2(t) = \frac{3}{2}t^2 - \frac{7}{2}t + 1; \quad u(t) = 3t - \frac{7}{2}.$$

Im Abb. 4.5 sehen wir schließlich den zeitlichen Verlauf der optimalen Trajektorien.

Optimale Steuerung dynamischer Systeme

5

Im vierten Kapitel haben wir die klassische Variationsrechnung kennengelernt und auch auf eine Reihe von Beispielen angewandt. Außerdem haben wir die Euler-Lagrange-Gleichung und die dazu assoziierte Transversalitätsbedingung hergeleitet. In diesem Kapitel erweitern wir eine Reihe von Beispielen des vorangegangenen Kapitels und erhalten daraus teilweise allgemein gültige Lösungen. Darüber hinaus werden wir Methoden zur Lösung von Aufgaben herleiten, die nicht mit den bisher bekannten Methoden zu bewältigen sind.

Zunächst wollen wir uns aber der *optimalen Steuerung dynamischer Systeme* widmen.

Im Fall der optimalen Steuerung wird die optimale Steuertrajektorie als feste Zeitfunktion in einem Computer abgespeichert die während des zeitlichen Optimierungsintervalls $0 \leq t \leq t_e$ auf den realen Prozess einwirkt; vergleiche hierzu Abb. 5.1.

5.1 Problemstellung

Einen wichtigen Sonderfall von Nebenbedingungen stellt in der praktischen Anwendung die Berücksichtigung der Zustandsgleichung

$$\dot{\boldsymbol{x}} = f[\boldsymbol{x}(t), \boldsymbol{u}(t), t] \text{ mit } 0 \leq t \leq t_e \tag{5.1}$$

eines dynamischen Systems dar. Dabei ist $\boldsymbol{x}$ der $(n * 1)$-dimensionale *Zustandsvektor* des Systems und $\boldsymbol{u}$ der $(m * 1)$-dimensionale *Steuervektor*. Die Zielsetzung besteht darin, das zu steuernde System bei gegebenem Anfangszustand $\boldsymbol{x}(0) = \boldsymbol{x}_0$ in einen Endzustand überzuführen, der im stationären Zustand das sogenannte Steuerziel

$$\boldsymbol{g}[\boldsymbol{x}(t_e), t_e] = 0 \tag{5.2}$$

A. Braun, *Optimale und adaptive Regelung technischer Systeme*,
https://doi.org/10.1007/978-3-658-30916-9_5

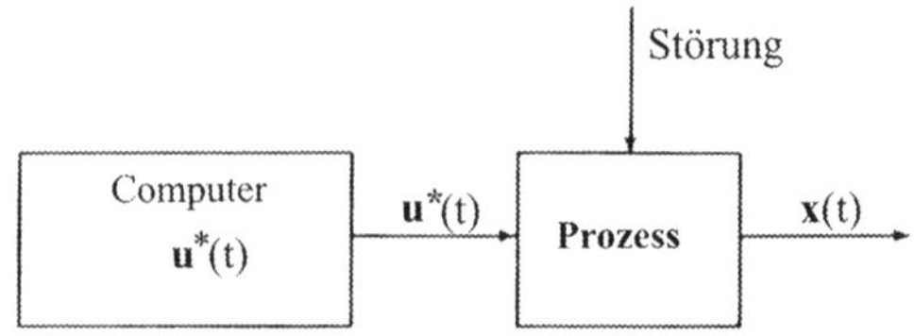

Abb. 5.1 Blockbild Optimale Steuerung

erfüllt. Gl. (5.2) wird in diesem Zusammenhang auch oft als *Endbedingung* bezeichnet. Für eine sinnvoll formulierte Aufgabenstellung ist die *optimale Steuertrajektorie* $u^*(t)$ mit$0 \leq t \leq t_e$ gesucht, die das System der Gl. (5.1) vom Anfangszustand $\boldsymbol{x}_0$ in die Endbedingung führt und dadurch das Mayersche Gütekriterium

$$J[\boldsymbol{x}(t), \boldsymbol{u}(t), t_e] = h[\boldsymbol{x}(t), t_e] + \int_0^{t_e} \Phi[\boldsymbol{x}(t), \boldsymbol{u}(t), t]dt \tag{5.3}$$

minimiert.

5.2 Notwendige Bedingungen für ein lokales Minimum

Obwohl man aus steuerungstechnischer Sicht vor allem an der Herleitung einer optimalen Steuertrajektorie interessiert ist, sind aus mathematischer Sicht sowohl $\boldsymbol{u}(t)$ als auch $\boldsymbol{x}(t)$ Problemvariablen.

Zur Formulierung der notwendigen Optimalitätsbedingungen führen wir zunächst die *Hamilton-Funktion* ein, die gewisse Ähnlichkeiten mit der Lagrange-Funktion aus der statischen Optimierung aufweist,

$$H[\boldsymbol{x}(t), \boldsymbol{u}(t), \boldsymbol{\lambda}(t), t_e] = \Phi[\boldsymbol{x}(t), \boldsymbol{u}(t), t] + \boldsymbol{\lambda}^T(t) \cdot f[\boldsymbol{x}(t), \boldsymbol{u}(t), t], \tag{5.4}$$

wobei $\boldsymbol{\lambda}(t)$ der Vektor der *Lagrange-Multiplikatoren* ist, gelegentlich auch als *Kozustände* bezeichnet. Die *notwendigen Bedingungen für ein Extremum* und damit für die optimale Steuerung dynamischer Systeme lauten wie folgt:

Für $0 \leq t \leq t_e$ existieren Multiplikatoren $\boldsymbol{\zeta} \in R^l$ und Zeitfunktionen $\boldsymbol{\lambda}(t) \in R^n$, sodass folgende Bedingungen erfüllt sind; der kürzeren Schreibweise wegen werden die Argumente und den Sternindex weggelassen:

$$\frac{\partial H}{\partial \lambda} = \dot{\boldsymbol{x}} = \boldsymbol{f}, \tag{5.5}$$

$$\frac{\partial H}{\partial \boldsymbol{x}} = \frac{\partial \Phi}{\partial \boldsymbol{x}} + \left(\frac{\partial f}{\partial \boldsymbol{x}}\right)^T \cdot \boldsymbol{\lambda} = -\boldsymbol{\lambda}, \tag{5.6}$$

$$\frac{\partial H}{\partial \boldsymbol{u}} = \frac{\partial \Phi}{\partial \boldsymbol{u}} + \left(\frac{\partial f}{\partial \boldsymbol{u}}\right)^T \cdot \boldsymbol{\lambda} = 0. \tag{5.7}$$

Zusätzlich müssen folgende Bedingungen erfüllt sein:

$$\left[\frac{\partial h}{\partial \boldsymbol{x}(t_e)} + \left(\frac{\partial \boldsymbol{g}}{\partial \boldsymbol{x}(t_e)}\right)^T \cdot \boldsymbol{\zeta} - \boldsymbol{\lambda}(t_e)\right]^T \cdot \delta \boldsymbol{x}_e = 0, \tag{5.8}$$

$$\left\{H[\boldsymbol{x}(t_e), \boldsymbol{u}(t_e), \boldsymbol{\lambda}(t_e), t_e] + \frac{\partial h}{\partial t_e} + \left(\frac{\partial \boldsymbol{g}}{\partial t_e}\right)^T \boldsymbol{\zeta}\right\}\delta t_e = 0, \tag{5.9}$$

$$\boldsymbol{x}(0) = \boldsymbol{x}_0, \tag{5.10}$$

$$\boldsymbol{g}[\boldsymbol{x}(t_e), t_e] = 0. \tag{5.11}$$

Kommentar:

- Gl. (5.5) beschreibt die n-dimensionalen Zustandsgleichung des zu steuernden Systems, die natürlich zu den notwendigen Bedingungen des Optimierungsproblems zählen muss. Die Gl. (5.9) besteht ebenso aus n Differenzialgleichungen zur Bestimmung von $\boldsymbol{\lambda}$. Somit bilden diese beiden Gleichungen einen Satz von $2n$ gekoppelten Differenzialgleichungen 1. Ordnung, die auch als *kanonische Differenzialgleichungen* der Problemstellung bezeichnet werden;
- Die in den kanonischen Differenzialgleichungen auftretende Steuergröße $\boldsymbol{u}(t)$ wird durch die *Koppelgleichungen* (5.7) als Funktion von $\boldsymbol{x}(t)$ und $\boldsymbol{\lambda}(t)$ ausgedrückt;
- In der Gl. (5.8) kommt die *Transversalitätsbedingung für den Endzustand* und in Gl. (5.9) die *Transversalitätsbedingung für die Endzeit* zum Ausdruck, während Gl. (5.10) die gegebenen Anfangsbedingungen und Gl. (5.11) die gegebenen Endbedingungen zum Ausdruck bringt.
- Zur Lösung der kanonische Differenzialgleichungen und der Koppelgleichungen müssen $2n$ Randbedingungen bekannt sein, die von den Gleichungen (5.8) bis (5.11) bereitgestellt werden, zuzüglich einer Bedingung (5.9) für die Endzeit t_e sofern diese frei ist und weitere l Bedingungen für die Bestimmung der l Lagrange-Multiplikatoren $\boldsymbol{\zeta}$.

Für ein *lokales Minimum* muss die *notwendige Legendresche Bedingung*

$$\frac{\partial^2 H[\boldsymbol{x}(t), \boldsymbol{u}(t), \boldsymbol{\lambda}(t), t]}{\partial u^2} \geq 0 \tag{5.12}$$

erfüllt sein. (Der Sternindex wurde weggelassen).

5.3 Behandlung der Randbedingungen

In den vorangegangenen beiden Abschnitten wurde der allgemeinste Fall gegebener Endbedingungen aufgezeigt. Bei praktischen Anwendungen vereinfacht sich allerdings bei einfacherer Vorgabe der Endbedingungen die Handhabung der Randbedingungen erheblich.

5.3.1 Feste Endzeit t_e

Bei fester Endzeit ist $\delta t_e = 0$, wodurch natürlich Gl. (5.9) nicht berücksichtigt werden muss. Für diesen Fall können wiederum drei Unterpunkte herausgearbeitet werden:

a) *Fester Endzustand*
Der übliche Fall von Gl. (5.2) ist die Forderung $\boldsymbol{x}(t_e) = \boldsymbol{x}_e$. Abb. 4.4, a) zeigt mögliche zulässige Lösungstrajektorien für den eindimensionalen Fall. Für Fälle dieser Art ist $\delta\boldsymbol{x}_e = 0$ und damit Gl. (5.8) immer erfüllt. Bei fester Endzeit und festem Endzustand beschränken sich die zu berücksichtigen Randbedingungen auf die insgesamt $2n$ Anfangs- und Endbedingungen $\boldsymbol{x}(0) = \boldsymbol{x}_0$ und $\boldsymbol{x}(t_e) = \boldsymbol{x}_e$ für den Zustand des zu steuernden Systems.

b) *Freier Endzustand*
Sofern keine Endbedingung vorgegeben ist, darf die Variation des Endzustandes $\delta\boldsymbol{x}_e$ beliebige Werte annehmen. Somit wird die Gl. (5.8) durch die Bedingung

$$\boldsymbol{\lambda}(t_e) = \frac{\partial h}{\partial \boldsymbol{x}(t_e)} \tag{5.13}$$

erfüllt. Abb 5.4 d) zeigt einige zulässige Lösungstrajektorien für den eindimensionalen Fall. Gl. (5.13) liefert genau n Endbedingungen für$\boldsymbol{\lambda}(t)$, die mit den n Anfangsbedingungen $\boldsymbol{x}(0) = \boldsymbol{x}_0$ zur Lösung der kanonische Differenzialgleichungen und der Koppelgleichungen notwendig sind.

c) *Endzustand unterliegt einer Zielmannigfaltigkeit*
Da die Endzeit als fest vorausgesetzt ist, lautet jetzt die Endbedingung

$$\boldsymbol{g}[\boldsymbol{x}(t_e)] = 0. \tag{5.14}$$

Abb. 5.2 illustriert den vorliegenden Fall für ein System zweiter Ordnung, also für einen zweidimensionalen Zustandsvektor. Auch in diesem Fall ist die Variation des Endzustandes $\delta\boldsymbol{x}_e$ beliebig, sodass aus Gl. (5.8) folgende n Randbedingungen resultieren:

$$\boldsymbol{\lambda}(t_e) = \frac{\partial h}{\partial \boldsymbol{x}(t_e)} + \left(\frac{\partial \boldsymbol{g}}{\partial \boldsymbol{x}(t_e)}\right)^T \cdot \boldsymbol{\zeta}. \tag{5.15}$$

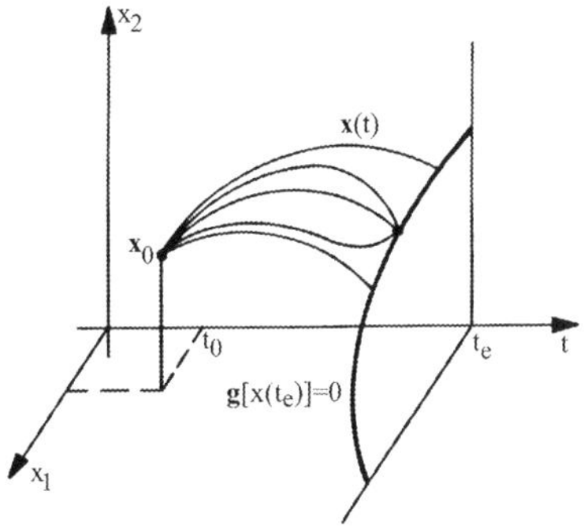

Abb. 5.2 Allgemeine Endbedingung bei fester Endzeit und Zielmannigfaltigkeit

Somit ergeben für diesen Fall die Gl. (5.14) und (5.15) einschließlich der Anfangsbedingungen $2n + l$ Randbedingungen, die zur Lösung unseres Randwerteproblems und zur Berechnung von $\boldsymbol{\zeta}$ benötigt werden.

5.3.2 Freie Endzeit t_e

Analog zum Abschn. 5.3.1 werden wir für freie Endzeit t_e wieder die gleichen Unterpunkte einer Analyse unterziehen.

a) *Fester Endzustand*
   Dieser Fall ist im Abb. 5.3 a) skizziert. Nachdem die Variation der Endzeit δt_e offensichtlich beliebig sein darf, folgt nunmehr aus Gl. (5.9)

$$H[\boldsymbol{x}(t_e), \boldsymbol{u}(t_e), \boldsymbol{\lambda}(t_e), t_e] + \frac{\partial h}{\partial t_e} = 0, \tag{5.16}$$

sodass sich mit den Anfangs- und Endbedingungen $\boldsymbol{x}(0) = \boldsymbol{x}_0$ und $\boldsymbol{x}(t_e) = \boldsymbol{x}_e$ insgesamt $2n + 1$ Randbedingungen ergeben, die zur Lösung dieser Aufgabenstellungen und zur Berechnung der freien Endzeit t_e verwendet werden können.

b) *Freier Endzustand*
   Für den im Abb. 5.3 b) illustrierten Fall ergeben sich n Anfangsbedingungen und n Endbedingungen, siehe Gl. (5.13), für $\boldsymbol{\lambda}(t)$ und eine Bedingung, siehe Gl. (5.16), für die freie Endzeit.

c) *Endbedingung mit einer allgemeinen Zielmannigfaltigkeit*
   Hier handelt es sich um den allgemeinsten Fall einer Endbedingung entsprechend Gl. (5.2), der im Abb. 5.3 c) verdeutlicht wird. Die Transversalitätsbedingung, Gl. (5.9), ergibt in diesem Fall für die Endzeit

$$H[\boldsymbol{x}(t_e), \boldsymbol{u}(t_e), \boldsymbol{\lambda}(t_e), t_e] + \frac{\partial h}{\partial t_e} + \left(\frac{\partial \boldsymbol{g}}{\partial t_e}\right)^T = 0. \tag{5.17}$$

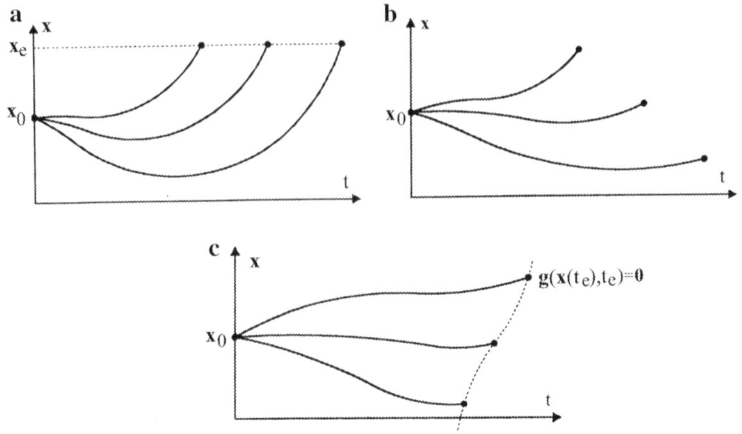

Abb. 5.3 **a**) Fester Endzustand, **b**) Freier Endzustand, **c**) Allgemeine Endbedingung

Beispiel 5.1
Gegeben sei ein einfacher dynamischer Prozess, beispielsweise das stark vereinfachte Modell eines Servomotors, der durch die Zustandsgleichung

$$\dot{x}(t) = u(t) \tag{5.18}$$

beschrieben wird. Gesucht ist die optimale Steuertrajektorie $u^*(t)$ und die zugehörige Zustandstrajektorie $x^*(t)$ mit$0 \leq t \leq T$, sodass der gegebene Anfangszustand $x(0) = x_0$ in der geforderten festen Zeit T in den Endzustand $x(T) = 0$ überführt wird und das quadratische Gütekriterium

$$J[x(t), u(t)] = \frac{1}{2} \int_0^T \left[x^2(t) + u^2(t)\right] dt \tag{5.19}$$

ein Minimum annimmt. Abb. 5.4 zeigt einige mögliche Zustandsverläufe aus denen hervorgeht, dass in diesem.Beispiel bezüglich der Randbedingungen der Fall fester Endzeit mit festem Endzustand vorliegt.

Zur Auswertung der notwendigen Bedingungen bilden wir die Hamilton- Funktion Gl. (5.4), die mit Gl. (5.1) für unser Beispiel zu

$$H = \Phi + \lambda f = \frac{1}{2}\left(x^2 + u^2\right) + \lambda u \tag{5.20}$$

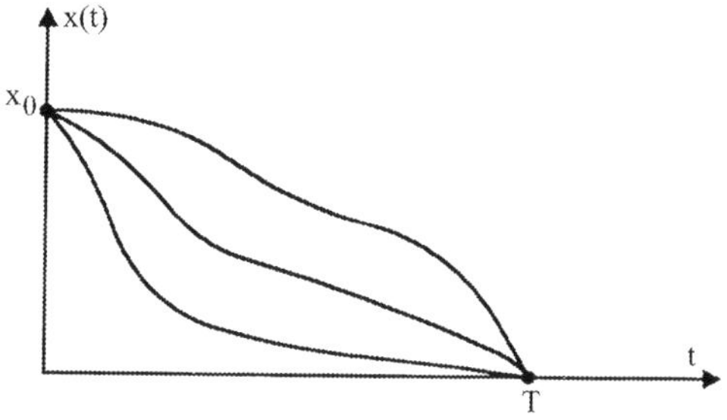

Abb. 5.4 Zu.ässige Zustandstrajektorien

wird. Die notwendigen Bedingungen der Gl. (5.5) bis (5.7) liefern

$$\frac{\partial H}{\partial \boldsymbol{\lambda}} = u = \dot{x} \tag{5.21}$$

$$\frac{\partial H}{\partial \boldsymbol{x}} = x = -\dot{\lambda} \tag{5.22}$$

$$\frac{\partial H}{\partial u} = u + \lambda = 0 \to \lambda = -u. \tag{5.23}$$

(Im Übrigen ist die Legendresche Bedingung $\frac{\partial^2 H}{\partial u^2} = 1 > 0$ erfüllt). Durch Einsetzen der Koppelgleichung (5.23) in (5.21), Differenzieren und anschließendes Einsetzen in Gl. (5.22) erhalten wir folgende Differenzialgleichung 2. Ordnung

$$\ddot{x} - x = 0. \tag{5.24}$$

Mit dem homogenen Lösungsansatz $x_h = e^{\alpha t}$ erhalten wir zunächst

$$x(t) = c_1 e^t + c_2 e^{-t}.$$

Mit den gegebenen Randbedingungen $x(0) = x_0$ und $x(T) = 0$ bekommen die Konstanten c_1 und c_2 die Werte

$$c_1 = \frac{-x_0 e^{-2T}}{1 - e^{-2T}} \text{ und } c_2 = \frac{x_0}{1 - e^{-2T}}.$$

Unter Berücksichtigung von $\sinh \gamma = \left(1 - e^{-2\gamma}\right)/2e^{-\gamma}$ lautet schließlich die gesuchte, optimale Zustandstrajektorie

$$x^*(t) = \frac{x_0 \cdot \sinh (T - t)}{\sinh T}. \tag{5.25}$$

Durch Einsetzen dieser Gleichung in Gl. (5.21) erhalten wir die optimale Steuertrajektorie

$$u^*(t) = -\frac{x_0 \cdot \cosh(T-t)}{\sinh T}. \tag{5.26}$$

Es ist im Übrigen interessant festzustellen, dass sich für $T \to \infty$ die Lösungstrajektorien zu

$$x^*(t) = x_0 \cdot e^{-t} \text{ und } u^*(t) = -x_0 \cdot e^{-t}$$

vereinfachen.

Beispiel 5.2

Als weiteres Demonstrationsbeispiel betrachten wir die Steuerung eines Systems, das durch die Zustandsgleichung

$$\begin{bmatrix} \dot{x}_1 \\ \dot{x}_2 \end{bmatrix} = \begin{bmatrix} 01 \\ 00 \end{bmatrix} \begin{bmatrix} x_1 \\ x_2 \end{bmatrix} + \begin{bmatrix} 0 \\ 1 \end{bmatrix} u$$

oder einfacher

$$\dot{x}_1 = x_2$$

$$\dot{x}_2 = u$$

beziehungsweise durch $\ddot{x}_1(t) = u(t)$ beschrieben wird. Physikalisch kann man sich dabei ein mit der Masse $m = 1\,kg$ vereinfachtes Fahrzeugmodell mit der Zustandsgröße x_1 als Position und der Zustandsgröße x_2 als Geschwindigkeit sowie die Beschleunigungskraft u als ursächliche Eingangsgröße vorstellen.

Die Steuerungsaufgabe soll darin bestehen, das Fahrzeug bei gegebenem Anfangszustand

$$\boldsymbol{x}_0 = [00]^T$$

innerhalb einer vorgegebenen Zeitspanne T in den Endzustand $\boldsymbol{x}_e = [x_e\,0]^T$ zu bringen und die dazu erforderliche Stellenergie, ausgedrückt durch

$$J = \frac{1}{2}\int_0^T u^2 dt$$

zu minimieren.

Zur Bestimmung der notwendigen Optimalitätsbedingungen stellen wir zunächst entsprechend Gl. (5.4) die Hamilton-Funktion

$$H = \Phi + \boldsymbol{\lambda}^{\mathrm{T}} f = \frac{1}{2}u^2 + \left[\lambda_1\ \lambda_2\right] \cdot [x_1\ x_2]^T = \frac{1}{2}u^2 + \lambda_1 x_2 + \lambda_2 u$$

auf. Die notwendigen Bedingungen ergeben sich für unser Beispiel zu

$$\frac{\partial H}{\partial \lambda_1} = x_2 = \dot{x}_1, \tag{5.27}$$

$$\frac{\partial H}{\partial \lambda_2} = \dot{x}_2 = u, \tag{5.28}$$

$$\frac{\partial H}{\partial x_1} = -\dot{\lambda}_1 = 0, \tag{5.29}$$

$$\frac{\partial H}{\partial x_2} = -\dot{\lambda}_2 = \lambda_1, \tag{5.30}$$

$$\frac{\partial H}{\partial u} = u + \lambda_2 = 0. \tag{5.31}$$

Setzen wir die Lösung der Gl. (5.29),$\lambda_1(t) = c_1$, in Gl. (5.30) ein, so erhalten wir $\lambda_2(t) = -c_1 t - c_2$ und durch Einsetzen dieser Gleichung in (5.31) schließlich

$$u(t) == c_1 t + c_2,$$

wobei c_1 und c_2 die noch zu bestimmenden Integrationskonstanten sind. Unter Verwendung dieser optimalen Steuertrajektorie bekommen die integrierten Zustandsgleichungen (5.27) und (5.28) die Form

$$x_1(t) = \frac{1}{6}c_1 t^3 + \frac{1}{2}c_2 t^2 + c_3 t + c_4,$$

$$x_2(t) = \frac{1}{2}c_1 t^2 + c_2 t + c_3.$$

Mit den gegebenen Randbedingungen lassen sich die Integrationskonstanten wie folgt bestimmen:

$$c_1 = -\frac{12x_e}{T^3};\ c_1 = \frac{6x_e}{T^2};\ c_3 = c_4 = 0.$$

Daraus ergeben sich die endgültigen Gleichungen für die optimalen Zustandstrajektorien sowie die optimale Steuertrajektorie,

$$x_1^*(t) = x_e \cdot \frac{t^2}{T^2}\left(3 - 2\frac{t}{T}\right)$$

$$x_2^*(t) = 6x_e \cdot \frac{t}{T^2}\left(1 - \frac{t}{T}\right)$$

$$u^*(t) = 6\frac{x_e}{T^2}\left(1 - 2\frac{t}{T}\right),$$

deren Verlauf im Abb. 5.5 skizziert ist.

Die energieoptimale Steuerung besteht aus einer zeitlich linearen Steuertrajektorie, die das Fahrzeug in die gewünschte Endposition überführt.

Beispiel 5.3

Der optimal zu steuernde Prozess sei ein verzögerungsbehaftetes System erster Ordnung entsprechend der Differenzialgleichung

$$T\dot{x} + x = Ku,$$

wobei T die Zeitkonstante und K der proportionale Übertragungsbeiwert sind. Mit den Abkürzungen $a = 1/T$ und $b = K/T$ wird die ursprüngliche Differenzialgleichung

$$\dot{x} = -ax + bu. \tag{5.32}$$

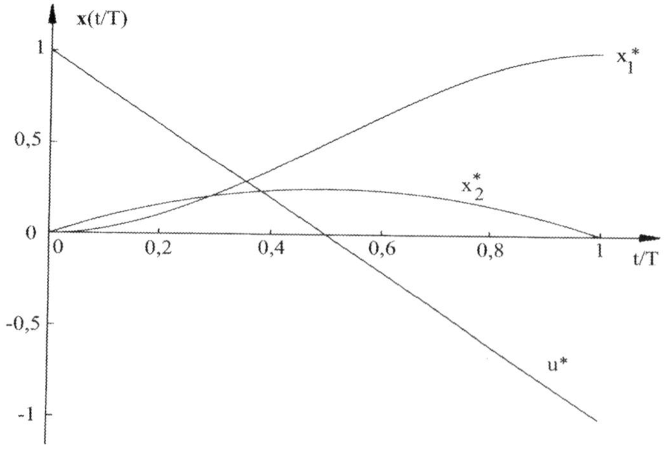

Abb. 5.5 Zeitlicher Verlauf der optimalen Trajektorien

Außerdem sei $t_0 = 0$ fest und $x(0) = x_0$ beliebig. Der Endzeitpunkt t_e und $x(t_e) = 0$ seien vorgegeben. Ferner sei das Gütemaß durch

$$J = \frac{1}{2}\int_0^{t_e} u^2(t)dt \tag{5.33}$$

gegeben; es liegt also ein energieoptimales Problem vor. Aus technischer Sicht kann man sich vorstellen, dass sich das durch die Zustandsgleichung (5.32) beschriebene System zum Anfangszeitpunkt $t_0 = 0$ aufgrund einer vorangegangenen Störung nicht im Ruhezustand, sondern im Zustand $x_0 \neq 0$ befinden möge. Durch die zu entwerfende Steuerung soll das System energieoptimal in den stationären Zustand zurückgeführt werden.

Im Zuge des Lösungsgangs stellen wir zunächst die Hamilton-Funktion gemäß Gl. (5.4) auf:

$$H = \Phi + \lambda f = \frac{1}{2}u^2 + \lambda. \tag{5.34}$$

(Weil die Strecke nur 1. Ordnung ist, geht der Vektor $\boldsymbol{\lambda}^T$ in den Skalar λ über). Aus Gl. (5.34) folgt mit Gl. (5.22)

$$\dot{\lambda} = -\frac{\partial H}{\partial \boldsymbol{x}} = a\lambda \tag{5.35}$$

und aus Gl. (5.7) $\frac{\partial H}{\partial u} = 0$ die Steuerungsgleichung

$$u + \lambda b = 0. \tag{5.36}$$

Wenn wir diese Funktion in die ursprüngliche, also in die kanonischen Differenzialgleichungen (5.32) und (5.35) einsetzen; erhalten wir

$$\dot{x} = -ax + b^2\lambda, \tag{5.37}$$

$$\dot{\lambda} = a\lambda \tag{5.38}$$

Um ihre allgemeine Lösung zu bestimmen, wenden wir im Gegensatz zu den Beispielen 5.1 und 5.2 auf beide Gleichungen die Laplace-Transformation an.

$$sX(s) - x_0 = -aX(s) + b^2\lambda(s),$$

$$s\lambda(s) - \lambda_0 = a\lambda(s).$$

Aufgelöst nach $X(s)$ beziehungsweise $\lambda(s)$ ergibt

$$X(s) = \frac{x_0}{s+a} + \frac{b^2\lambda_0}{(s+a)(s-a)}, \tag{5.39}$$

$$\lambda(s) = \frac{\lambda_0}{s-a}. \tag{5.40}$$

Die Partialbruchzerlegung der Gl. (5.39) und gliedweise Rücktransformation in den Zeitbereich liefert

$$x(t) = x_0 \cdot e^{-at} + \frac{b^2\,\lambda_0}{2a} \cdot \left(e^{at} - e^{-at}\right), \tag{5.41}$$

$$\lambda(t) = \lambda_0 \cdot e^{at}. \tag{5.42}$$

Durch diese Vorgehensweise haben wir sofort die allgemeine Lösung der Hamilton-Gleichungen unter Berücksichtigung der Anfangswerte erhalten.

Weil die optimale Trajektorie $x(t)$ sowie der Steuergröße $u(t)$ nur von t und x_0 abhängen darf muss im letzten Schritt λ_0 durch x_0 ausgedrückt werden. Dies geschieht mithilfe der Endbedingung$x(t_e) = 0$, von der bislang noch kein Gebrauch gemacht worden ist. Mit $t = t_e$ in Gl. (5.41) ergibt sich

$$x_0 \cdot e^{-at_e} + \frac{b^2\,\lambda_0}{2a} \cdot \left(e^{at_e} - e^{-at_e}\right) = 0.$$

Aus dieser Gleichung erhalten wir

$$\lambda_0 = -\frac{2a}{b^2} \cdot \frac{e^{-at_e}}{e^{at_e} - e^{-at_e}} \cdot x_0. \tag{5.43}$$

Daraus ergibt sich schließlich die optimale Trajektorie

$$x(t) \equiv x^*(t, x_0) = x_0 \cdot \frac{e^{a(t_e-t)} - e^{-a(t_e-t)}}{e^{at_e} - e^{-at_e}}, \tag{5.44}$$

sowie die optimale Steuerfunktion

$$u(t) \equiv u^*(t, x_0) = b\lambda_0 \cdot e^{at} = -\frac{2a}{b}x_0 \cdot \frac{e^{-a(t_e-t)}}{e^{at_e} - e^{-at_e}}. \tag{5.45}$$

5.4 Technische Realisierung optimaler Steuerungen

Im Rahmen der aufgezeigten Beispiele optimaler Steuerungen tritt logischerweise die Frage auf, inwieweit denn die theoretisch optimalen Steuerungstrajektorien in der Praxis, wo notwendigerweise Mess- und Modellierungstoleranzen auftreten, überhaupt von Nutzen sein können. Diese Frage kann insofern positiv beantwortet werden, wenn durch entsprechende Maßnahmen den genannten Modellabweichungen steuerungstechnisch entgegengewirkt wird.

Eine weit verbreitete Möglichkeit diesen sogenannten *Störungen* entgegen zu wirken besteht darin, die Optimierung mit jeweils aktualisiertem Anfangszustand *on-line* zu wiederholen. Bei dieser Methode wird bei jedem Optimierungslauf eine Steuertrajektorie $\boldsymbol{u}^*(t)$ mit $0 \leq t \leq t_e$ berechnet, aber nur zu einem Teil dieses Zeitabschnitts, nämlich $\boldsymbol{u}^*(t)$, $0 \leq t \leq \tau$ mit $0 < \tau \leq t_e$ tatsächlich auf den zu steuernden Prozess angewandt. Zum Zeitpunkt τ wird dann eine neue Optimierung mit dem aktualisierten Anfangszustand $\boldsymbol{x}(\tau)$ aktiviert, die wiederum eine neue Steuertrajektorie $\boldsymbol{u}^*(t)$, $\tau \leq t \leq t_e$ liefert. Die aufgezeigte Prozedur kann natürlich nur mit einem Computer oder einem Prozessrechner durchgeführt werden. Diese Vorgehensweise hat vor allem den Vorteil, dass eventuelle auftretende Störungen über die aktualisierten, gemessenen Anfangszustände berücksichtigt und somit deren Wirkung bei den künftigen Entscheidungen berücksichtigt wird.

Optimale Regelung mit dem quadratischen Gütemaß

6

Wir beabsichtigen in diesem Kapitel einige optimale Regelgesetze aufzeigen, für die eine geschlossene analytische Lösung erstellt werden kann. Die in diesem Zusammenhang zu lösenden Aufgaben illustrieren ein weiteres Mal mehr das bereits in den vorausgegangenen Kapiteln ausgiebig strapazierte Maximierungsprinzip. Insbesondere befassen wir uns zunächst mit der optimalen Regelung, siehe Abb. 6.1, bei der man aus den notwendigen Bedingungen als Lösung des sogenannten *Synthese-Problems* das *lineare Regelgesetz des optimalen Reglers*

$$\boldsymbol{u}(t) = \boldsymbol{R}^*[\boldsymbol{x}(t), t] \tag{6.1}$$

ableiten, also eine Rechenvorschrift, die zur on-line Berechnung des Stellgrößenvektors $\boldsymbol{u}(t)$ den gemessenen Zustandsgrößen $\boldsymbol{x}(t)$ verwendet. Eine wesentliche Eigenschaft der optimalen Regelung besteht darin, dass das Regelgesetz $\boldsymbol{R}^*[\boldsymbol{x}(t), t]$ unabhängig vom jeweiligen Anfangszustand $\boldsymbol{x}_0$ seine Gültigkeit beibehält und deshalb für beliebige Anfangszustände ohne zusätzliche Berechnungen direkt eingesetzt werden kann.

6.1 Das lineare Regelgesetz

Wir verfolgen also in diesem Abschnitt das Ziel, ein Regelgesetz zu entwickeln, dessen Lösung zusammen mit dem zu regelnden System einen linearen Regelkreis ergibt. Die lineare, gegebenenfalls linearisierte Zustandsdifferenzialgleichung der Regelstrecke hat die Gestalt

$$\dot{\boldsymbol{x}}(t) = \boldsymbol{A}\boldsymbol{x}(t) + \boldsymbol{B}\boldsymbol{u}(t), \quad \boldsymbol{x}(t_0) = \boldsymbol{x}_0, \tag{6.2}$$

wobei hier vorausgesetzt wird, dass die Elemente der Systemmatrix $\boldsymbol{A}$ sowie die Eingangsmatrix $\boldsymbol{B}$ konstant sind, was auch in den meisten technischen Anwendungen gerechtfertigt ist. Die Strecke ist also ein zeitinvariantes System. Weil allerdings die im

A. Braun, *Optimale und adaptive Regelung technischer Systeme*,
https://doi.org/10.1007/978-3-658-30916-9_6

Abb. 6.1 Optimale Regelung

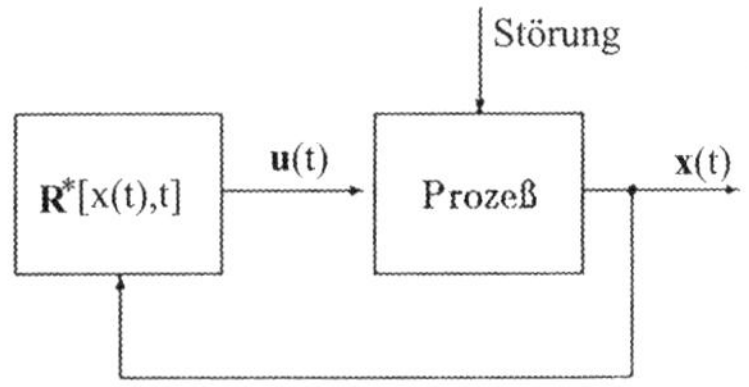

Folgenden zu entwickelnde Theorie auch den Fall zeitvarianter Systeme ohne zusätzlichen Aufwand mit abdecken soll, sind Fälle der Form $\boldsymbol{A}(t)$ und $\boldsymbol{B}(t)$ zugelassen. Der Anfangszustand $\boldsymbol{x}(t_0)$ darf grundsätzlich beliebig im Zustandsraum liegen. Die Aufgabe der Regelung besteht deshalb darin, den Zustandsvektor $\boldsymbol{x}(t)$ in den gewünschten Betriebszustand $\boldsymbol{x}_B(t)$, normalerweise in den Vektor der Führungsgröße $\boldsymbol{w}(t)$, zu einem vorgegebenen Zeitpunkt t_e, zu bringen.

Für diesen transienten Übergang wollen wir *zunächst* die Minimierung des quadratischen Gütemaßes

$$J = \frac{1}{2}\int_0^{t_e} \left[\boldsymbol{x}^T(t)\boldsymbol{Q}\boldsymbol{x}(t) + \boldsymbol{u}^T(t)\boldsymbol{R}\boldsymbol{u}(t)\right]dt \tag{6.3}$$

erreichen. Die Anwendung dieses Gütekriteriums empfiehlt sich immer dann, wenn zum einen ein akzeptabler Verlauf des Zustandsvektors (verlaufsoptimal) und ein minimaler Energieaufwand (verbrauchsoptimal) gefordert sind. Ein solches Vorgehen ist immer dann zu empfehlen, wenn in der konkreten Aufgabenstellung kein *spezielles* Entwurfsziel verfolgt wird.

In Bezug auf die Wahl der Endbedingung wäre es naheliegend $\boldsymbol{x}(t_e) = 0$ zu fordern, damit der Zustandsvektor des zu regelnden Systems den gewünschten Betriebszustand $\boldsymbol{x}_B(t) = 0$ *exakt* annimmt. Anhand von Beispiel 5.3, Gl. (5.44) können wir allerdings unschwer feststellen, dass diese Forderung für $t \to t_e$ einen unendlich großen Stellaufwand bedeuten würde. Man geht deshalb von der Forderung ab, $\boldsymbol{x}(t_e)$ exakt gegen $\boldsymbol{x}_B(t_e)$ zu bringen und begnügt sich stattdessen damit, $\|\boldsymbol{x}(t_e) - \boldsymbol{x}_B(t_e)\|$ der Aufgabe angemessen genügend klein zu halten.

Aus diesem Grund nimmt man den Endpunkt $\boldsymbol{x}(t_e)$ als frei an und sorgt durch eine geeignete Modifikation des Gütemaßes dafür, dass $\|\boldsymbol{x}(t_e) - \boldsymbol{x}_B(t_e)\|$ genügend nahe bei null liegen soll. Wir fügen deshalb zum Gütemaß der Gl. (6.3) den Term

$$\frac{1}{2}\boldsymbol{x}^T(t_e)\boldsymbol{S}\boldsymbol{x}(t_e)$$

hinzu, in dem $\boldsymbol{S}$ eine konstante positiv definite Matrix ist. Wir kommen so zu dem Gütemaß

$$J = \frac{1}{2}\boldsymbol{x}^T(t_e)\boldsymbol{S}\boldsymbol{x}(t_e) + \frac{1}{2}\int_0^{t_e} \left[\boldsymbol{x}^T(t)\boldsymbol{Q}\boldsymbol{x}(t) + \boldsymbol{u}^T(t)\boldsymbol{R}\boldsymbol{u}(t)\right]dt. \tag{6.4}$$

In dieser Gleichung wählt man die Elemente der Diagonalmatrix $\boldsymbol{S}$ der Aufgabenstellung angemessen so, dass ihre Elemente im Vergleich zu den Elementen der $\boldsymbol{Q}$- und $\boldsymbol{R}$ -Matrizen hinreichend groß sind.

Ohne Verlust der Allgemeingültigkeit dürfen wir annehmen, dass die Matrizen $\boldsymbol{Q}$, $\boldsymbol{R}$ und $\boldsymbol{S}$ symmetrisch sind. Zur Lösung dieses Problems verwenden wir die Hamilton-Gleichung, siehe Gl. (5.4),

$$H[\boldsymbol{x}(t), \boldsymbol{u}(t), \boldsymbol{\lambda}(t), t] = \frac{1}{2}\boldsymbol{x}^T\boldsymbol{Q}\boldsymbol{x} + \frac{1}{2}\boldsymbol{u}^T\boldsymbol{R}\boldsymbol{u} + \boldsymbol{\lambda}^T(\boldsymbol{A}\boldsymbol{x} + \boldsymbol{B}\boldsymbol{u}). \tag{6.5}$$

Für die Anwendung des Maximum-Prinzips muss bei einer optimalen Regelung die Steuerungsgleichung

$$\frac{\partial H}{\partial \boldsymbol{u}} = \boldsymbol{0} = \boldsymbol{R}\boldsymbol{u}(t) + \boldsymbol{B}^T\boldsymbol{\lambda}(t), \tag{6.6}$$

die adjungierte Differenzialgleichung

$$\frac{\partial H}{\partial \boldsymbol{x}} = -\dot{\boldsymbol{\lambda}}(t) = \boldsymbol{Q}\boldsymbol{x}(t) + \boldsymbol{A}^T\boldsymbol{\lambda}(t) \tag{6.7}$$

sowie die Endbedingung

$$\boldsymbol{\lambda}(t_e) = \frac{\partial h}{\partial \boldsymbol{x}}|_{t_e} = \boldsymbol{S}\boldsymbol{x}(t_e) \tag{6.8}$$

mit

$$h(\boldsymbol{x}) = \frac{1}{2}\boldsymbol{x}^T\boldsymbol{S}\boldsymbol{x}.$$

erfüllt sein. Hinzu kommt die dem System eigentümliche Zustandsdifferenzialgleichung

$$\dot{\boldsymbol{x}}(t) = \boldsymbol{A}\boldsymbol{x}(t) + \boldsymbol{B}\boldsymbol{u}(t). \tag{6.9}$$

Aus Gl. (6.6) ergibt sich für die Stellgröße

$$\boldsymbol{u}(t) = -\boldsymbol{R}^{-1}\boldsymbol{B}^T\boldsymbol{\lambda}(t). \tag{6.10}$$

Setzen wir die Stellgröße in die Gl. (6.7) und (6.9) ein, dann kommen in diesen beiden Differenzialgleichungen nur noch die beiden Unbekannten $\boldsymbol{x}$ und $\boldsymbol{\lambda}$ vor:

$$\dot{\boldsymbol{x}}(t) = \boldsymbol{A}\boldsymbol{x}(t) - \boldsymbol{B}\boldsymbol{R}^{-1}\boldsymbol{B}^T\boldsymbol{\lambda}(t), \tag{6.11}$$

$$\dot{\boldsymbol{\lambda}}(t) = -\boldsymbol{Q}\boldsymbol{x}(t) - \boldsymbol{A}^T\boldsymbol{\lambda}(t) \tag{6.12}$$

Diese beiden Gleichungen werden in der einschlägigen Literatur als *Hamilton-Gleichungen* bezeichnet.

Nunmehr weichen wir vom Lösungsweg im Abschn. 5.3 und den aufgezeigten Beispielen mit der Absicht ab, den unbestritten mühsamen Lösungs- und Eliminationsprozess zu vermeiden. Weil es sich bei den Hamilton-Gleichungen um lineare Differenzialgleichungen bezüglich $\boldsymbol{x}$ und $\boldsymbol{\lambda}$ handelt ist der Gedanke naheliegend, dass auch das optimale Regelgesetz linear sein muss. Somit scheint der Lösungsansatz

$$\boldsymbol{u}(t) = +\boldsymbol{K}(t)\boldsymbol{x}(t) \tag{6.13}$$

mit der noch unbekannten, im allgemeinen zeitabhängigen $(r * n)$-Reglermatrix $\boldsymbol{K}(t)$ mehr als gerechtfertigt. In Analogie zu Gl. (6.10) ist der Ansatz

$$\boldsymbol{\lambda}(t) = \boldsymbol{P}(t)\boldsymbol{x}(t) \tag{6.14}$$

mit der noch zu bestimmenden $(n * n)$-Matrix $\boldsymbol{P}(t)$ ebenso gerechtfertigt. Setzen wir nämlich Gl. (6.14) in (6.10) ein, so entsteht die nunmehr neue Stellgröße

$$\boldsymbol{u}(t) = -\boldsymbol{R}^{-1}\boldsymbol{B}^T\boldsymbol{P}(t)\boldsymbol{x}(t), \tag{6.15}$$

die natürlich der Gl. (6.13) äquivalent ist. Substituieren wir Gl. (6.14) in die Gl. (6.2) und (6.15), so erhalten wir

$$\dot{\boldsymbol{x}}(t) = \big(\boldsymbol{A} - \boldsymbol{B}\boldsymbol{R}^{-1}\boldsymbol{B}^T\boldsymbol{P}(t)\big)\boldsymbol{x}(t). \tag{6.16}$$

Außerdem ergibt sich mit den Rechenregeln der Differenzialrechnung aus den Gl. (6.14) und (6.12) die Bedingung

$$\dot{\boldsymbol{\lambda}}(t) = \dot{\boldsymbol{P}}\boldsymbol{x}(t) + \boldsymbol{P}(t)\dot{\boldsymbol{x}}(t) = -\boldsymbol{Q}\boldsymbol{x}(t) - \boldsymbol{A}^T\boldsymbol{P}(t)\boldsymbol{x}(t). \tag{6.17}$$

Setzen wir Gl. (6.16) in (6.17) ein, so bekommen wir schließlich *eine* Gleichung für $\boldsymbol{P}(t)$:

$$\big[\dot{\boldsymbol{P}} + \boldsymbol{P}\boldsymbol{A} + \boldsymbol{A}^T\boldsymbol{P} - \boldsymbol{P}\boldsymbol{B}\boldsymbol{R}^{-1}\boldsymbol{B}^T\boldsymbol{P} + \boldsymbol{Q}\big]\boldsymbol{x}(t) = \boldsymbol{0}. \tag{6.18}$$

Weil diese Gleichung für jedes $\boldsymbol{x}(t) \neq 0$ gilt, muss der Term in der eckigen Klammer dieser Gleichung verschwinden. Daraus folgt

$$\dot{\boldsymbol{P}} = -\boldsymbol{P}(t)\boldsymbol{A} - \boldsymbol{A}^T\boldsymbol{P}(t) + \boldsymbol{P}(t)\boldsymbol{B}\boldsymbol{R}^{-1}(t)\boldsymbol{B}^T\boldsymbol{P}(t) - \boldsymbol{Q}(t) \tag{6.19}$$

mit der aus den Gl. (6.8) und (6.14) resultierenden Endbedingung

$$\boldsymbol{P}(t_e) = \boldsymbol{S}. \tag{6.20}$$

Bei dieser Gleichung handelt es sich um ein Differenzialgleichungssystem 1. Ordnung für die $(n * n)$-Matrix $\boldsymbol{P}(t)$. Die $(n * n)$ symmetrische Matrix $\boldsymbol{P}$ mit $n(n+1)/2$ verschiedenen Elementen wird als *Riccati-Gleichung* (1960) bezeichnet.

Mit den Gl. (6.19) und (6.20) ist die Matrix $\boldsymbol{P}(t)$ eindeutig bestimmt. Nunmehr definieren wir mit den Gl. (6.14) und (6.15) die *Reglergleichung*

$$\boldsymbol{K}(t) = \boldsymbol{R}^{-1}(t)\boldsymbol{B}^T(t)\boldsymbol{P}(t) \tag{6.21}$$

und erhalten daraus die *Stellgröße* des geschlossenen Regelkreises

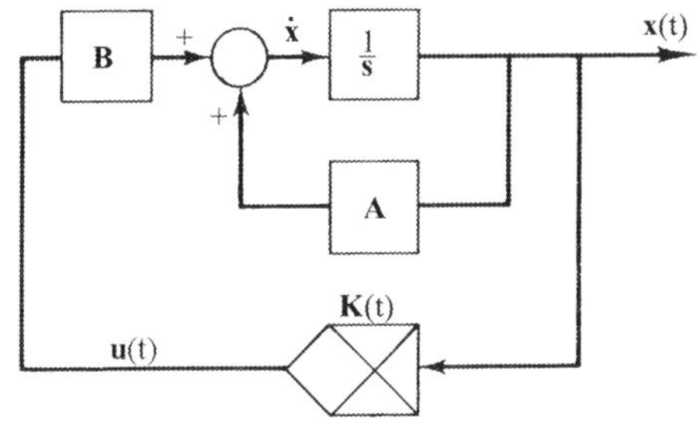

Abb. 6.2 Optimierter linearer Regelkreis

$$\boldsymbol{u}(t) = +\boldsymbol{K}(t)\boldsymbol{x}(t) \tag{6.22}$$

entsprechend Gl. (6.13). Offensichtlich handelt es sich hier um eine lineare vollständige Zustandsrückführung mit einer zeitvarianten Rückführmatrix $\boldsymbol{K}(t)$. Dabei sollte darauf hingewiesen werden, dass sämtliche Komponenten des Zustandsvektors $\boldsymbol{x}(t)$ physikalisch messbare Größen sein müssen. Damit sind wir jetzt auch in der Lage, entsprechend Abb. 6.2 eine Skizze des vollständigen Regelkreises zu erstellen.

Die Zustandsgleichung des nunmehr optimal geregelten Prozesses lautet somit

$$\dot{\boldsymbol{x}}(t) = \left(\boldsymbol{A} - \boldsymbol{B}\boldsymbol{R}^{-1}\boldsymbol{B}^T\boldsymbol{P}\right)\boldsymbol{x} = \boldsymbol{A}_{RK}\boldsymbol{x}, \tag{6.23}$$

wobei in der Matrix

$$\boldsymbol{A}_{RK} = \boldsymbol{A} - \boldsymbol{B}\boldsymbol{R}^{-1}\boldsymbol{B}^T\boldsymbol{P}$$

die Systemmatrix des geregelten Systems zum Ausdruck kommt. Damit das so erhaltene Regelgesetz ein Minimum des einleitend aufgezeigten Gütekriteriums liefert, müssen die Matrizen $\boldsymbol{Q}$, $\boldsymbol{R}$ und $\boldsymbol{S}$ zumindest positiv semidefinit sein.

Fassen wir nun die Vorgehensweise bezüglich der Entwicklung eines optimalen Regelgesetzes bei einer gegebenen Regelstrecke zusammen, so muss zunächst durch Rückwärtsintegration der Riccati-Gleichung (6.19) mit Endbedingung (6.20) die Riccati-Matrix $\boldsymbol{P}(t)$ und mithilfe der Gl. (6.21) auch die Rückführmatrix $\boldsymbol{K}(t)$ bei gegebenen Prozess- und Gewichtsmatrizen sowie gegebener Endzeit t_e off-line berechnet und in dem zur Regelung eingesetzten Computer abgespeichert werden. Zur Durchführung einer Rückwärtsintegration ist es erforderlich, die Substitution $\tau = t_e - t$ einzuführen. Mit $d\tau = -dt$ erhalten wir aus den Gl. (6.19) und (6.20) folgendes Anfangswertproblem

$$\frac{d\boldsymbol{P}}{d\tau} = \boldsymbol{P}\boldsymbol{A} + \boldsymbol{A}^T\boldsymbol{P} - \boldsymbol{P}\boldsymbol{B}\boldsymbol{R}^{-1}\boldsymbol{B}^T\boldsymbol{P} + \boldsymbol{Q}, \quad \boldsymbol{P}(\tau = 0) = \boldsymbol{S},$$

das dann durch numerische Vorwärtsintegration die gesuchte Matrix $\boldsymbol{P}(t)$ liefert.

Anmerkung

Für den Sonderfall eines *Eingrößensystems,* also nur einer Steuergröße$u(t)$, hat Gl. (6.22) die Form

$$u = \boldsymbol{k}^T \boldsymbol{x} = [k_1 x_1 + \cdots + k_n x_n],$$

wobei die im Allgemeinen zeitvarianten Elemente $[k_1, k_2, \ldots k_n]$ des Zeilenvektors aus der Gleichung

$$\boldsymbol{k}^T = \boldsymbol{r}^{-1} \boldsymbol{b}^T \boldsymbol{P}$$

zu berechnen sind. Abb. 6.3 zeigt die Blockstruktur des vollständigen Regelkreises.

Im angenommenen Anfangszeitpunkt $t_0 = 0$ sind die Reglerparameter $k_i(t)$ im Intervall $0 \leq t \leq t_e$ entsprechend der oben aufgezeigten Vorgehensweise bekannt; sie liegen im digitalen Regler gespeichert vor und werden entsprechend Abb. 6.3 mit den jeweiligen Zustandsvariablen multipliziert. Nach Ablauf der Zeitspanne t_e werden die gleichen, jetzt aber um t_e nach rechts verschobenen Zeitfunktionen $k_i(t)$ auf die Strecke geschaltet und regelt nunmehr im Intervall $t_e \leq t \leq 2t_e$ und wiederholt zyklisch den so aufgezeigten Regelprozess mit einer dem Prozess angepassten Abtastrate.

Beispiel 6.1

Anhand dieses einführenden Beispiels soll die grundsätzliche Lösungsstruktur der Riccati- Gleichung aufgezeigt werden. Hierzu betrachten wir den einfachst denkbaren Fall, dass die Strecke durch eine Differenzialgleichung 1. Ordnung gemäß

$\dot{x} = ax + bu$, a, b konstant, $a\langle 0, b\rangle 0$, beschrieben wird. Das hierzu entsprechende quadratische Gütemaß ist somit von der Form

$$J = \frac{1}{2} S x^2(t_e) + \frac{1}{2} \int_{t_0}^{t_e} \left[q x^2(t) + r u^2(t) \right] dt,$$

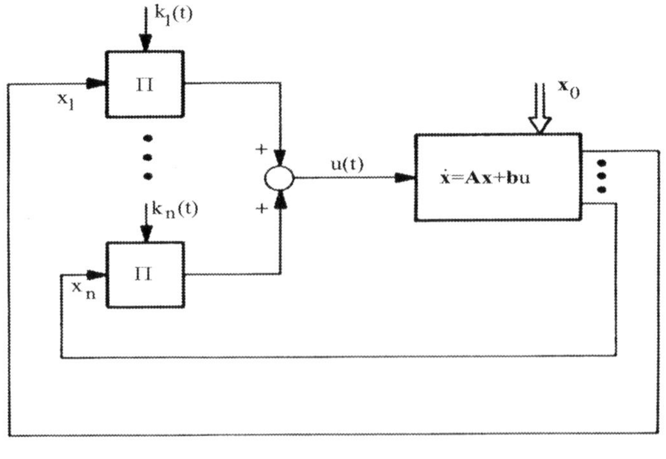

Abb. 6.3 Blockschaltbild einer optimalen Regelung für den Eingrößenfall

wobei im vorliegenden Beispiel auch $S \geq 0$ sowie $q, r > 0$ als konstant angenommen seien. Nachdem in diesem einfachen Beispiel alle Vektoren und Matrizen im Gegensatz zum allgemeinen Fall zu Skalaren werden, wird aus der $(n * n)$-Matrix $\boldsymbol{P}(t)$ der Skalar $p(t)$. Ebenso geht die ursprüngliche Riccati-Gleichung (6.19) in eine skalare Gleichung über:

$$\dot{p} = \frac{b^2}{r}p^2 - 2ap - q$$

oder zusammengefasst

$$\frac{dp}{dt} = \frac{b^2}{r}\left(p^2 - 2\frac{ar}{b^2}p - \frac{qr}{b^2}\right).$$

Die Lösung dieser Gleichung kann in diesem Fall besonders bequem durch Trennung der Variablen ermittelt werden:

$$\frac{dp}{p^2 - 2\frac{ar}{b^2}p - \frac{qr}{b^2}} = \frac{b^2}{r}dt. \tag{6.24}$$

Weil der Nenner der linken Seite dieser Gleichung ein Polynom in p darstellt bietet sich der Übergang zur Partialbruchzerlegung an. Die Nullstellen des Nennerpolynoms

$$p^2 - 2\frac{ar}{b^2}p - \frac{qr}{b^2} = 0$$

ergeben sich zu

$$p_{1,2} = \frac{ar}{b^2} \pm \sqrt{\left(\frac{ar}{b^2}\right)^2 + \frac{qr}{b^2}}.$$

Damit wird Gl. (6.24).

$$\frac{1}{(p - p_1)(p - p_2)}dp = \frac{b^2}{r}dt.$$

Die (hier nicht aufgezeigte) Partialbruchzerlegung bekommt somit die Gestalt

$$\left[\frac{1}{p - p_1} - \frac{1}{p - p_2}\right] \cdot \frac{1}{p_1 - p_2}dp = \frac{b^2}{r}dt$$

oder aufgelöst

$$\frac{dp}{p - p_1} - \frac{dp}{p - p_2} = \frac{b^2}{r}(p_1 - p_2)dt.$$

Die Integration dieser Gleichung liefert schließlich

$$ln\left|\frac{p-p_1}{p-p_2}\right| = \frac{b^2}{r}(p_1-p_2)t + c$$

und daraus

$$\frac{p(t)-p_1}{p(t)-p_2} = c \cdot e^{\frac{b^2}{r}(p_1-p_2)t}; \tag{6.25}$$

die Integrationskonstante c wird mithilfe der Endbedingung, Gl. (6.20)

$$p(t_e) = S$$

bestimmt. Hierzu setzen wir in (6.25) $t = t_e$ und erhalten damit

$$\frac{S-p_1}{S-p_2} = c \cdot e^{\frac{b^2}{r}(p_1-p_2)t_e}$$

und daraus

$$c = \frac{S-p_1}{S-p_2} \cdot e^{-\frac{b^2}{r}(p_1-p_2)t_e}.$$

Die so erhaltene Integrationskonstante in Gl. (6.25) eingesetzt ergibt

$$\frac{p(t)-p_1}{p(t)-p_2} = \frac{S-p_1}{S-p_2} \cdot e^{-\frac{b^2}{r}(p_1-p_2)\cdot(t_e-t)}.$$

Lösen wir schließlich diese Gleichung nach $p(t)$ auf, so bekommen wir die gesuchte Lösung der Riccati-Gleichung

$$p(t) = \frac{p_1(S-p_2) - p_2(S-p_1)\cdot e^{-\frac{b^2}{r}(p_1-p_2)\cdot(t_e-t)}}{(S-p_2) - (S-p_1)\cdot e^{-\frac{b^2}{r}(p_1-p_2)\cdot(t_e-t)}}. \tag{6.26}$$

Mit Gl. (6.15) folgt daraus sofort die Gleichung der optimalen Stellgröße

$$u(t) = -\frac{b}{r}p(t)\cdot x(t). \tag{6.27}$$

Ein wesentliches Merkmal der Lösung der Riccati-Gleichung (6.26) besteht darin, dass es sich aufgrund des auftretenden quadratischen Glieds um eine nichtlineare Gleichung handelt. Diese grundsätzliche Eigenschaft der Nichtlinearität bleibt auch bei Strecken höherer Ordnung erhalten, sofern die Matrizen $\boldsymbol{A}, \boldsymbol{B}, \boldsymbol{Q}$ und $\boldsymbol{R}$ konstant sind.

Eine weitere Eigenschaft der Gl. (6.26) ist von Bedeutung: Geht man über zu unendlich langer Einschwingdauer, also $t_e \to \infty$, so streben die beiden Exponentialfunktionen gegen Null und wir erhalten damit

$$p(t) \to p_1.$$

Aus dieser Gleichung sehen wir, dass für diesen Fall das zeitvariante Regelgesetz (6.27) in den zeitinvarianten Regler

$$u(t) = -\frac{b}{r} p_1 \cdot x(t)$$

übergeht.

Beispiel 6.2

Wir betrachten ein doppelt integrierendes zu regelndes System

$$\ddot{x}(t) = u(t)$$

oder in Zustandsraundarstellung

$$\dot{x}_1 = x_2$$

$$\dot{x}_2 = u$$

mit der Eingangsgröße $u(t)$ und der Ausgangsgröße $x(t) = x_1$, wie es beispielsweise einem Servosystem ohne Verzögerung gleichkommt. Dieses Beispiel erfüllt alle Voraussetzungen einer linear quadratischen Optimierung und kann somit mit dem in diesem Kapitel vorgestellten Verfahren gelöst werden. Zur Überführung des Systemzustandes vom Anfangszustand $\boldsymbol{x}_0 = [00]^T$ in endlicher Zeit t_e in die nahe Umgebung der Endlage $[x_e 0]^T$ soll das quadratische Gütekriterium

$$J = \frac{1}{2} s_1 [x_1(t_e) - x_e]^2 + \frac{1}{2} s_2 x_2^2(t_e) + \frac{1}{2} \int_0^{t_e} \left[q^2 (x_1(t) - x_e)^2 + u^2\right] dt \qquad (6.28)$$

mit den Gewichtsfaktoren $s_1 \geq 0, s_2 \geq 0, q \geq 0$ minimiert werden. Dieses Gütefunktional bewertet neben den Abweichungen der Zustandsgrößen von ihren erwünschten Endwerten auch den Aufwand der Stellgröße.

Um die vorliegende Problemstellung in die Standardform der linear quadratischen Problemstellung zu bringen, definieren wir die erste Zustandsvariable zu $\bar{x}_1 = x_1 - x_e$. Die daraus resultierenden System- und Gewichtsmatrizen lauten dann

$$\boldsymbol{A} = \begin{bmatrix} 0 & 11 \\ 0 & 0 \end{bmatrix}, \quad \boldsymbol{b} = \begin{bmatrix} 0 \\ 1 \end{bmatrix}, \quad \boldsymbol{S} = \begin{bmatrix} s_1 & 0 \\ 0 & s_2 \end{bmatrix}, \quad \boldsymbol{Q} = \begin{bmatrix} q^2 & 0 \\ 0 & 0 \end{bmatrix}, \quad R = 1.$$

Mit diesen Matrizen liefert die Riccati-Gleichung (6.19) den folgenden Satz von drei gekoppelten Differenzialgleichungen für die Elemente der symmetrischen Riccati-Matrix:

$$\dot{p}_{11} = p_{12}^2 - q^2, \quad p_{11}(t_e) = s_1;$$

$$\dot{p}_{12} = -p_{11} + p_{12}p_{22}, \quad p_{12}(t_e) = 0;$$

$$\dot{p}_{22} = -2p_{12} + p_{22}^2, \quad p_{22}(t_e) = s_2.$$

Zur Durchführung der Rückwärtsintegration erhalten wir mit der Substitution $\tau = t_e - t$ aus obigen Gleichungen folgendes Anfangswertproblem

$$\frac{dp_{11}}{d\tau} = -p_{12}^2 + q^2, \quad p_{11}(0) = s_1;$$

$$\frac{dp_{12}}{d\tau} = p_{11} - p_{12}p_{22}, \quad p_{12}(0) = 0;$$

$$\frac{dp_{22}}{d\tau} = 2p_{12} - p_{22}^2, \quad p_{22}(0) = s_2.$$

Abb. 6.4 zeigt den zeitlichen Verlauf der Elemente der Riccati-Matrix für $t_e = 5, q = 1, s_1 = 10$ und $s_2 = 20$. Die zugehörige optimale Reglergleichung ergibt sich mit den Gl. (6.21) und (6.22)

$$u(t) = -p_{12}(t)\bar{x}_1(t) - p_{22}(t)x_2(t) = p_{12}(t) \cdot [x_1(t) - x_e] - p_{22}(t)x_2(t).$$

Beispiel 6.3

In den Beispielen 6.1 und 6.2 wurde im Wesentlichen die Absicht verfolgt, einen ersten Einblick bezüglich der Bestimmung und dem Aufbau der Riccati-Gleichung zu vermitteln. In diesem Beispiel wird das Ziel verfolgt, die in der Realität durchzuführende Lösung numerisch zu bestimmen. Hierzu ist zunächst anzumerken, dass die Lösung $\boldsymbol{P}(t)$ der Riccati-Gleichung mit der Endbedingung $\boldsymbol{P}(t_e) = \boldsymbol{S}$ eine symmetrische Matrix ist.

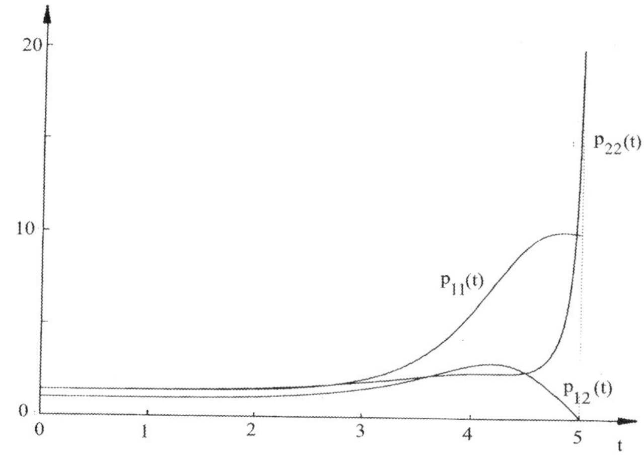

Abb. 6.4 Zeitlicher Verlauf der Elemente der Riccati-Matrix

Betrachten wir also das Blockbild der Regelstrecke im Abb. 6.5, zusammengesetzt aus einem bloßen Integrator und einem verzögerungsbehafteten System erster Ordnung, wie sie bei jeder Lageregelung, beispielsweise einer Parabolantenne, in Erscheinung tritt.

Die Zustandsgleichungen der Strecke erhalten wir aus der Differenzialgleichung

$$\dot{x}(t) + T\ddot{x}(t) = Ku(t)$$

mit

$$x_1 = x,$$

$$\dot{x}_1 = x_2,$$

$$\dot{x}_2 = -\frac{1}{T}x_2 + \frac{K}{T}u.$$

Daraus ergibt sich die Systemmatrix sowie der Eingangsvektor zu

$$\boldsymbol{A} = \begin{bmatrix} 0 & 1 \\ 0 & -\frac{1}{T} \end{bmatrix}, \quad \boldsymbol{b} = \begin{bmatrix} 0 \\ \frac{K}{T} \end{bmatrix}.$$

Abb. 6.5 System zweiter Ordnung

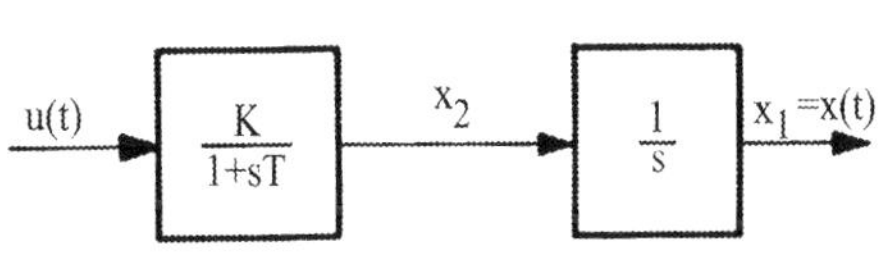

Das Gütemaß sei durch die Gleichung

$$J = \frac{1}{2}\int_0^{t_e} \left[\boldsymbol{x}^T\boldsymbol{Q}\boldsymbol{x} + \boldsymbol{u}^T\boldsymbol{R}\boldsymbol{u}\right] dt$$

mit

$$\boldsymbol{Q} = \begin{bmatrix} q_{11} & 0 \\ 0 & q_{22} \end{bmatrix}, \quad \boldsymbol{R} = r = konst.$$

definiert, wobei im vorliegenden Fall der Endwert $\boldsymbol{x}(t_e)$ nicht gewichtet wird und deshalb sowohl q_{11} als auch q_{22} zu wählen sind, um auf beide Komponenten des Zustandsvektors $\boldsymbol{x}(t)$ einwirken zu können. Wegen der Symmetrie der Riccati-Matrix

$$\boldsymbol{P} = \begin{bmatrix} p_{11} & p_{12} \\ p_{12} & p_{22} \end{bmatrix}$$

wird

$$\boldsymbol{P}\boldsymbol{B}\boldsymbol{R}^{-1}\boldsymbol{B}^T\boldsymbol{P} = \frac{K^2}{rT^2} \cdot \begin{bmatrix} p_{12}^2 & p_{12}\,p_{22} \\ p_{12}\,p_{22} & p_{22}^2 \end{bmatrix},$$

$$\boldsymbol{P}^T\boldsymbol{A} = \boldsymbol{P}\boldsymbol{A} = \begin{bmatrix} 0 & p_{11} - \frac{1}{T}\,p_{12} \\ 0 & p_{12} - \frac{1}{T}\,p_{22} \end{bmatrix};$$

$$\boldsymbol{A}^T\boldsymbol{P} = \begin{bmatrix} 0 & 0 \\ p_{11} - \frac{1}{T}\,p_{12} & p_{12} - \frac{1}{T}\,p_{22} \end{bmatrix}.$$

Mit diesen Matrizen wären wir in der Lage, analog zu den beiden vorherigen Beispielen die Riccati-Gleichung (6.19) aufzustellen. Formuliert man sie allerdings sofort elementweise, so ergibt sich aufgrund der Symmetrie

$$\begin{aligned} \dot{p}_{11} &= \frac{K^2}{rT^2}p_{12}^2 - q_{11}; \\ \dot{p}_{12} &= \frac{K^2}{rT^2}p_{12}p_{22} - \left(p_{11} - \frac{1}{T}p_{12}\right); \\ \dot{p}_{22} &= \frac{K^2}{rT^2}p_{22}^2 - 2\left(p_{12} - \frac{1}{T}p_{22}\right) - q_{22}. \end{aligned} \qquad (6.29)$$

Zu diesem System von drei gekoppelten Differenzialgleichungen 1. Ordnung für die drei gesuchten Funktionen $p_{11}(t), p_{12}(t)$ und $, p_{22}(t)$ kommt noch wegen $\boldsymbol{S} = 0$ die Endbedingung

$$\boldsymbol{P}(t_e) = 0$$

und somit

$$p_{ik}(t_e) = 0$$

mit hinzu. Nun ist es analog zu Beispiel 6.2 wiederum zweckmäßig, im Sinne der Rückwärtsintegration die Zeittransformation

$$\tau = t_e - t$$

vorzunehmen, also von der Zeit t zur rückwärts laufenden Zeit τ überzugehen. Damit wird

$p_{ik}(t) = p_{ik}(t_e - \tau) = \overline{p}_{ik}(\tau)$ und damit

$$\frac{d\overline{p}_{ik}}{d\tau} = -\frac{dp_{ik}}{dt}.$$

Das Gleichungssystem (6.29) wird nunmehr zu

$$\frac{d\overline{p}_{11}}{d\tau} = -\frac{K^2}{rT^2}\overline{p}_{12}^2 + q_{11};$$

$$\frac{d\overline{p}_{12}}{d\tau} = -\frac{K^2}{rT^2}\overline{p}_{12}\overline{p}_{22} + \overline{p}_{11} - \frac{1}{T}\overline{p}_{12}; \tag{6.30}$$

$$\frac{d\overline{p}_{22}}{d\tau} = -\frac{K^2}{rT^2}\overline{p}_{22}^2 + 2\overline{p}_{12} - \frac{2}{T}\overline{p}_{22} + q_{22}.$$

Darüber hinaus erscheint wegen $\tau = t_e - t$

$$\overline{p}_{ik}(\tau = 0) = p_{ik}(t_e) = 0. \tag{6.31}$$

die Endbedingung bezüglich t_e jetzt auch als Anfangsbedingung bezüglich τ.

Für die *numerische* Lösung des Gleichungssystems (6.30) mit der Anfangsbedingung (6.31) müssen natürlich die Differenzialquotienten durch die entsprechenden Differenzenquotienten ersetzt werden. Als Schrittweite wählen wir

$$\Delta\tau = \frac{t_e}{100}.$$

Das optimale Regelgesetz ergibt sich dann mit Gl. (6.15)

$$u = -r^{-1}\boldsymbol{b}^T\boldsymbol{P}\boldsymbol{x}$$

und damit zu

$$u = -\frac{1}{r}\begin{bmatrix} 0 & \frac{K}{T} \end{bmatrix}\begin{bmatrix} p_{11} & p_{12} \\ p_{12} & p_{22} \end{bmatrix}\begin{bmatrix} x_1 \\ x_2 \end{bmatrix}.$$

oder ausmultipliziert

$$u = -\frac{K}{rT}\left[p_{12}p_{22}\right] \cdot \begin{bmatrix} x_1 \\ x_2 \end{bmatrix} = \boldsymbol{k}^T\boldsymbol{x}.$$

Im Abb. 6.6 sehen wir schließlich die Blockstruktur des so erhaltenen optimalen Regelkreises.

Abb. 6.7 zeigt die Simulationsergebnisse der Zeitfunktionen $p_{12}(t)$ und $p_{22}(t)$ für die gewählten Zahlenwerte $K = 1, T = 1, r = 1$ sowie $q_{11} = q_{22} = 1$ für $t_e = 2$ und $t_e = 10$.

(Aus Gründen möglichst übersichtlicher Darstellung ist auf die Benennung der Einheiten verzichtet worden).

Vergleichen wir die beiden Bilder so können wir unschwer feststellen, dass für $t_e \gg T$, Bild b), die Riccati-Lösung erst gegen Ende des Steuerungszeitraums zeitvariant wird. Dieses Verhalten ist ein Indiz dafür, dass die Riccati-Lösung $\boldsymbol{P}(t)$ für $t_e \to \infty$ zu einer konstanten Matrix und damit der optimale Regler zeitinvariant wird.

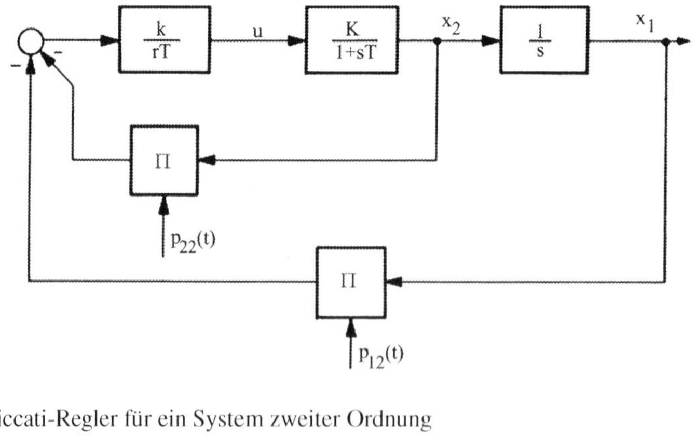

Abb. 6.6 Riccati-Regler für ein System zweiter Ordnung

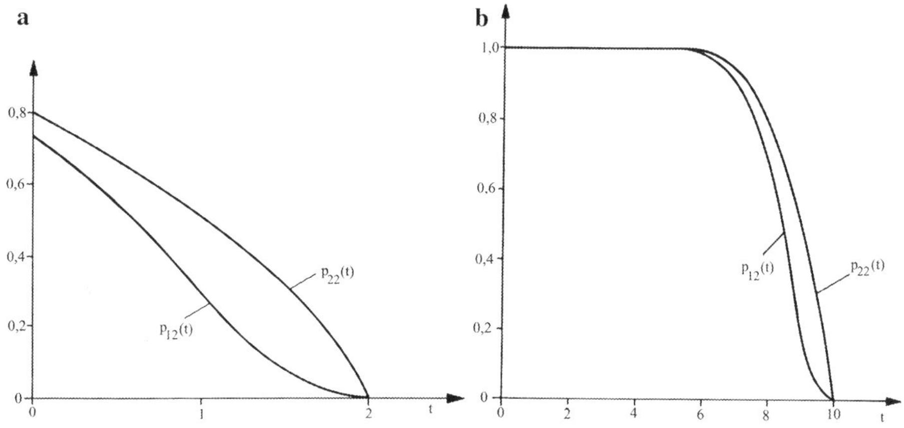

Abb. 6.7 Koeffizienten des Riccati-Reglers; a) $t_e = 2$; b) $t_e = 10$;

6.2 Optimales Regelungsgesetz für zeitinvariante Probleme

In diesem Abschnitt wird die optimale Regelung zeitinvarianter Systeme mit unendlichem Steuerintervall einer ausführlichen Analyse unterzogen. In der regelungstechnischen Praxis ist es in vielen Fällen ausreichend, zeitinvariante Regelgesetze zu entwickeln.

Die lineare Regelstrecke ist durch die Zustandsgleichung

$$\dot{\boldsymbol{x}}(t) = \boldsymbol{A}\boldsymbol{x}(t) + \boldsymbol{B}\boldsymbol{u}(t) \tag{6.32}$$

gegeben. Es stellt sich deshalb die Frage, unter welchen zusätzlichen Bedingungen die zeitvariante Rückführmatrix $\boldsymbol{K}(t)$ zu einer zeitinvarianten Rückführmatrix $\boldsymbol{K}$ wird. Diese zusätzlichen Voraussetzungen sowie die daraus resultierende zeitinvariante Lösung werden in diesem Abschnitt erläutert.

Wir betrachten also Problemstellungen der linear-quadratischen Optimierung, die folgende Voraussetzungen erfüllen:

(I) Die Problemmatrizen $\boldsymbol{A}, \boldsymbol{B}, \boldsymbol{Q}, \boldsymbol{R}$ sind zeitinvariant.

(II) Die Endzeit wird zu unendlich gesetzt, also $t_e \to \infty$.

(III) Das zu regelnde System ist vollständig zustandssteuerbar. Mit dieser Voraussetzung wird gewährleistet, dass das Gütefunktional trotz unendlicher Endzeit endlich groß bleibt. Wäre nämlich eine im Gütefunktional enthaltene Zustandsgröße x_k nicht steuerbar, so würde dies aufgrund der als unendlich angenommenen Endzeit bedeuten, dass der Wert des Gütefunktionals für alle möglichen Steuertrajektorien unendlich wäre, was natürlich dem Zweck einer Optimierung total widersprechen würde.

(IV) Das zu regelnde System wird als vollständig zustandsbeobachtbar vorausgesetzt.

Die Beobachtbarkeit garantiert, dass alle Zustandsvariablen im Ausgangsvektor $\boldsymbol{y}$ und somit im Gütefunktional

$$J = \frac{1}{2}\boldsymbol{x}^T(t_e)\boldsymbol{S}\boldsymbol{x}(t_e) + \frac{1}{2}\int_0^{t_e} \left(\boldsymbol{x}^T\boldsymbol{Q}\boldsymbol{x} + \boldsymbol{u}^T\boldsymbol{R}\boldsymbol{u}\right)dt \tag{6.33}$$

sichtbar bleiben. Damit das Integral im Gütemaß existiert, muss

$$\lim_{t\to\infty} \boldsymbol{x}(t) = 0$$

sein. Man hat daher jetzt die Endbedingung

$$\boldsymbol{x}(t_e) = \boldsymbol{x}_\infty = 0. \tag{6.34}$$

Konsequenterweise müssen alle Zustandsvariablen zu Null geführt werden, wenn das Gütefunktional trotz unendlicher Endzeit endlich bleiben soll, woraus im Übrigen die asymptotische Stabilität resultiert.
Aufgrund dessen entfällt der integralfreie Term in Gl. (6.33) und das nunmehr relevante Gütemaß wird zu

$$J = \frac{1}{2}\int_0^{t_e} \left(\boldsymbol{x}^T\boldsymbol{Q}\boldsymbol{x} + \boldsymbol{u}^T\boldsymbol{R}\boldsymbol{u}\right)dt, \tag{6.35}$$

wobei die Matrizen $\boldsymbol{Q}$ *und* $\boldsymbol{R}$ konstant und positiv definit sind.

Beispiel 6.4
Die optimale Steuerung eines proportionalen Systems erster Ordnung

$$\dot{x} = x + u;\ \ x(0) = x_0$$

im Sinne der Minimierung des Gütekriteriums

$$J = \int_0^{\infty} u^2(t)dt$$

lautet $u^*(t) = 0$, weil ja dadurch der minimale Wert des Gütefunktionals $J^* = 0$ erreicht wird. Das daraus resultierende optimal gesteuerte System

$$\dot{x} = x$$

ist aufgrund der positiv reellen Polstelle $s = 1$ instabil.

Unter den getroffenen Voraussetzungen konvergiert die Riccati-Differenzialgleichung gegen einen stationären Wert $\boldsymbol{P}_{st} \geq 0$, sofern die Randbedingung $\boldsymbol{P}(t_e) \geq 0$ erfüllt ist.

Wenn wir nun mit $t_e \rightarrow \infty$ zur *Berechnung* des Reglers für das zeitinvariante Problem übergehen ist in der ursprünglichen Riccati-Gleichung (6.19) $\boldsymbol{P}$ als konstant und damit $\dot{\boldsymbol{P}} = 0$ anzunehmen und kommen so zu einer algebraischen Gleichung für die konstante, also stationäre Matrix $\boldsymbol{P}_{st}$,

$$\boldsymbol{P}_{st}\boldsymbol{A} + \boldsymbol{A}^T\boldsymbol{P}_{st} - \boldsymbol{P}_{st}\boldsymbol{B}\boldsymbol{R}^{-1}\boldsymbol{B}^T\boldsymbol{P}_{st} + \boldsymbol{Q} = 0, \tag{6.36}$$

die in der einschlägigen Literatur als *reduzierte Riccati-Gleichung* bezeichnet wird. Dieses Gleichungssystem ist zwar nichtlinear, es kann aber gezeigt werden, dass es genau eine positiv semidefinite Lösung $\boldsymbol{P}_{st} \geq 0$ besitzt, die der gesuchten stationären Riccati-Matrix entspricht.

Das mit $\boldsymbol{P}_{st}$ entstehende optimale Regelgesetz ergibt sich mit Gl. (6.15) zu

$$\boldsymbol{u}(t) = -\boldsymbol{R}^{-1}\boldsymbol{B}^T\boldsymbol{P}_{st}\boldsymbol{x}(t) = -\boldsymbol{K}\boldsymbol{x}(t), \tag{6.37}$$

wobei

$$\boldsymbol{K} = \boldsymbol{R}^{-1}\boldsymbol{B}^T\boldsymbol{P}_{st} \tag{6.38}$$

die *zeitlich invariante Rückführmatrix* darstellt. Die Eigenwerte der entsprechend Gl. (6.23) resultierenden Systemmatrix des nunmehr optimal geregelten Prozesses

$$\boldsymbol{A}_{RK} = \boldsymbol{A} - \boldsymbol{B}\boldsymbol{R}^{-1}\boldsymbol{B}^T\boldsymbol{P}_{st}.$$

liegen sämtlich in der linken komplexen Halbebene und ergeben somit ein asymptotisch stabiles geregeltes System. Der durch das optimale Regelgesetz (6.37) resultierende Minimalwert des Gütefunktionals beträgt nunmehr

$$J^* = \frac{1}{2}\boldsymbol{x}_0^T\boldsymbol{P}_{st}\boldsymbol{x}_0. \tag{6.39}$$

Fassen wir also zusammen:

1. Zunächst ist Gl. (6.36), die reduzierte Riccati-Gleichung, nach der Matrix $\boldsymbol{P}_{st}$ aufzulösen.
2. Die so erhaltene Matrix $\boldsymbol{P}_{st}$ ist in Gl. (6.38) einzusetzen. Die Anwendung der daraus resultierenden Matrix $\boldsymbol{K}$ ergibt die optimale Regelung.

Beispiel 6.5

Anhand des im Abb. 6.8 skizzierten Regelkreises soll die Anwendung der reduzierten Riccati- Gleichung

$$\boldsymbol{P}_{st}\boldsymbol{A} + \boldsymbol{A}^T\boldsymbol{P}_{st} - \boldsymbol{P}_{st}\boldsymbol{B}\boldsymbol{R}^{-1}\boldsymbol{B}^T\boldsymbol{P}_{st} + \boldsymbol{Q} = 0$$

die hier nochmal zum Bezug festgehalten wird, demonstriert werden.

Wie wir aus diesem Bild sofort sehen können, ergibt sich die Stellgröße $u(t)$ aus dem Ansatz

$$u(t) = -\boldsymbol{K}\boldsymbol{x}(t).$$

Zu bestimmen ist die optimale Rückführmatrix $\boldsymbol{K}$ unter der Prämisse, dass der Güteindex

$$J = \int_0^\infty \left(\boldsymbol{x}^T\boldsymbol{Q}\boldsymbol{x} + u^2\right)dt$$

mit

$$\boldsymbol{Q} = \begin{bmatrix} 1 & 0 \\ 0 & \mu \end{bmatrix}, \ \mu > 0.$$

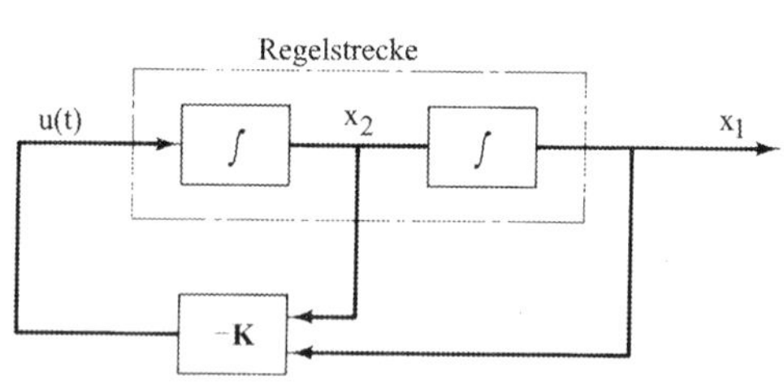

Abb. 6.8 System zweiter Ordnung

zu einem Minimum wird. Wählen wir entsprechend Abb. 6.8 die Ausgangsgrößen der Integratoren als Zustandsvariablen, so ergibt sich die Zustandsgleichung

$$\dot{\boldsymbol{x}} = \boldsymbol{A}\boldsymbol{x} + \boldsymbol{B}u$$

mit den Matrizen

$$\boldsymbol{A} = \begin{bmatrix} 0 & 1 \\ 0 & 0 \end{bmatrix}, \ \boldsymbol{B} = \begin{bmatrix} 0 \\ 1 \end{bmatrix}.$$

Nachdem die Systemmatrix $\boldsymbol{A}$ reell und die Matrix $\boldsymbol{Q}$ reell symmetrisch ist, muss auch die Matrix $\boldsymbol{P}$ reell symmetrisch werden. Die reduzierte Riccati-Gleichung bekommt damit zunächst die Form

$$\begin{bmatrix} 0 & 0 \\ 1 & 0 \end{bmatrix}\begin{bmatrix} p_{11} & p_{12} \\ p_{12} & p_{22} \end{bmatrix} + \begin{bmatrix} p_{11} & p_{12} \\ p_{12} & p_{22} \end{bmatrix}\begin{bmatrix} 0 & 1 \\ 0 & 0 \end{bmatrix} - \begin{bmatrix} p_{11} & p_{12} \\ p_{12} & p_{22} \end{bmatrix}\begin{bmatrix} 0 \\ 1 \end{bmatrix}[1]\begin{bmatrix} 0 & 1 \end{bmatrix}\begin{bmatrix} p_{11} & p_{12} \\ p_{12} & p_{22} \end{bmatrix} + \begin{bmatrix} 1 & 0 \\ 0 & \mu \end{bmatrix} = \begin{bmatrix} 0 & 0 \\ 0 & 0 \end{bmatrix}.$$

Diese Gleichung können wir vereinfachen auf

$$\begin{bmatrix} 0 & 0 \\ p_{11} & p_{12} \end{bmatrix} + \begin{bmatrix} 0 & p_{11} \\ 0 & p_{12} \end{bmatrix} - \begin{bmatrix} p_{12}^2 & p_{12}p_{22} \\ p_{12}p_{22} & p_{22}^2 \end{bmatrix} + \begin{bmatrix} 1 & 0 \\ 0 & \mu \end{bmatrix} = \begin{bmatrix} 0 & 0 \\ 0 & 0 \end{bmatrix}.$$

Hieraus bekommen wir zunächst folgende Gleichungen:

$$1 - p_{12}^2 = 0,$$

$$p_{11} - p_{12}p_{22} = 0,$$

$$\mu + 2p_{12} - p_{22}^2 = 0.$$

Aufgelöst nach den drei Unbekannten unter der Voraussetzung $\boldsymbol{P}$ positiv-definit erhalten wir

$$\boldsymbol{P} = \begin{bmatrix} p_{11} & p_{12} \\ p_{12} & p_{22} \end{bmatrix} \quad \begin{bmatrix} \sqrt{2+\mu} & 1 \\ 1 & \sqrt{2+\mu} \end{bmatrix}.$$

Die zu bestimmende optimale Rückführmatrix

$$\boldsymbol{K} = \boldsymbol{R}^{-1}\boldsymbol{B}^T\boldsymbol{P}$$

wird damit endgültig zu

$$\boldsymbol{K} = \begin{bmatrix} k_1 & k_2 \end{bmatrix} = [1]\begin{bmatrix} 0 & 1 \end{bmatrix}\begin{bmatrix} p_{11} & p_{12} \\ p_{12} & p_{22} \end{bmatrix} = \begin{bmatrix} 1 & \sqrt{2+\mu} \end{bmatrix}.$$

Abb. 6.9 Blockschaltbild des optimierten Regelkreises von Abb. 6.8

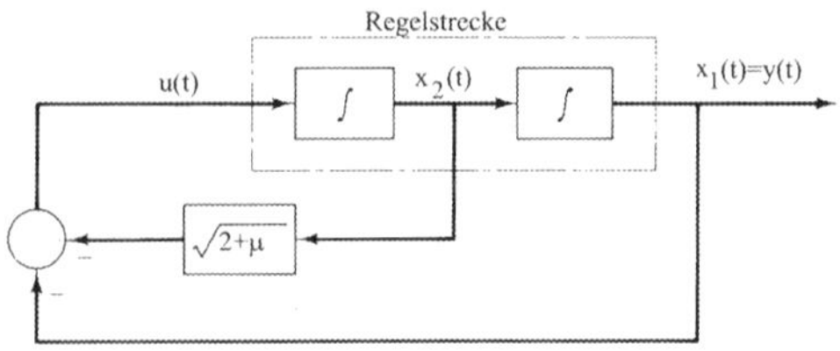

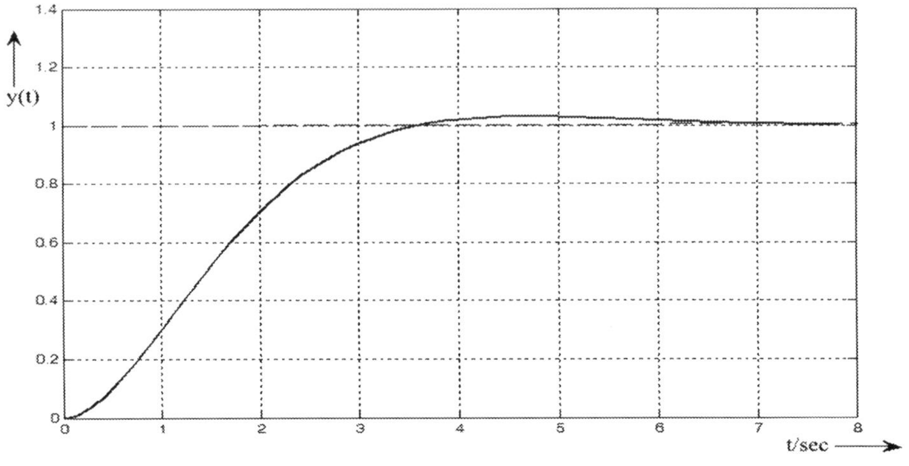

Abb. 6.10 Zeitlicher Verlauf der Regelgröße $y(t)$ des optimierten Regelkreises

Die optimale Stellgröße lautet somit

$$u = -\boldsymbol{K}\boldsymbol{x} = -x_1 - \sqrt{2+\mu} \cdot x_2$$

Abb. 6.9 zeigt den so dimensionierten Regelkreis mit den Komponenten der optimierten Rückführmatrix $\boldsymbol{K}$.

Für einen durch Simulation ermittelten Wert für $\mu = 0{,}21$ zeigt schließlich Abb. 6.10 den zeitlichen Verlauf der Sprungantwort der zu regelnden Ausgangsgröße $y(t)$.

Wie wir aus diesem Bild unschwer ersehen können, lässt die Qualität des transienten Verhaltens des so dimensionierten Regelkreises keine Wünsche offen.

Beispiel 6.6
Analog zu Beispiel 6.5 sei die Zustandsgleichung eines zu regelnden Systems

$$\dot{\boldsymbol{x}} = \boldsymbol{A}\boldsymbol{x} + \boldsymbol{B}u$$

mit den Matrizen

$$A = \begin{bmatrix} 01 \\ 00 \end{bmatrix}, \quad B = \begin{bmatrix} 0 \\ 1 \end{bmatrix}.$$

gegeben. Das lineare Regelgesetz, basierend auf der Zustandsrückführung, lautet

$$u = -\boldsymbol{K}x = -k_1x_1 - k_2x_2.$$

Es sind die Parameter k_1 und k_2 der Rückführmatrix $\boldsymbol{K}$ unter der Bedingung zu bestimmen, dass das Qualitätskriterium

$$J = \int_0^\infty \boldsymbol{x}^T \boldsymbol{x} dt$$

minimal wird und die ungedämpfte Kreisfrequenz der Regelgröße einen Wert von $\omega_0 = 2\frac{1}{s}$ annimmt. Alternativ zu Beispiel 6.5 gehen wir aus von der Anfangsbedingung

$$\boldsymbol{x}(0) = \begin{bmatrix} c & 0 \end{bmatrix}^T.$$

Substituieren wir die Stellgröße u in der Zustandsgleichung des ungeregelten Systems, so erhalten wir

$$\dot{\boldsymbol{x}} = \boldsymbol{Ax} - \boldsymbol{BKx}$$

oder ausführlich

$$\begin{bmatrix} \dot{x}_1 \\ \dot{x}_2 \end{bmatrix} = \begin{bmatrix} 01 \\ 00 \end{bmatrix} \begin{bmatrix} x_1 \\ x_2 \end{bmatrix} + \begin{bmatrix} 0 \\ 1 \end{bmatrix} [-k_1x_1 - k_2x_2] = \begin{bmatrix} 01 \\ -k_1 - k_2 \end{bmatrix} \begin{bmatrix} x_1 \\ x_2 \end{bmatrix}.$$

Somit lautet die Zustandsgleichung des geregelten Systems

$$\boldsymbol{A} - \boldsymbol{BK} = \begin{bmatrix} 0 & 1 \\ -k_1 & -k_2 \end{bmatrix}.$$

Durch Elimination von x_2 erhalten wir die Differenzialgleichung des geregelten Systems

$$\ddot{x}_1 + k_2\dot{x}_1 + k_1x_1 = 0.$$

Durch einen Koeffizientenvergleich mit der Standardgleichung eines homogenen Systems zweiter Ordnung

$$\ddot{x} + 2d\omega_0\dot{x} + \omega_0^2 x = 0$$

ergibt sich unter Berücksichtigung von ω_0 der erste Parameter $k_1 = 4$. Somit erhalten wir nunmehr für das zu regelnde System

$$\boldsymbol{A} - \boldsymbol{BK} = \begin{bmatrix} 0 & 1 \\ -4 & -k_2 \end{bmatrix}.$$

Im Folgenden wird der Parameter k_2 unter der Bedingung bestimmt, dass der Güteindex

$$J = \int_0^\infty \boldsymbol{x}^T \boldsymbol{x}\, dt = \boldsymbol{x}^T(0)\boldsymbol{P}(0)\boldsymbol{x}(0)$$

zu einem Minimum wird, wobei die Matrix $\boldsymbol{P}$ unter Verwendung der Liapunov-Gleichung (siehe Kap. 2)

$$(\boldsymbol{A} - \boldsymbol{BK})^T \boldsymbol{P} + \boldsymbol{P}(\boldsymbol{A} - \boldsymbol{BK}) = -\left(\boldsymbol{Q} + \boldsymbol{K}^T \boldsymbol{RK}\right).$$

zu bestimmen ist. Weil in gegebenen Fall $\boldsymbol{Q} = \boldsymbol{I}$ und $\boldsymbol{R} = 0$ ist, vereinfacht sich diese Gleichung auf

$$(\boldsymbol{A} - \boldsymbol{BK})^T \boldsymbol{P} + \boldsymbol{P}(\boldsymbol{A} - \boldsymbol{BK}) = -\boldsymbol{I}.$$

Weil in dieser Gleichung nur reelle Matrizen und Vektoren vorkommen, wird die Matrix $\boldsymbol{P}$ reell und symmetrisch. Damit bekommt obige Gleichung die Form

$$\begin{bmatrix} 0 - 4 \\ 1 - k_2 \end{bmatrix} \begin{bmatrix} p_{11}p_{12} \\ p_{12}p_{22} \end{bmatrix} + \begin{bmatrix} p_{11}p_{12} \\ p_{12}p_{22} \end{bmatrix} \begin{bmatrix} 01 \\ -4 - k_2 \end{bmatrix} = \begin{bmatrix} -10 \\ 0 - 1 \end{bmatrix}.$$

Lösen wir diese Gleichung nach $\boldsymbol{P}$ auf, so erhalten wir

$$\boldsymbol{P} = \begin{bmatrix} p_{11} & p_{12} \\ p_{12} & p_{22} \end{bmatrix} = \begin{bmatrix} \frac{5}{2k_2} + \frac{k_2}{8} & \frac{1}{8} \\ \frac{1}{8} & \frac{5}{8k_2} \end{bmatrix}.$$

Damit errechnet sich nunmehr das Gütekriterium zu

$$J = x^T(0)Px(0) = \begin{bmatrix} c & 0 \end{bmatrix} \begin{bmatrix} p_{11} & p_{12} \\ p_{12} & p_{22} \end{bmatrix} \begin{bmatrix} c \\ 0 \end{bmatrix} = p_{11}c^2 = \left(\frac{5}{2k_2} + \frac{k_2}{8}\right) \cdot c^2.$$

Um J zu minimieren leiten wir diese Gleichung nach k_2 ab und erhalten $\frac{\partial J}{\partial k_2} = \left(\frac{-5}{2k_2^2} + \frac{1}{8}\right) = 0$ und daraus $k_2 = \sqrt{20}$.

Mit diesem Wert wird $\frac{\partial^2 J}{\partial k_2^2} > 0$, es liegt also ein Minimum bezüglich J vor. Damit wird

$$J_{min} = \frac{\sqrt{5}}{2} \cdot c^2.$$

und die optimale Stellgröße

$$u = -4x_1 - \sqrt{20}\,x_2.$$

Beispiel 6.7

Das im Abschn. 5.3.2 behandelte Beispiel 5.1 soll nun auf der Basis der linear quadratischen Optimierung gelöst und dann für den Fall unendlicher Einstellzeit $t_e \to \infty$ diskutiert werden. Zusätzlich wollen wir hier eine Verallgemeinerung des Gütefunktionals der Gl. (5.19) dahingehend einführen, dass wir den Steueraufwand mit $r > 0$

$$J = \int_0^{t_e} \left(x^2 + ru^2\right) dt.$$

berücksichtigen. Damit erhalten wir gemäß Gl. (6.19) folgende Riccati-Gleichung

$$\dot{P} = \frac{P^2}{r} - 1.$$

mit der Randbedingung $P(t_e) = S = \infty$. Die Integration dieser Differenzialgleichung liefert die analytische Lösung

$$P(t) = \sqrt{r} \cdot \frac{1 + exp\left(\frac{2(t+c)}{\sqrt{r}}\right)}{1 - exp\left(\frac{2(t+c)}{\sqrt{r}}\right)}. \tag{6.40}$$

Mit der obigen Randbedingung wird die Integrationskonstante $c = -t_e$ und damit die vollständige Lösung der Riccati-Gleichung

$$P(t) = \sqrt{r} \cdot coth\left(\frac{t_e - t}{\sqrt{r}}\right).$$

Die optimale Rückführung lautet somit

$$K(t) = R^{-1}BP = \frac{coth\left(\frac{t_e - t}{\sqrt{r}}\right)}{\sqrt{r}}.$$

und das optimale Regelgesetz

$$u(t) = -K(t)x(t).$$

Nunmehr wollen wir dieses Ergebnis auf den Fall $t_e \to \infty$ übertragen. Den stationären Wert erhalten wir aus Gl. (6.40) zu

$$P_{st} = \lim_{t_e \to \infty} P(t) = \sqrt{r}.$$

Das zeitinvariante optimale Regelgesetz der Gl. (6.37) lautet somit

$$u = -\frac{x}{\sqrt{r}}.$$

und ergibt damit die Systemgleichung (6.38) des geregelten Systems

$$\dot{x} = -\frac{x}{\sqrt{r}}.$$

mit dem komplexen Eigenwert

$$s_1 = -\frac{1}{\sqrt{r}} < 0.$$

und somit stabiles Regelverhalten. Die resultierenden optimalen Trajektorien lauten also

$$x^*(t) = x_0 e^{-t/\sqrt{r}} \text{ und } u^*(t) = -\frac{x}{\sqrt{r}} e^{-t/\sqrt{r}}.$$

Im Rahmen der bisherigen Beispiele wurde in den meisten Fällen der Bestimmung des optimalen Regelgesetzes höchste Priorität eingeräumt. In diesem Beispiel besteht jedoch mehr die Absicht, dem Leser unter Anderem die Qualität des zeitlichen Verhaltens der Regelgröße(n) eines nach Gl. (6.36) dimensionierten Regelkreises im Sinne einer Simulation zu demonstrieren. Für solche Anwendungen hat sich das zwischenzeitlich international bekannte Softwaretool *MATLAB®* in Verbindung mit der "Control-System-Toolbox" bestens bewährt.

Beispiel 6.8
Gegeben sei das zu regelnde System mit der Zustandsgleichung

$$\begin{bmatrix} \dot{x}_1 \\ \dot{x}_2 \end{bmatrix} = \begin{bmatrix} -1 & 1 \\ 0 & 2 \end{bmatrix} \begin{bmatrix} x_1 \\ x_2 \end{bmatrix} + \begin{bmatrix} 1 \\ 0 \end{bmatrix} u.$$

Es ist zu zeigen, dass dieses System nicht mit den Methoden der Zustandsrückführung geregelt werden kann.

Definieren wir die Rückführmatrix mit

$$\boldsymbol{K} = [k_1 k_2].$$

und die Steuergröße mit

$$u = -\boldsymbol{Kx},$$

so wird die Zustandsgleichung des geregelten Systems

$$\boldsymbol{A}_{RK} = \boldsymbol{A} - \boldsymbol{BK} = \begin{bmatrix} -1 & 1 \\ 0 & 2 \end{bmatrix} - \begin{bmatrix} 1 \\ 0 \end{bmatrix} \begin{bmatrix} k_1 & k_2 \end{bmatrix} = \begin{bmatrix} -1-k_1 & 1-k_1 \\ 0 & 2 \end{bmatrix}.$$

Damit lautet die charakteristische Gleichung des geregelten Systems

$$|sI - A + BK| = \begin{vmatrix} s+1+k_1 - 1 + k_1 \\ 0s - 2 \end{vmatrix} = (s+1+k_1)(s-2) = 0.$$

Die Pole des geschlossenen Regelkreises liegen somit an den Stellen

$$s_1 = -1 - k_1 \quad \text{und} \quad s_2 = +2.$$

Wir sehen also, dass unabhängig von der Wahl der Elemente der Rückführmatrix $\boldsymbol{K}$ aufgrund der instabilen Polstelle $s_2 = +2$ das gegebene System nicht mit den Methoden der Zustandsrückführung geregelt werden kann.

Beispiel 6.9

Wir betrachten entsprechend Gl. (6.2) ein zu regelnden System mit der Zustandsgleichung

$$\begin{bmatrix} \dot{x}_1 \\ \dot{x}_2 \\ \dot{x}_3 \end{bmatrix} = \begin{bmatrix} 0 & 1 & 0 \\ 0 & 0 & 1 \\ -35 & -27 & -9 \end{bmatrix} \begin{bmatrix} x_1 \\ x_2 \\ x_3 \end{bmatrix} + \begin{bmatrix} 0 \\ 0 \\ 1 \end{bmatrix} u \text{ mit } \boldsymbol{A} = \begin{bmatrix} 0 & 1 & 0 \\ 0 & 0 & 1 \\ -35 & -27 & -9 \end{bmatrix}, \boldsymbol{B} = \begin{bmatrix} 0 \\ 0 \\ 1 \end{bmatrix}.$$

Das Gütekriterium sei gegeben zu

$$J = \int_0^\infty \left(\boldsymbol{x}^T \boldsymbol{Qx} + \boldsymbol{u}^T \boldsymbol{Ru}\right) dt \text{ mit}$$

$$\boldsymbol{Q} = \begin{bmatrix} 1 & 0 & 0 \\ 0 & 1 & 0 \\ 0 & 0 & 1 \end{bmatrix}; \ \boldsymbol{R} = r = 1.$$

Wir bestimmen in diesem Beispiel zunächst, wie bereits oben angekündigt, unter Verwendung von *MATLAB*® nur die Matrix $\boldsymbol{P}_{st}$, im Programm der kürzeren Schreibweise wegen bezeichnet mit $\boldsymbol{P}$, die Rückführmatrix $\boldsymbol{K}$, und die Eigenwerte $\boldsymbol{E}$ der Matrix $\boldsymbol{A} - \boldsymbol{BK}$:

% *******Eingabe der Systemmatrix A und der Steuermatrix B********
A=[0 1 0;0 1 0;-35 -27 -9];
B=[0; 0; 1];

% *******Eingabe der Matrizen Q und R des quadratischen Gütekriteriums*******
Q=[1 0 0;0 1 0;0 0 1];
R=[1];

%*** Die optimale Rückführmatrix **K**, die Lösung **P** der Riccati-Gleichung und die Eigenwerte
% **E** des geschlossenen Regelkreises erhalten wir durch folgende MATLAB®-Instruktion***

[K,P,E]=lqr(A,B,Q,R) ↵

K=
0.014 0.110 0.067

P=
4.262 2.496 0.014
2.496 2.815 0.110
0.014 0.110 0.067

E=
−5.096
−1.985+j1.711
−1.985-j1.711.

Wie wir sehen, bekommen wir mit nur geringstem Aufwand die gesuchte Rückführmatrix sowie die Koeffizienten der stationären Riccati-Matrix und darüber hinaus Information über die Eigenwerte, also der Lage der Pole des geregelten Systems und damit Auskunft über die Stabilität des Gesamtsystems.

Beispiel 6.10

Ein anderes System sei gegeben mit der Zustandsgleichung

$$\dot{\boldsymbol{x}}(t) = \boldsymbol{A}\boldsymbol{x}(t) + \boldsymbol{B}\boldsymbol{u}(t).$$

sowie der Ausgangsgleichung

$$y(t) = \boldsymbol{Cx}(t) + Du.$$

mit den Matrizen

$$A = \begin{bmatrix} 0 & 1 & 0 \\ 0 & 0 & 1 \\ 0 & -2 & -3 \end{bmatrix}; \; \boldsymbol{B} = \begin{bmatrix} 0 \\ 0 \\ 1 \end{bmatrix}; \; \boldsymbol{C} = \begin{bmatrix} 1 & 0 & 0 \end{bmatrix}; \; D = [0].$$

Des Weiteren gehen wir aus von einer Stellgröße

$$u = k_1 \cdot (w - x_1) - k_2 x_2 - k_3 x_3 = k_1 w - (k_1 x_1 + k_2 x_2 + k_3 x_3),$$

wie aus Abb. 6.11 hervorgeht.

Die Führungsgröße definieren wir zu$w(t) = 1, t \geq 0$.

Zu bestimmen ist die Zustandsrückführmatrix $\boldsymbol{K} = [k_1 k_2 k_3]$. unter der Bedingung, dass das Gütekriterium

$$J = \int_0^\infty \left(\boldsymbol{x}^T \boldsymbol{Q} \boldsymbol{x} + u^T R u\right) dt.$$

minimal wird, wobei wir ausgehen von

$$\boldsymbol{Q} = \begin{bmatrix} q_{11} & 0 & 0 \\ 0 & q_{22} & 0 \\ 0 & 0 & q_{33} \end{bmatrix}, \; \boldsymbol{R} = r = 0{,}01 \text{ mit } q_{11} = 100,0; \;\; q_{22} = q_{33} = 1$$

mit den Zustandsgrößen

$$\boldsymbol{x} = \begin{bmatrix} x_1 & x_2 & x_3 \end{bmatrix}^T = \begin{bmatrix} y & \dot{y} & \ddot{y} \end{bmatrix}^T.$$

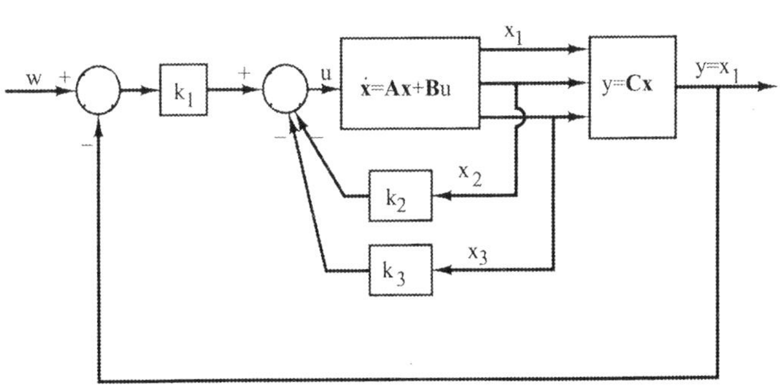

Abb. 6.11 Optimale Regelung mit Riccati

Das zugehörige MATLAB®-Programm zur Bestimmung der optimalen Rückführmatrix ***K*** sowie des zeitlichen Verhaltens der Ausgangsgröße $y(t)$ (Sprungantwort) hat folgendes Aussehen:

```
%**Eingabe der Systemmatrix A, der Steuermatrix B, der Ausgangsmatrix C und der
%Durchgangsmatrix D sowie der Gewichtsmatrizen Q und R**
   %
   A=[0 1 0;0 0 1;0 −2 −3];
   B=[0;0;1];
   C=[1 0 0];
   D=[0];
   Q=[100 0 0;0 1 0;0 0 1];
   R=[0.01];
   %**Bestimmung der optimalen Reglermatrix**
   %
   K=lqr(A,B,Q,R) ↵

K=100.00 53.12 11.671
   %**Zuordnung der Matrixelemente**
   %
   k1=K(1), k2=K(2), k3=K(3);
   %**Definition der Matrizen des geregelten Systems**
   %
   AA=A-B*K;
   BB=B*k1;
   CC=C;
   DD=D;
   %**Bestimmung der Sprungantwort und der Zustandsgrößen in Abhängigkeit von t
**
   %
   [y,x,t]=step(AA,BB,CC,DD);
   %**Plot-Ausgabe der Regelgröße y(t) **
   plot(t,y) ↵

%**Plot-Ausgabe der Zustandsgrößen x(t) **
   %
   plot(t,x) ↵

%** Ende**
```

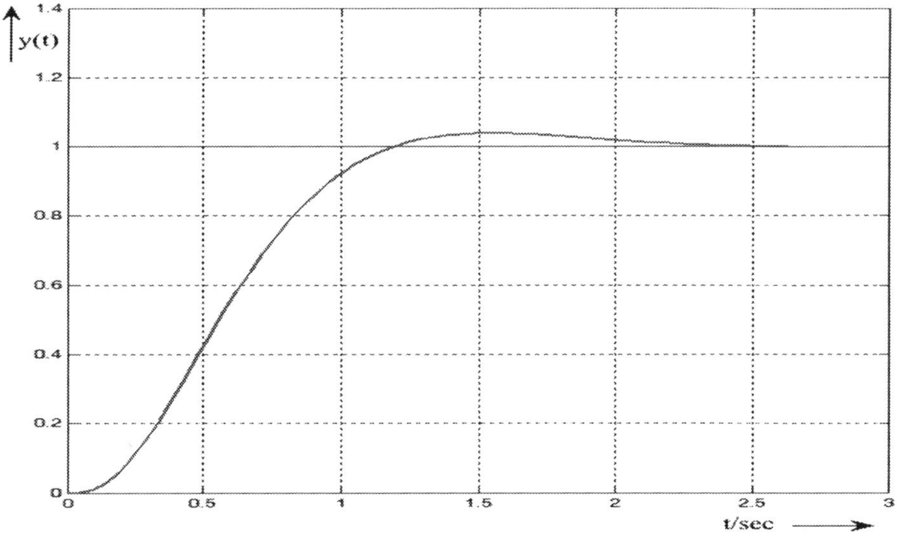

Abb. 6.12 Regelgröße $y(t)$ des optimierten Regelkreises

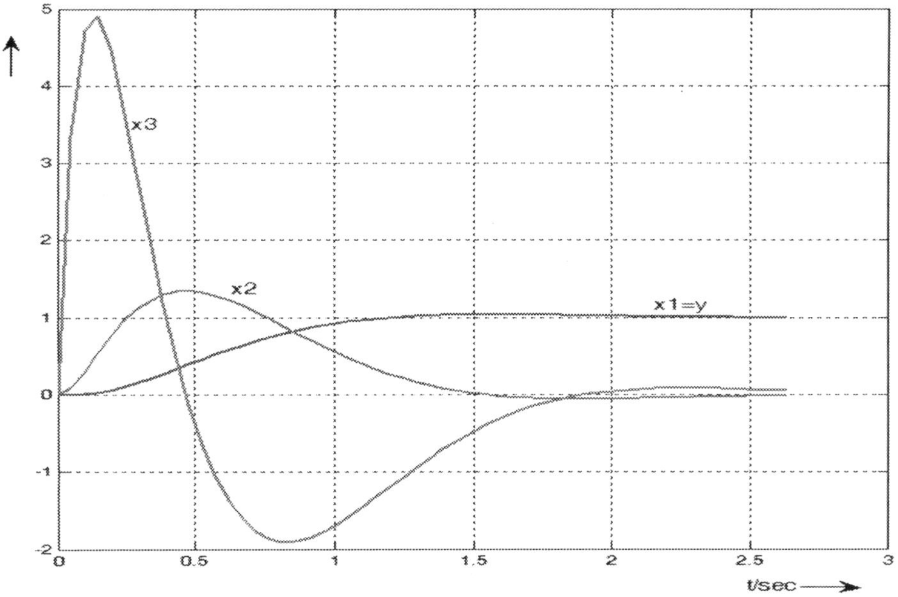

Abb. 6.13 Verlauf des Zustandsvektors $\boldsymbol{x}(t)$

Im Abb. 6.12 sehen wir den zeitlichen Verlauf der Regelgröße$y(t)$. Es bedarf mit Sicherheit keiner großen Phantasie, dass hier tatsächlich von optimalem Regelverhalten gesprochen werden darf.

Im Abb. 6.13 sehen wir schließlich den zeitlichen Verlauf der Zustandsgrößen x_1, x_2. und x_3. Man kann dabei sehr deutlich die Abhängigkeit $x_2 = \dot{x}_1$ und $x_3 = \dot{x}_2$ erkennen.

6.3 Technische Anwendungen des Minimum-Prinzips

Erst und vor Allem durch den Einsatz kostengünstiger Computer ist es möglich geworden, besonders effiziente Regelalgorithmen zu entwickeln, die mit der klassischen analogen Regelung nur mit größtem Aufwand möglich sind. Wir versuchen deshalb in diesem Abschnitt zu erkunden, unter welchen Voraussetzungen eine optimale Zweipunkteregelung entsteht.

6.3.1 Zeitoptimale Regelung, Bang Bang Control

Zeitoptimale Steuerungen sind dadurch gekennzeichnet, ein dynamisches System, ausgehend von einem Anfangszustand $\boldsymbol{x}(0) = \boldsymbol{x}_0$ so zu regeln, dass die spezifizierte Endbedingung in minimaler Zeit t_e^* erreicht wird.

Für diese Aufgabenstellung muss das dazu entsprechende Gütefunktional

$$J = \int_0^{t_e} t^0 dt = t_e. \tag{6.41}$$

minimiert werden.

Für die zeitoptimale Regelung eines linearen, zeitinvarianten dynamischen Systems

$$\dot{\boldsymbol{x}} = \boldsymbol{A}\boldsymbol{x} + \boldsymbol{B}\boldsymbol{u}$$

ist der Systemzustand vom bereits genannten Anfangswert $\boldsymbol{x}(0) = \boldsymbol{x}_0$ in den Endzustand $\boldsymbol{x}(t_e) = 0$ überzuführen, wobei der Vektor der Steuergrößen $\boldsymbol{u}$ den Beschränkungen

$$\boldsymbol{u}_{min} \leq \boldsymbol{u}(t) \leq \boldsymbol{u}_{max}, \tag{6.42}$$

oder ausführlich $u_{min,i} \leq u_i \leq u_{maxi}, 0 \leq i \leq r$

unterliegt. Zur Berechnung der optimalen Steuertrajektorien bilden wir zunächst für diesen Fall die Hamilton-Funktion

$$H = 1 + \boldsymbol{\lambda}^T(\boldsymbol{A}\boldsymbol{x} + \boldsymbol{B}\boldsymbol{u}).$$

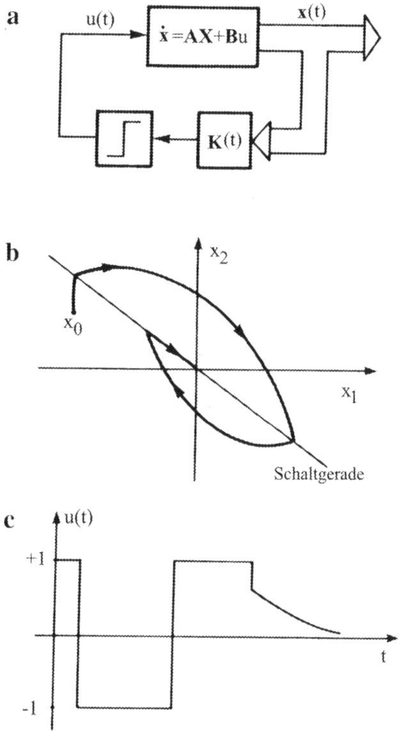

Abb. 6.14 **a**) Blockschaltbild Bang Bang Regelung, **b**) Typische Zustandstrajektorie, **c**) Stellgröße für Bang Bang- und linear Mode

Durch Anwendung der Optimalitätsbedingung (6.12) erhalten wir

$$\dot{\boldsymbol{\lambda}} = -\boldsymbol{A}^T \boldsymbol{\lambda} \quad \text{und daraus } \boldsymbol{\lambda}(t) = e^{-A^T t} \cdot \boldsymbol{\lambda}(0), \tag{6.43}$$

wobei aber der Anfangswert $\boldsymbol{\lambda}(0)$ zunächst noch unbekannt ist.

Die Minimierungsbedingung

$$H[\boldsymbol{x}(t), \boldsymbol{u}(t), \boldsymbol{\lambda}(t), t] = \min_{U \in U(x,t)} H[\boldsymbol{x}, \boldsymbol{u}, \boldsymbol{\lambda}, t].$$

liefert

$$u_i(t) = \begin{cases} u_{min,i} \, falls \; \boldsymbol{b}_i^T \lambda > 0 \\ u_{min,i} \, falls \; \boldsymbol{b}_i^T \lambda < 0 \end{cases}. \tag{6.44}$$

dabei sind $\boldsymbol{b}_i \, i = 1, \ldots, r$ die Spaltenvektoren der Steuermatrix $\boldsymbol{B}$.

Anhand der Gl. (6.44) können wir festhalten, dass die zeitoptimale Regelung steuerbarer linearer Systeme offensichtlich einer *schaltenden* Funktion unterliegt, die ausschließlich Randwerte des mit Gl. (6.42) definierten zulässigen Bereichs annimmt. In der einschlägigen Literatur wird von der sogenannten *Bang Bang Regelung* gesprochen. In einem alternativen Modus, in der anglikanischen Literatur als *Linear mode Control* bezeichnet, siehe Abb. 6.14, kann der Ausgang des Zweipunktschalters zwischen seinem Maximum und seinem Minimum jeden beliebigen Wert annehmen, der seinerseits durch eine lineare Zustandsrückführung erzeugt wird.

Wie man unschwer aus Abb. 6.14c) sehen kann, arbeitet der Regler für einen großen Anfangswert zunächst im Bang Bang Modus und geht erst bei hinreichend kleinen Zustandsgrößen in den linearen Modus über, bis der Nullzustand erreicht ist.

Zur Berechnung der optimalen Steuertrajektorie bestimmen wir zunächst die Lösung der Zustandsgleichung

$$\boldsymbol{x}(t) = e^{\boldsymbol{A}t}\boldsymbol{x}_0 + \int_0^t e^{\boldsymbol{A}(t-\tau)}\boldsymbol{B}\boldsymbol{u}(\tau)d\tau. \tag{6.45}$$

Setzen wir in dieser Gleichung $\boldsymbol{x}(t = t_e) = 0$ und setzen darin $\boldsymbol{u}(t)$ aus (6.44) und $\boldsymbol{\lambda}(t)$ aus (6.43) ein, so erhalten wir

$$\boldsymbol{x}_0 + \int_0^{t_e} e^{-\boldsymbol{A}\tau}\boldsymbol{B}\overline{\boldsymbol{u}}(\boldsymbol{\lambda}(0), \tau)d\tau = 0 \tag{6.46}$$

mit der Abkürzung

$$\overline{u}_i(\boldsymbol{\lambda}(0), \tau) = \begin{cases} u_{min,i} & falls \quad \boldsymbol{\lambda}(0)^T e^{-\boldsymbol{A}\tau}\boldsymbol{b}_i > 0 \\ u_{max,i} & falls \quad \boldsymbol{\lambda}(0)^T e^{-\boldsymbol{A}\tau}\boldsymbol{b}_i < 0 \end{cases}.$$

Die Gl. (6.46) stellt ein n-dimensionales Gleichungssystem für die $n + 1$ Unbekannten $\boldsymbol{\lambda}(0)$ und t_e dar. Eine weitere Beziehung können wir aus

$$H(0) = 1 + \boldsymbol{\lambda}(0)^T\{\boldsymbol{A}\boldsymbol{x}_0 + \boldsymbol{B}\overline{\boldsymbol{u}}(\boldsymbol{\lambda}(0), 0)\} = 0 \tag{6.47}$$

gewinnen, wodurch genügend Information zur Berechnung der Unbekannten vorhanden ist.

Im Anschluss wollen wir einige Beispiele zeitoptimaler Problemstellungen analysieren, bei denen sich durch die vergleichsweise niedrigen Systemdimensionen zeitoptimale Regelungen ableiten lassen.

Beispiel 6.11

Betrachten wir ein Minimalzeitproblem für ein einfach integrierendes System erster Ordnung mit einem reellen Eigenwert

$$\dot{x}_1 = x_2, \qquad x_1(0) = x_{10};$$

$$\dot{x}_2 = -\alpha x_2 + u, \quad x_2(0) = x_{20}.$$

In Matrixschreibweise erhalten wir daraus

$$\begin{bmatrix} \dot{x}_1 \\ \dot{x}_2 \end{bmatrix} = \begin{bmatrix} 0 & 1 \\ 0 & -\alpha \end{bmatrix} \begin{bmatrix} x_1 \\ x_2 \end{bmatrix} + \begin{bmatrix} 0 \\ 1 \end{bmatrix} u(t); \; \boldsymbol{x}_0 = \begin{bmatrix} x_1(0) \\ x_2(0) \end{bmatrix}.$$

Die Transitions-Matrix ergibt sich mit dem Ansatz

$$\boldsymbol{\theta}(t) = L^{-1}[(s\boldsymbol{I} - \boldsymbol{A})]^{-1} = e^{At} = \begin{bmatrix} 1 & \frac{1}{\alpha}\left(1 - e^{-\alpha t}\right) \\ 0 & e^{-\alpha t} \end{bmatrix}$$

und somit über das Faltungsintegral die Gleichung für die *Umschaltpunkte*

$$\boldsymbol{x}(\tau_s) = \begin{bmatrix} 1\frac{1}{\alpha}(1 - e^{\alpha\tau_s}) \\ 0e^{\alpha\tau_s} \end{bmatrix} \int_0^{\tau_s} \begin{bmatrix} \frac{1}{\alpha}\left(1 - e^{-\alpha p}\right) \\ e^{-\alpha p} \end{bmatrix} \cdot sign\left\{\lambda_1(t_e)\frac{1}{\alpha}(1 - e^{\alpha p}) + \lambda_2(t_e)e^{-\alpha p}\right\} dp.$$

Die Lösung dieser Gleichung liefert den Zusammenhang zwischen den Zustandsgrößen $x_1 = f(x_2)$ in den Schaltpunkten sowie die Stellgröße zu

$$x_1(t) = \frac{1}{\alpha}x_2(t) - \left\{\frac{sign[x_2(t)]}{\alpha^2}\right\} \cdot \{ln[1 + \alpha|x_2(t)|]\} = 0,$$

$$u(t) = -sign\left[x_1(t) + \frac{1}{\alpha}x_2(t) - \left\{\frac{sign[x_2(t)]}{\alpha^2}\right\} \cdot \{ln[1 + \alpha|x_2(t)|]\}\right].$$

Beispiel 6.12

Die Aufgabe in diesem Beispiel e.nes nicht trivialen zeitoptimalen Problems besteht in der Regelung eines doppelt integrierenden Systems entsprechend der Zustandsgleichung

$$\begin{bmatrix} \dot{x}_1 \\ \dot{x}_2 \end{bmatrix} = \begin{bmatrix} 0 & 1 \\ -1 & 0 \end{bmatrix} \begin{bmatrix} x_1 \\ x_2 \end{bmatrix} + \begin{bmatrix} 0 \\ 1 \end{bmatrix} u(t); \; \boldsymbol{x}_0 = \begin{bmatrix} x_1(0) \\ x_2(0) \end{bmatrix}.$$

und der Transitionsmatrix

$$\theta(t) = e^{At} = \begin{bmatrix} \cos t & \sin t \\ -\sin t & \cos t \end{bmatrix}.$$

Damit ergeben sich die Schaltpunkte zu

$$\boldsymbol{x}(\tau_s) = \begin{bmatrix} \cos\tau_s - \sin\tau_s \\ \sin\tau_s \cos\tau_s \end{bmatrix} \int_0^{\tau} \begin{bmatrix} \sin p \\ \cos p \end{bmatrix} sign\big[\lambda_1(t_e)\sin p + \lambda_2(t_e)\cos p\big]dp,$$

wobei die Umschaltbedingung durch die Gleichung

$$\lambda_1(t_e)\sin p + \lambda_2(t_e)\cos p = 0$$

gegeben ist. Aus der letzten Gleichung können wir unschwer erkennen, dass für dieses Problem unendlich viele Schaltpunkte resultieren. Im Abb. 6.15 sehen wir ein typisches Beispiel dieser Art mit vier Umschaltpunkten.

Nachdem der Wert der Steuergröße $u(t)$ entweder $+1$ oder -1 vorausgesetzt sein soll, erhalten wir aus dem gegebenen Differenzialgleichungssystem der Strecke die Lösungen

$$x_1(t) = A \cdot sin(t+\gamma) + u(t) \text{ und } x_2(t) = A \cdot cos(t+\gamma),$$

wobei A und γ unbekannte Parameter sind. Aufgrund dieser Lösungen sind die dazu entsprechenden Trajektorien Kreisbögen in der (x_1, x_2)–Ebene, die im Uhrzeigersinn durchlaufen werden. Diese kreisförmigen Trajektorienscharen sind durch die Gleichungen

$$u = +1 : (x_1 - 1)^2 + x_2^2 = c^2$$

$$u = -1 : (x_1 + 1)^2 + x_2^2 = c^2$$

mit variierendem c^2 charakterisiert. Für einen gegebenen Anfangspunkt $\boldsymbol{x}_0$ ist die zugehörige Trajektorie durch

$$c^2 = (x_{10} - 1)^2 + x_{20}^2 \text{ für } u = +1.$$

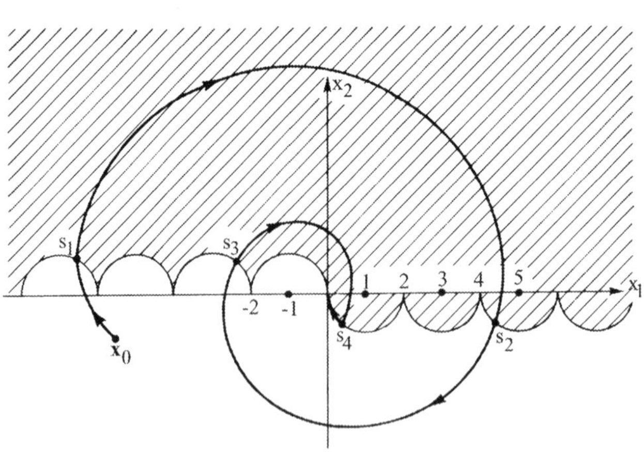

Abb. 6.15 Typischer Trajektorienverlauf einer zeitoptimalen Regelung;schraffierter Bereich: $u = -1$, nicht schraffierter Bereich: $u = +1$

und

$$c^2 = (x_{10} + 1)^2 + x_{20}^2 \text{ für } u = -1$$

definiert. Der Endpunkt $\boldsymbol{x}(t_e) = 0$ wird also entlang dieser kreisförmigen Trajektorien erreicht. Hierzu gibt es wiederum nur zwei Möglichkeiten, nämlich entlang der beiden Halbkreise

$$(x_1 - 1)^2 + x_2^2 = 1 \text{ für } x_2 < 0,$$

$$(x_1 + 1)^2 + x_2^2 = 1 \text{ für } x_2 > 0.$$

Das Maximumprinzip von Pontryagin 7

Die im Kap. 5 aufgezeigte Problemstellung der optimalen Steuerung dynamischer Systeme wird nunmehr um die für technische Anwendungen äußerst wichtige Berücksichtigung von *Ungleichungsnebenbedingungen* (UNB) erweitert. Nebenbei ist anzumerken, dass unter der bereits weiter oben erwähnten Simulations-Software MATLAB® für Probleme dieser Art eine sogenannte *Optimization-Toolbox* existiert.

7.1 Problemdefinition

Die in diesem Kapitel zu betrachtende Problemstellung stellt eine Erweiterung der im Kap. 5 aufgezeigten Prozedur dar. Es handelt sich dort um die Minimierung des Gütefunktionals der Gl. (5.3)

$$J[\boldsymbol{x}(t), \boldsymbol{u}(t), t_e] = h[\boldsymbol{x}(t), t_e] + \int_0^{t_e} \Phi[\boldsymbol{x}(t), \boldsymbol{u}(t), t]dt \tag{7.1}$$

unter Berücksichtigung der Prozessnebenbedingungen

$$\dot{\boldsymbol{x}} = \boldsymbol{f}[\boldsymbol{x}(t), \boldsymbol{u}(t), t] \text{ mit } \boldsymbol{x}(0) = \boldsymbol{x}_0 \tag{7.2}$$

und der Endbedingung

$$\boldsymbol{g}[\boldsymbol{x}(t_e), t_e] = 0. \tag{7.3}$$

Die Endzeit t_e darf frei oder fest sein.

Zusätzlich sollen zu den Prozessnebenbedingungen auch Ungleichungsnebenbedingungen der Form

$$\boldsymbol{v}[\boldsymbol{x}(t), \boldsymbol{u}(t), t] \leq 0, \quad \forall t \in [0, t_e] \tag{7.4}$$

A. Braun, *Optimale und adaptive Regelung technischer Systeme*,
https://doi.org/10.1007/978-3-658-30916-9_7

berücksichtigt werden. Jeder Leser mit selbst nur eingeschränktem praktischem Sachverstand weiß, dass aus vielfältigen technischen Gründen die Nebenbedingung der Gl. (7.4) von zentraler praktischer Bedeutung sind. Der *zulässige Steuerbereich* ist also auf die Menge

$$\boldsymbol{U}(\boldsymbol{x},t) = \{\boldsymbol{u}(t) | \boldsymbol{v}[\boldsymbol{x}(t),\boldsymbol{u}(t),t] \leq 0\} \tag{7.5}$$

beschränkt. Zur Illustration der Gl. (7.5) seien folgende einfache UNB's angeführt.

Beispiel 7.1

$$u_1^2 + u_2^2 \leq r^2, \qquad r = konst.;$$

$$\boldsymbol{u}_{min} \leq \boldsymbol{u}(t) \leq \boldsymbol{u}_{max}; \qquad u_{min}, u_{max} \in R^m$$

$$|\boldsymbol{u}(t)| \leq \hat{\boldsymbol{u}}.$$

Zur Formulierung der notwendigen Optimalitätsbedingungen rufen wir uns zunächst die Definition der Hamilton-Funktion

$$H[\boldsymbol{x}(t),\boldsymbol{u}(t),\boldsymbol{\lambda}(t),t] = \Phi[\boldsymbol{x}(t),\boldsymbol{u}(t),t] + \boldsymbol{\lambda}^T(t)\boldsymbol{f}[\boldsymbol{x}(t),\boldsymbol{u}(t),t] \tag{7.6}$$

ins Gedächtnis zurück, definieren aber die sogenannte *erweiterte Hamilton-Funktion*

$$\overline{H}(\boldsymbol{x},\boldsymbol{u},\boldsymbol{\lambda},\boldsymbol{\mu},t) = \Phi[\boldsymbol{x},\boldsymbol{u},t] + \boldsymbol{\lambda}^T(t)\boldsymbol{f}[\boldsymbol{x},\boldsymbol{u},t] + \boldsymbol{\mu}^T(t)\boldsymbol{v}(\boldsymbol{x},\boldsymbol{u},t) \tag{7.7}$$

wobei wir mit $\boldsymbol{\mu}(t)$ zusätzliche Multiplikatorfunktionen einführen. Die notwendigen Optimalitätsbedingungen für die optimale Steuerung dynamischer Systeme unter UNB, die auch als Maximum-Prinzip von Pontryagin bezeichnet werden, lauten nun wie folgt:

$$\dot{\boldsymbol{x}} = \overline{H}_{\boldsymbol{\lambda}} = \boldsymbol{f} \tag{7.8}$$

$$\dot{\boldsymbol{\lambda}} = -\overline{H}_{\boldsymbol{x}} = -\Phi_{\boldsymbol{x}} - \boldsymbol{f}_x^T\boldsymbol{\lambda} - \boldsymbol{v}_{\boldsymbol{x}}^T\boldsymbol{\mu} \tag{7.9}$$

$$\boldsymbol{\mu} \geq \boldsymbol{0}; \qquad \mu_i v_i = 0, i = 1,2,\ldots,q \tag{7.10}$$

$$\overline{H}_{\boldsymbol{u}} = \Phi_{\boldsymbol{u}} + f_{\boldsymbol{u}}^T\boldsymbol{\lambda} + \boldsymbol{v}_{\boldsymbol{u}}^T\boldsymbol{\mu} = \boldsymbol{0}. \tag{7.11}$$

Darüber hinaus muss für jedes $t \in [0,t_e]$ die Bedingung

$$\overline{H}_{\boldsymbol{uu}} \geq 0 \tag{7.12}$$

erfüllt sein. Schließlich muss für jeden beliebigen Zeitpunkt $t \in [0,t_e]$ die Minimierungsbedingung

$$H(\boldsymbol{x},\boldsymbol{u},\boldsymbol{\lambda},t) = min\{H(\boldsymbol{x},\boldsymbol{u},\boldsymbol{\lambda},t)\} \tag{7.13}$$

erfüllt sein.

Die Bedingungen (7.8) und (7.9) sind die bereits aus Abschn. 5.2 bekannten, und nunmehr durch geeignete Terme erweiterten *kanonischen Differenzialgleichungen*. Die Bedingungen (7.10), (7.11) und (7.12) entsprechen der *globalen Minimierungsbedingung* (7.13). Für den Fall, dass keine UNB's existieren reduzieren sich diese Bedingungen offensichtlich auf die entsprechenden Bedingungen von Abschn. 5.2.

Beispiel 7.2
Wir betrachten das aus Abschn. 5.3.2, Beispiel 5.1 bekannte Problem der Minimierung eines integrierenden Systems

$$J = \frac{1}{2}\int_0^\infty \left(x^2 + u^2\right)dt$$

unter Berücksichtigung der Systemgleichung

$$\dot{x} = u, x(0) = x_0$$

nunmehr mit der Nebenbedingung

$$|u(t)| \leq 1 \quad \forall t \geq 0. \tag{7.14}$$

Damit diese UNB zum Tragen kommt gehen wir von $x_0 > 1$ aus. Die Hamilton-Funktion der Gl. (7.6) dieser Problemstellung lautet somit

$$H = \frac{1}{2}\left(x^2 + u^2\right) + \lambda u.$$

Um die Minimierungsbedingungen (7.13) zu erfüllen, muss diese Hamilton-Funktion für gegebene Werte von x und λ bezüglich $|u| \leq 1$ minimiert werden. Abb. (7.1) zeigt die drei vom jeweiligen λ-Wert abhängigen und damit möglichen Konfigurationen des $H(u)$-Verlaufs.

Durch Abb. (7.1) wird bestätigt, dass die Minimierungsbedingung (7.13) durch die Steuergröße

$$u(t) = \begin{cases} -sign(\lambda)\, für\ |\lambda| > 1 \\ -\lambda \quad für \quad |\lambda| \leq 1 \end{cases} \tag{7.15}$$

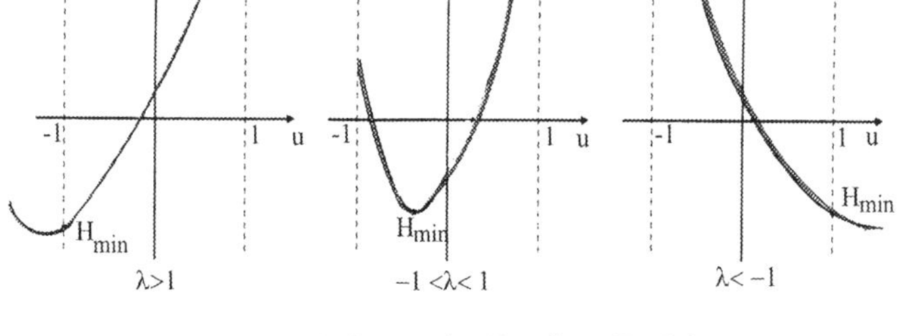

Abb. 7.1 Fallunterscheidung zur Minimierung der Hamilton-Funktion

erfüllt wird. Nachdem die globale Minimierungsbedingung gemäß Gl. (7.13) die Bedingungen (7.10) bis (7.12) abdeckt, brauchen diese nicht separat betrachtet zu werden. Mit (7.8) und (7.9) erhalten wir

$$\dot{x} = u, x(0) = x_0$$

$$\dot{\lambda} = -x, \lambda(\infty) = 0.$$

Weil $x(t)$ für $t \gg 0$ beliebig nahe gegen Null tendieren muss dürfen wir davon ausgehen, dass ab einem bestimmten (unbekannten!) Zeitpunkt t_e die Zustandsgröße $x(t) \leq 1$ erfüllt wird. Ab diesem Zeitpunkt ist die UNB (7.14) nicht mehr relevant. Wir erhalten somit für $t \geq t_e$ folgenden Zusammenhang:

$$\frac{\partial H}{\partial \lambda} = u = -\lambda = \dot{x} \to \ddot{x} = -\dot{\lambda} \to \ddot{x} - x = 0 \Rightarrow x(t) = c_1 e^{-t} + c_2 e^t.$$

Aus der Randbedingung

$\dot{x}(\infty) = 0 = -\lambda(\infty)$ folgt $c_2 = 0$. Wegen $x(t_e) = 1$ erhalten wir außerdem $c_1 = e^{t_e}$.

Damit wird

$$x(t) = -u(t) = \lambda(t) = e^{-(t-t_e)}, t \geq t_e.$$

Durch eine kurze, hier nicht aufgezeigte Lösung, ergibt sich die gesuchte, optimale Zustandstrajektorie zu

$$x^*(t) = \begin{cases} -t + x_0 \; für \; t \leq x_0 - 1 \\ e^{-(t-t_e)} \; für \; t > x_0 - 1 \end{cases}$$

und die optimale Stellgröße

$$u^*(t) = \begin{cases} -1 & für & t \leq x_0 - 1 \\ -e^{-(t-t_e)} & für & t > x_0 - 1 \end{cases}.$$

7.2 Verbrauchsoptimale Steuerung linearer Systeme

Die Zielsetzung einer verbrauchsoptimalen Steuerung besteht darin, ein dynamisches System, also die Regelstrecke, von einem Anfangszustand $\boldsymbol{x}(0) = \boldsymbol{x}_0$ ausgehend so zu steuern, dass die Endbedingung $\boldsymbol{g}[\boldsymbol{x}(t_e), t_e] = 0$ mit minimalem Stellaufwand und somit mit minimalem Verbrauch erreicht wird. In der Regel wird für Aufgaben dieser Art die Minimierung des Gütefunktionals

$$J = \int_0^{t_e} \sum_{i=1}^{m} r_i \cdot |u_i(t)| dt \text{ mit } r_i \geq 0 \tag{7.16}$$

verwendet, wobei r_i die Gewichtsfaktoren sind. Logischerweise muss für eine sinnvolle Problemformulierung die Endzeit t_e spezifiziert sein. Wäre nämlich t_e frei, so müsste trivialerweise die optimale Lösung durch $\boldsymbol{u}\ (t) = 0$ und $t_e^* \to \infty$ erfüllt sein.

Nebenbei sei angemerkt, dass, wenn in Gl. (7.16) der Term $|u_i(t)|$ durch $u_i(t)^2$ ersetzt wird, der Bereich der *energieoptimalen* Problemstellungen entsteht.

Die Aufgabe besteht also darin, das lineare, zeitinvariante System

$$\dot{\boldsymbol{x}} = \boldsymbol{A}\boldsymbol{x} + \boldsymbol{B}\boldsymbol{u} \tag{7.17}$$

vom Anfangszustand $\boldsymbol{x}(0) = \boldsymbol{x}_0$ in den Endzustand $\boldsymbol{x}(t_e) = 0$ auf der Basis der Gl. (7.16) übergeführt werden. Ohne Beschränkung der Allgemeingültigkeit wählen wir aus Gründen der einfacheren Darstellung wegen im Folgenden alle Gewichtsfaktoren zu $r_i = 1;\ i = 1, 2, \ldots, m$. Die Steuergrößen seien durch

$$\boldsymbol{u}_{min} \leq \boldsymbol{u}(t) \leq \boldsymbol{u}_{max}. \tag{7.18}$$

beschränkt. Mit der Hamilton-Gleichung

$$H = \sum_{i=1}^{m} |u_i(t)| + \boldsymbol{\lambda}^T \dot{\boldsymbol{x}} \tag{7.19}$$

ergeben sich aus (5.6) die *Optimalitätsbedingungen*

$$\dot{\boldsymbol{\lambda}} = -\boldsymbol{A}^T \boldsymbol{\lambda} \text{ und daraus } \boldsymbol{\lambda}(t) = \boldsymbol{\lambda}(0) \cdot e^{-\boldsymbol{A}^T t}, \tag{7.20}$$

wobei der Anfangswert $\boldsymbol{\lambda}(0)$ zunächst noch unbekannt ist.

Die Minimierungsbedingung (7.13) liefert die Stellgrößen.

$$u_i(t) = \begin{cases} u_{i,max} & \text{wenn} \quad \boldsymbol{b}_i^T \lambda < -1 \\ 0 & \text{wenn} \quad \left|\boldsymbol{b}_i^T \boldsymbol{\lambda}\right| < 1 \\ u_{i,min} & \text{wenn} \quad \boldsymbol{b}_i^T \lambda > 1 \end{cases}, \tag{7.21}$$

dabei werden mit $\boldsymbol{b}_i$ mit $i = 1, 2, .., m$ die Spaltenvektoren der Steuermatrix $\boldsymbol{B}$ bezeichnet. Ist das System der Gl. (7.17) steuerbar und die Matrix $\boldsymbol{A}$ regulär, so kann bei der verbrauchsoptimalen Steuerung der singuläre Fall

$$\left|\boldsymbol{b}_i^T \boldsymbol{\lambda}\right| = 1$$

nicht auftreten. Durch analoge Vorgehensweise wie bei der zeitoptimalen Steuerung (Abschn. 6.3.1) können wir folgendes Gleichungssystem zur Bestimmung des bislang unbekannten Parameters $\boldsymbol{\lambda}(0)$ aufstellen:

$$\boldsymbol{x}_0 + \int_0^{t_e} e^{-\boldsymbol{A}\tau} \boldsymbol{B}\boldsymbol{u}(\boldsymbol{\lambda}(0), \boldsymbol{\tau})d\tau = 0 \tag{7.22}$$

mit der Abkürzung

$$\widetilde{u}_i = \begin{cases} u_{i,max} & wenn \quad \boldsymbol{\lambda}(0)^T e^{-\boldsymbol{A}\tau} \boldsymbol{b}_i < -1 \\ 0 & wenn \quad \left| \boldsymbol{\lambda}(0)^T e^{-\boldsymbol{A}\tau} \boldsymbol{b}_i \right| < 1 \\ u_{i,min} & wenn \quad \boldsymbol{\lambda}(0)^T e^{-\boldsymbol{A}\tau} \boldsymbol{b}_i > 1 \end{cases} .$$

Beispiel 7.3

Treibstoffoptimales Problem.

In diesem Beispiel wird das Drehmanöver einer Rakete behandelt; vergleiche hierzu Abb. 7.2. Als Zustandsvariablen werden der Nickwinkel.

$$x_1 = \varphi(t)$$

sowie der Gradient des Nickwinkels

$$x_2 = \dot{\varphi}(t)$$

definiert. Das Raumfahrzeug soll aus dem Anfangszustand

$$\boldsymbol{x}_0 = \begin{bmatrix} x_1(0) \\ x_2(0) \end{bmatrix} = \begin{bmatrix} \varphi_0 \\ 0 \end{bmatrix}$$

in den *Endzustand.*

$$\boldsymbol{x}(t_e) = \begin{bmatrix} x_1(t_e) \\ x_2(t_e) \end{bmatrix} = \begin{bmatrix} 0 \\ 0 \end{bmatrix}$$

übergeführt werden. Die Endzeit t_e für dieses Manöver sei spezifiziert. Das für dieses Beispiel naheliegende Optimierungsproblem besteht darin, den Treibstoffverbrauch dieser Flugmission möglichst klein zu halten. Für die Schubkraft gilt nach dem Impulssatz

$$u(t) = -\frac{d}{dt}\{m_a \cdot v_a\} = -\{m_a \dot{v}_a + \dot{m}_a v_a\}.$$

Dabei ist $m_a(t)$ die ab Beginn des Flugmanövers ausgeströmte Masse der Verbrennungsgase und $v_a(t)$ die entsprechende Ausströmgeschwindigkeit. Nimmt man, was aus

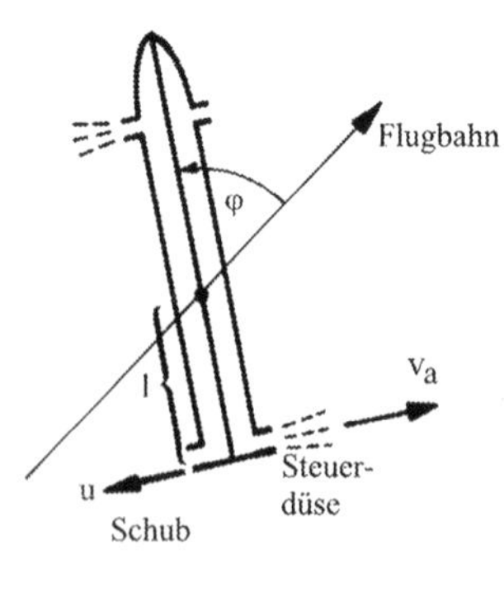

Abb. 7.2 Nickwinkel einer Rakete

technischer Sicht durchaus realistisch ist, die Ausströmgeschwindigkeit als konstant an, also $\dot{v}_a = 0$, so wird aus obiger Gleichung

$$\dot{m}_a = -\frac{u(t)}{v_a}.$$

Nachdem der Schub $u(t)$ und die Ausströmgeschwindigkeit v_a entgegengesetzt gerichtet sind, gilt ebenso

$$\dot{m}_a = \frac{|u|}{|v_a|}.$$

Mit der gesamten Menge des ausgeströmten Gases

$$m_a(t_e) = \frac{1}{|v_a|} \int_0^{t_e} |u| dt$$

bietet sich die Gleichung

$$J = \int_0^{t_e} |u(t)| dt \tag{7.23}$$

als das zu minimierende *Gütemaß* an. Um der Realität möglichst nahe zu kommen gehen wir von der berechtigten Annahme aus, dass der Schub auf das *Größtmaß M*

$$|u(t)| \leq M \tag{7.24}$$

beschränkt sei. Die Bewegungsgleichung des zu analysierenden Systems erhalten wir aus dem Gleichgewichtsansatz der Momente (ohne Berücksichtigung eventueller Dämpfungen)

$$\theta \, \ddot{\varphi} = -l \cdot u$$

oder

$$\ddot{\varphi} = -\frac{l}{\theta} \cdot u = -K \cdot u \tag{7.25}$$

mit θ als Massenträgheitsmoment der Rakete und l als wirksamen Hebelarm der Schubkraft u zwischen Drehpunkt und Schwerpunkt S. Mit den bereits definierten Zustandsgrößen folgen die Zustandsgleichungen

$$\dot{x}_1 = x_2,$$

$$\dot{x}_2 = -Ku.$$

Die Hamilton-Funktion, als Voraussetzung zur Anwendung des Maximumprinzips, lautet für unseren Fall

$$H = -|u| + \lambda_1 x_2 + \lambda_2 \cdot (-Ku). \tag{7.26}$$

Wegen Gl. (7.24)

$$|u| = \begin{cases} -u \; für \; u \leq 0 \\ +u \; für \; u > 0 \end{cases}$$

wird Gl. (7.26)

$$H = \begin{cases} \lambda_1 x_2 + (1 - K\lambda_2)u \; für \; u \leq 0 \\ \lambda_1 x_2 - (1 + K\lambda_2)u \; für \; u \leq 0 \end{cases}. \tag{7.27}$$

Wegen $\lambda_1 x_2$ als einen lediglich konstanten additiven Term können wir uns im Sinne der Maximierung auf den Anteil

$$\overline{H} = \begin{cases} -(K\lambda_2 - 1)u \; für \; u \leq 0 \\ -(K\lambda_2 + 1)u \; für \; u > 0 \end{cases} \tag{7.28}$$

beschränken. Im weiteren Verlauf müssen wir drei Fälle unterscheiden:

a) $K\lambda_2 < -1$;
Für diesen Fall sind in Gl. (7.28) beide Koeffizienten von u positiv. Damit erhalten wir für $\overline{H}$ den im Abb. 7.3 a) skizzierten Verlauf. Die optimale Stellgröße wird somit zu

$$u^* = +M.$$

b) $K\lambda_2 > 1$;
Unter dieser Annahme werden in Gl. (7.28) die beiden Koeffizienten von u negativ. Nun erhalten wir für $\overline{H}$ den im Abb. 7.3 b) skizzierten Verlauf. Die optimale Stellgröße wird jetzt zu

$$u^* = -M.$$

c) $-1 < K\lambda_2 < +1$;
Für diesen Bereich folgt einerseits

$$K\lambda_2 - 1 < 0 \text{ und damit } -(K\lambda_2 - 1) > 0$$

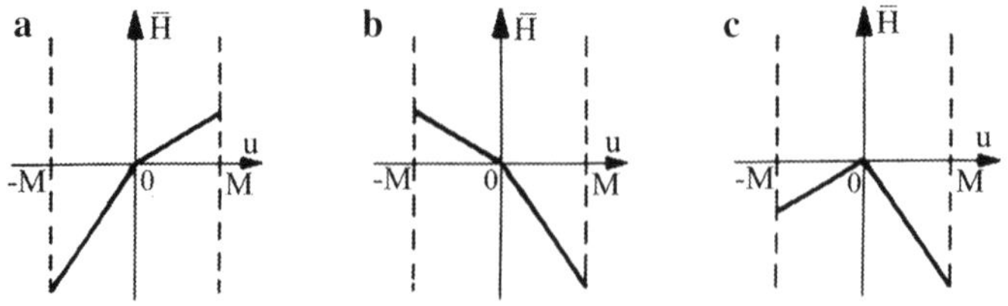

Abb. 7.3 Abhängigkeit der Hamilton-Funktion $H(u)$

andererseits

$$K\lambda_2 + 1 > 0 \text{ und deshalb } -(K\lambda_2 + 1) < 0.$$

Somit erhalten wir den Verlauf von $\overline{H}$ entsprechend Abb. 7.3c. In diesem speziellen Fall ist

$$u^* = 0.$$

Resümee:

$$u^* = \begin{cases} -M & \textit{für } K\lambda_2 < -1 \\ 0 & \textit{für} -1 < K\lambda_2 < 1 \\ M & \textit{für} \quad K\lambda_2 > 1 \end{cases}.$$

Zur Bestimmung der Parameter $\lambda_1(t)$ und $\lambda_2(t)$ stellen wir die adjungierten Differenzialgleichungen

$$\dot{\lambda}_i(t) = -\frac{\partial H}{\partial x_i}, \qquad i = 1, 2$$

auf. Unter Verwendung der Gl. (7.26) erhalten wir

$$\dot{\lambda}_1 = 0,$$

$$\dot{\lambda}_2 = -\lambda_1.$$

Daraus ergibt sich durch einfache Integration

$$\lambda_1(t) = c_1$$

und damit wegen $\dot{\lambda}_2 = -\lambda_1$ durch abermalige Integration

$$\lambda_2(t) = c_1 t + c_2, \tag{7.29}$$

dabei sind c_1 und c_2 die (zunächst unbekannten) Integrationskonstanten.

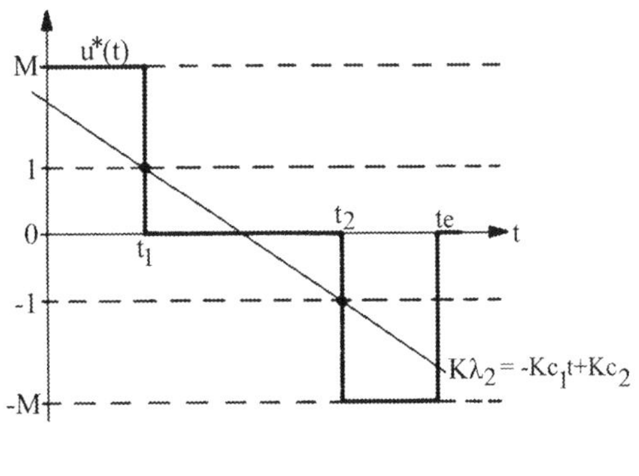

Abb. 7.4 Verbrauchsoptimale Steuerfunktion

Tragen wir in einem Diagramm mit t als Abszisse sowie $\lambda_2(t)$ und damit gleichwertig auch $K\lambda_2(t)$ als Ordinate auf, so erhalten wir entsprechend Abb. 7.4 für eine beliebige Lage einen als Gerade verlaufenden Funktionsgrafen.

Die Umschaltpunkte liegen an den Stellen $K\lambda_2 = -1$ und $K\lambda_2 = +1$. Die Lage der Geraden hängt natürlich von den Integrationskonstanten ab; aus Abb. 7.4 lassen sich aber sofort zwei bemerkenswerte Informationen aufzeigen:

- Es existieren höchstens zwei Umschaltpunkte;
- Eine Umschaltung von $u = -M$ auf $u = +M$ und umgekehrt kann nur über $u = 0$ erfolgen.

Im Umschaltzeitpunkt t_1 geht die Winkelbeschleunigung (Stellgröße $u = +M$) des Flugkörpers in die freie Flugphase ($u = 0$) über. Im Zeitpunkt t_2 wird mit $u = -M$ die Winkelverzögerung eingeleitet. Vorteilhaft gegenüber der zeitoptimalen Steuerung ist der Bereich $u = 0$, weil gerade dadurch Treibstoff gespart wird.

Zur *vollständigen Bestimmung der treibstoffoptimalen Steuerfunktion* $u^*(t)$ dieses Beispiels sind natürlich noch die Umschaltzeitpunkte t_1 und t_2 zu bestimmen. Gehen wir von einem Anfangswert des Nickwinkels $\varphi_0 > 0$ der Rakete aus, so muss, bezugnehmend auf Abb. 7.2, die Stellgröße $u = +M$ aufgeschaltet und also mit $\dot{x}_2 = -KM$ mit dem Ziel beschleunigt werden, um die Anfangslage $\varphi = 0$ zu erreichen. Somit ist für die Steuerfunktion der Ansatz

$$u^* = \begin{cases} +M & \textit{für}\ \ 0 < t < t_1 \\ 0 & \textit{für}\ t_1 < t < t_2 \\ -M & \textit{für}\ t_2 < t < t_e \end{cases} \tag{7.30}$$

gerechtfertigt, wobei, wie bereits erwähnt, t_1 und t_2 zu bestimmen sind. Für

$$\boldsymbol{x}(t) = \boldsymbol{\Phi}(t) \cdot \boldsymbol{x}_0 + \int_0^t \boldsymbol{\Phi}(t-\tau) \cdot \boldsymbol{b}u(\tau)d\tau$$

als allgemeine Lösung der Zustandsgleichung (siehe Kap. 2)

$$\dot{\boldsymbol{x}} = \boldsymbol{A}\boldsymbol{x} + \boldsymbol{b}u$$

des zu steuernden Systems muss für $t = t_e$ die Bedingung

$$\boldsymbol{\Phi}(t_e) \cdot \boldsymbol{x}_0 + \int_0^{t_e} \boldsymbol{\Phi}(t_e-\tau) \cdot \boldsymbol{b}u(\tau)d\tau = 0$$

erfüllt sein. Durch Linksmultiplikation mit $\boldsymbol{\Phi}^{-1}(t_e)$ erhalten wir

$$\int_0^{t_e} \boldsymbol{\Phi}(-\tau) \cdot \boldsymbol{b}u(\tau)d\tau = -\boldsymbol{x}_0.$$

Unter Verwendung der Gl. (7.30) erhalten wir daraus

$$\int_0^{t_1} \boldsymbol{\Phi}(-\tau) \cdot \boldsymbol{b} M d\tau + \int_{t_2}^{t_e} \boldsymbol{\Phi}(-\tau) \cdot \boldsymbol{b}(-M) d\tau = -\boldsymbol{x}_0.$$

Nach Division durch M ergibt sich

$$\int_0^{t_1} \boldsymbol{\Phi}(-\tau) \cdot \boldsymbol{b} d\tau - \int_{t_2}^{t_e} \boldsymbol{\Phi}(-\tau) \cdot \boldsymbol{b} d\tau = -\frac{\boldsymbol{x}_0}{M}. \tag{7.31}$$

Hierin ist $\boldsymbol{\Phi}(t)$ die Transitionsmatrix der Zustandsgleichungen, die wir gewöhnlich durch Laplace-Transformation der homogenen Zustandsgleichung gewinnen; siehe hierzu Kap. 2. Im gegebenen Fall errechnet sich die Transitionsmatrix

$$\boldsymbol{\Phi}(t) = \begin{bmatrix} 1 & t \\ 0 & 1 \end{bmatrix}.$$

sowie der Steuervektor

$$\boldsymbol{b}^T = [0 - K],$$

damit bekommt Gl. (7.31) die Gestalt

$$\int_0^{t_1} \begin{bmatrix} K\tau \\ -K \end{bmatrix} d\tau - \int_{t_2}^{t_e} \begin{bmatrix} K\tau \\ -K \end{bmatrix} d\tau = -\frac{1}{M} \begin{bmatrix} \varphi_0 \\ 0 \end{bmatrix}.$$

Die Integration der diversen Terme und Einsetzen der Integrationsgrenzen ergibt

$$\begin{bmatrix} \frac{1}{2}Kt_1^2 \\ -Kt_1 \end{bmatrix} - \begin{bmatrix} \frac{1}{2}Kt_e^2 - \frac{1}{2}Kt_2^2 \\ -Kt_e + -Kt_2 \end{bmatrix} = - \begin{bmatrix} \dfrac{\varphi_0}{M} \\ 0 \end{bmatrix}$$

und damit

$$t_1 + t_2 = t_e \tag{7.32}$$

$$t_1^2 + t_2^2 = -\frac{2\varphi_0}{KM} + t_e^2. \tag{7.33}$$

Lösen wir beispielsweise Gl. (7.32) nach t_2 auf und ersetzen damit t_2^2 in Gl. (7.33), so ergibt sich eine quadratische Gleichung bezüglich t_1. Ihre Lösung wird somit

$$t_1 = \frac{t_e}{2} \pm \sqrt{\frac{t_e^2}{4} - \frac{\varphi_0}{KM}}.$$

Damit erhalten wir schließlich

$$t_1 = \frac{t_e}{2} + \sqrt{\frac{t_e^2}{4} - \frac{\varphi_0}{KM}}, \tag{7.34}$$

$$t_2 = \frac{t_e}{2} - \sqrt{\frac{t_e^2}{4} - \frac{\varphi_0}{KM}}. \tag{7.35}$$

Nunmehr ist die treibstoffoptimale Steuerfunktion (7.30) vollständig bekannt. Aus nicht notwendig zu erklärenden technischen Gründen ist diese Steuerfunktion vom anfänglichen Nickwinkel φ_0 abhängig. Reelle, und damit technisch sinnvolle Werte für t_1 und t_2 ergeben sich für

$$\frac{t_e^2}{4} \geq \frac{\varphi_0}{KM}$$

und damit schließlich

$$t_e \geq 2\sqrt{\frac{\varphi_0}{KM}}.$$

Im Grenzfall $t_e = t_{min} = 2\sqrt{\frac{\varphi_0}{KM}}$ wird natürlich $t_1 = t_2$. Der Abschnitt $u = 0$, gelegentlich als *freie Flugphase* bezeichnet, entfällt dann vollständig und somit wird direkt von $u = +M$ auf $u = -M$ umgeschaltet; dies bedeutet wiederum, dass dann kein energieoptimaler sondern ein *zeitoptimaler* Übergang stattfindet. Eine energieoptimale Steuerung liegt also *nur* für $t_e > t_{min}$ vor.

Alternativ zur optimalen Steuerung soll nunmehr das *optimale Regelungsgesetz* analysiert werden. Hierzu müssen in einem ersten Schritt zunächst die Zustandstrajektorien des zu regelnden Systems ermittelt werden. Aus den Zustandsgleichungen

$$\dot{x}_1 = x_2 \text{ und } \dot{x}_2 = -Ku$$

erhalten wir

$$\frac{dx_2}{dx_1} = -\frac{Ku}{x_2}.$$

Die Stellgröße u kann dabei ohne Ausnahme nur die Werte $0, M$ und $-M$ annehmen.

Für die Fälle $u = \pm M$ erhalten wir als Lösung der obigen Differenzialgleichung die Trajektorien

$$x_2^2 = -2Kux_1 + C. \tag{7.36}$$

Es handelt sich offensichtlich um eine Parabelschar, deren Symmetrielinie auf der Abszisse liegt. Mit S als Koordinate ihres Scheitelpunktes wird diese Gleichung

$$0 = -2KuS + C$$

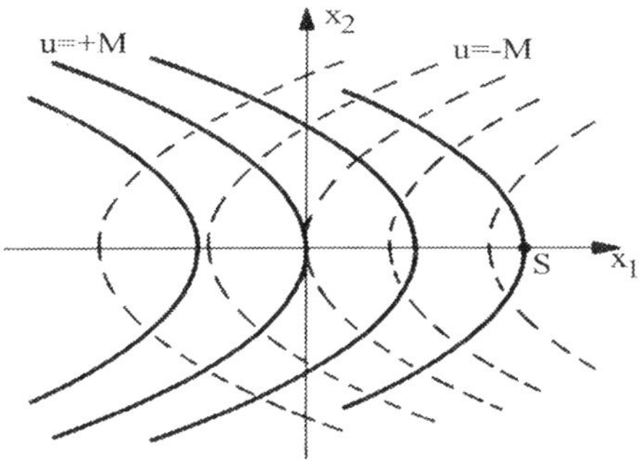

Abb. 7.5 Zustandstrajektorien der Regelstrecke

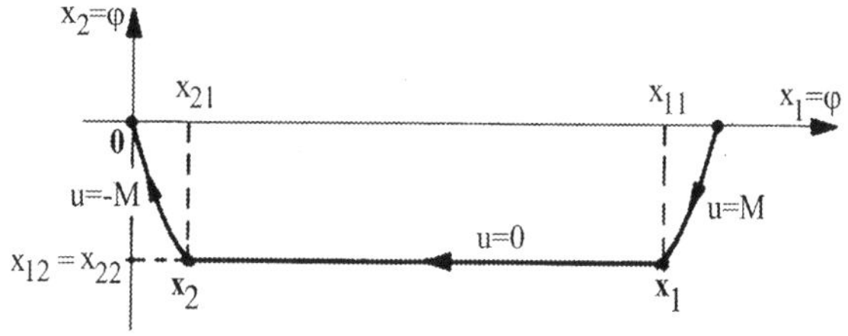

Abb. 7.6 Optimaler Verlauf der Zustandsgrößen

und damit

$$C = 2KuS.$$

Gl. (7.36) wird damit endgültig zu

$$x_2^2 = 2Ku(S - x_1).$$

Fallunterscheidung:

$$u = -M: \quad x_2^2 = 2KM(x_1 - S) \rightarrow \text{ nach rechts geöffnete Parabeln;} \tag{7.37}$$

$$u = +M: \quad x_2^2 = 2KM(S - x_1) \rightarrow \text{ nach links gegeöffnete Parabeln.} \tag{7.38}$$

Abb. 7.5 zeigt die dazu entsprechenden Isoklinen mit S als Kurvenparameter.

Für den Fall $u = 0$ wird

$$\frac{dx_2}{dx_1} = 0 \text{ und somit } x_2 = konst.$$

Die dazu entsprechenden Trajektorien sind Parallelen zur x_1-Achse, für die zunächst keine Notwendigkeit besteht, diese in Abb. 7.5 einzutragen.

Unter Verwendung dieser Vorbetrachtung sind wir nunmehr imstande, die zur optimalen Steuergröße $u^*(t)$ der Gl. (7.30) den entsprechenden optimalen Verlauf der Zustandsgrößen in die Zustandsebene, Abb. 7.6, einzutragen.

Die Umschaltzeitpunkte t_1 und t_2 sind den Umschaltpunkten $\boldsymbol{x}_1$ und $\boldsymbol{x}_2$ der Stellgröße $u(t)$ zugeordnet. Zur Bestimmung der Koordinaten des Umschaltpunktes $\boldsymbol{x}_1$ erhalten wir mit $\dot{x}_2 = -Ku$ und $u = M$ die Gleichung $\dot{x}_2 = -KM$ und daraus durch Integration

$$x_2 = -KMt + x_2(0),$$

und daraus schließlich aufgrund der der Anfangsbedingung $x_2(0) = 0$

$$x_2(t) = -KMt.$$

Für $t = t_1$ erhalten wir mit Gl. (7.35) die Ordinate x_{22} des Umschaltpunktes $\boldsymbol{x}_1$ zu

$$x_{22} = x_{12} = -\frac{KMt_e}{2} + \sqrt{\frac{(KM)^2 t_e^2}{4} - KM\varphi_0}. \tag{7.39}$$

Darüber hinaus muss $\boldsymbol{x}_1$ der Gleichung einer Parabel zu $u = +M$ im Punkt $\boldsymbol{x}_0$ genügen. Gemäß Gl. (7.38) erhalten wir mit $S = \varphi_0$

$$x_2^2 = 2KM(\varphi_0 - x_1).$$

Somit wird

$$x_{22}^2 = 2KM(\varphi_0 - x_{11})$$

oder umgestellt

$$x_{11} = \varphi_0 - \frac{x_{22}^2}{2KM}. \tag{7.40}$$

Durch die Gl. (7.39) und (7.40) ist der optimale Verlauf der Schaltlinie von $u = M$ auf $u = 0$ für die Anfangslage φ_0 bekannt.

Die Schaltlinie von $u = 0$ auf $u = -M$ können wir sofort aus Abb. 7.6 ablesen. Der zu $u = -M$ entsprechende Parabelast geht durch den Ursprung des Koordinatensystems und unterliegt der Gleichung

$$x_2^2 = 2KMx_1 \tag{7.41}$$

In unserer bisherigen Betrachtung haben wir $\varphi_0 > 0$ vorausgesetzt, entsprechendes gilt für $\varphi_0 < 0$.

Die praktische Applikation muss natürlich allein schon wegen der unstetigen Stellgröße einem Minicomputer als regelndes Objekt vorbehalten bleiben.

8 Optimale Steuerung zeitdiskreter Systeme

In den bisherigen Kapiteln haben wir uns nahezu ausschließlich mit der optimalen Steuerung und Regelung zeitlich kontinuierlicher Systeme beschäftigt. Die Interpretation sowie die Simulation der daraus resultierenden optimalen Steuertrajektorien und/oder Regelalgorithmen sowie die praktische Umsetzung erfordern normalerweise den Einsatz leistungsfähiger digitaler Rechner.

Hierbei wird in der Regel die zeitlich kontinuierliche Problemstellung des mathematischen Modells zunächst einer zeitlichen Diskretisierung unterzogen. Die Realisierung der gewonnenen Ergebnisse wird dann direkt in einem digitalen Rechner implementiert.

8.1 Problemstellung

Ausgangspunkt ist der zeitlich diskrete dynamische Prozess, der durch die *Zustandsdifferenzengleichung*

$$\boldsymbol{x}(k+1) = \boldsymbol{f}[x(k), \boldsymbol{u}(k), k], k = 0, \ldots, K-1 \tag{8.1}$$

mit den äquidistanten Zeitpunkten $t = kT$, der Abtastperiode T und der Problemspanne KT beschrieben wird. Bezüglich des mathematischen Hintergrundes wird auf Kap. 2, Abschn. 2.6 verwiesen. Das zu steuernde System befinde sich im bekannten Anfangszustand

$$\boldsymbol{x}(0) = \boldsymbol{x}_0. \tag{8.2}$$

Die Problemstellung besteht darin, das nunmehr zeitdiskrete Gütefunktional

$$J = h[\boldsymbol{x}(K)] + \sum_{k=0}^{K-1} \Phi[\boldsymbol{x}(k), \boldsymbol{u}(k), k], \; K \text{ fest} \tag{8.3}$$

A. Braun, *Optimale und adaptive Regelung technischer Systeme*,
https://doi.org/10.1007/978-3-658-30916-9_8

unter Berücksichtigung von (8.1) und (8.2) und der Ungleichungsnebenbedingung

$$\boldsymbol{c}[\boldsymbol{x}(k), \boldsymbol{u}(k), k] \leq 0 \tag{8.4}$$

zu minimieren. Der Endzustand kann entweder frei sein oder er muss die Endbedingung

$$\boldsymbol{g}[\boldsymbol{x}(K)] = 0 \tag{8.5}$$

erfüllen.

In Anbetracht des gemeinsamen Problemhintergrundes, nämlich der optimalen Steuerung/Regelung dynamischer Systeme ist es nicht überraschend, dass sich die hier formulierte Aufgabenstellung ganz offensichtlich analog zu zeitlich kontinuierlichen Problemstellungen früherer Kapitel verhält. Aus mathematischer Sicht handelt es sich hier aber um nichtlineare Probleme, nachdem nur diskrete Funktionswerte $\boldsymbol{x}(k)$ oder $\boldsymbol{u}(k)$ zu bestimmen sind.

8.2 Notwendige Bedingungen für ein lokales Minimum

Zur Herleitung der notwendigen Optimalitätsbedingungen können wir auf der aus Kap. 3, Abschn. 3.2 bekannten Vorgehensweise aufbauen. Mit dem Ziel der Formulierung der notwendigen Optimalitätsbedingungen definieren wir zunächst in Analogie zu Abschn. 5.2 die *zeitdiskrete Hamilton-Funktion*

$$H[\boldsymbol{x}(k), \boldsymbol{u}(k), \boldsymbol{\lambda}(k+1), k] = \Phi[\boldsymbol{x}(k), \boldsymbol{u}(k), k] + \boldsymbol{\lambda}(k+1)^T \boldsymbol{f}[\boldsymbol{x}(k), \boldsymbol{u}(k), k] \tag{8.6}$$

Dabei werden die Elemente des Vektors $\boldsymbol{\lambda}(k+1)$ analog zum zeitlich kontinuierlichen Fall als *zeitdiskrete Kozustandsvariablen* bezeichnet.

Die notwendigen Optimalitätsbedingungen der optimalen Steuerung eines zeitlich diskreten dynamischen Systems lauten wie folgt:

$$\boldsymbol{x}(k+1) = \frac{\partial H}{\partial \boldsymbol{\lambda}(k+1)} = \boldsymbol{f}[\boldsymbol{x}(k), \boldsymbol{u}(k), k], \tag{8.7}$$

$$\boldsymbol{\lambda}(k) = \frac{\partial H}{\partial \boldsymbol{x}(k)} = \frac{\partial \Phi}{\partial \boldsymbol{x}(k)} + \frac{\partial \boldsymbol{f}^T}{\partial \boldsymbol{x}(k)} \boldsymbol{\lambda}(k+1) + \frac{\partial \boldsymbol{c}^T}{\partial \boldsymbol{x}(k)} \boldsymbol{\mu}(k), \tag{8.8}$$

$$\frac{\partial H}{\partial \boldsymbol{u}(\boldsymbol{k})} = \frac{\partial \Phi}{\partial \boldsymbol{u}(k)} + \frac{\partial \boldsymbol{f}^T}{\partial \boldsymbol{u}(k)} \boldsymbol{\lambda}(k+1) + \frac{\partial \boldsymbol{c}^T}{\partial \boldsymbol{u}(k)} \boldsymbol{\mu}(k) = 0, \tag{8.9}$$

$$\boldsymbol{\mu}(k)^T \boldsymbol{c}[\boldsymbol{x}(k), \boldsymbol{u}(k), k] = 0, \tag{8.10}$$

$$\boldsymbol{\mu}(k) \geq 0, \tag{8.11}$$

$$\boldsymbol{c}[\boldsymbol{x}(k), \boldsymbol{u}(k), k]. \tag{8.12}$$

Darüber hinaus müssen die Rand- und Transversalitätsbedingung erfüllt sein:

$$\boldsymbol{x}(0) = \boldsymbol{x}_0, \tag{8.13}$$

$$\boldsymbol{g}[\boldsymbol{x}(K)] = 0, \tag{8.14}$$

$$\boldsymbol{\lambda}(K) = \frac{\partial h}{\partial \boldsymbol{x}(K)} + \frac{\partial \boldsymbol{g}^T}{\partial \boldsymbol{x}(K)}. \tag{8.15}$$

Wesentliche Anmerkungen zur Liste dieser Gleichungen:

- Über die Bedingungen der Gl. (8.9) bis einschließlich (8.12) können $\boldsymbol{u}(k)$ und $\boldsymbol{\mu}(k)$ in Abhängigkeit von $\boldsymbol{x}(k)$ und $\boldsymbol{\lambda}(k)$ ausgedrückt werden.
- Die Handhabung der Rand- und Transversalitätsbedingungen (8.13) bis (8.15) erfolgt analog zu den Ausführungen in Abschn. 5.3.
- Die analytische Lösung von Problemen der hier aufgezeigten Art ist in der Regel nur bei vergleichsweise einfachen Aufgaben möglich. Komplexere Aufgaben erfordern hingegen den Einsatz numerischer Algorithmen.
- Die im Kap. 6 getroffenen Statements hinsichtlich optimaler Steuerung und Regelung behalten auch für zeitdiskrete Prozesse grundsätzliche Bedeutung.

Beispiel 8.1
In diesem Beispiel soll die optimale Steuerung eines zeitdiskreten integrierenden Systems

$$x(k+1) = x(k) + u(k), x(0) = x_0 \tag{8.16}$$

analysiert werden. Das erklärte Ziel besteht darin, das System so zu steuern, dass das Gütemaß

$$J = \frac{1}{2} S x(K)^2 + \frac{1}{2} \sum_{k=0}^{K-1} u(k)^2, S > 0, K \text{ fest}$$

ein Minimum annimmt. Die dem Beispiel entsprechende Hamilton-Funktion lautet mit Gl. (8.6)

$$H = \frac{1}{2} u(k)^2 + \lambda(k+1)[x(k) + u(k)];$$

wir erhalten so mit Gl. (8.9) die Beziehung

$$\frac{\partial H}{\partial u(k)} = u(k) + \lambda(k+1) = 0 \text{ und daraus } u(k) = -\lambda(k+1).$$

Darüber hinaus liefert Gl. (8.15)

$$\lambda(K) = Sx(K)$$

und aus (8.8) resultiert

$$\lambda(k) = \frac{\partial H}{\partial x(k)} = \lambda(k+1) \text{ und damit } \lambda(k) = konst. = \lambda(K) = Sx(K).$$

Aus diesen Gleichungen erhalten wir $u(k) = -Sx(K) = konst.$, sodass wir aus der Integration der Gl. (8.16) die Beziehung

$$x(K) = x_0 - \; KSx(K) \to x(K) = \frac{x_0}{1 + K \cdot S}.$$

Damit ergeben sich die optimalen Trajektorien der Stellgröße zu

$$u(k) = -\frac{S \cdot x_0}{1 + K \cdot S}; \; x(k+1) = x_0 - (k+1) \cdot \frac{S \cdot x_0}{1 + K \cdot S}; \, k = 0, \ldots, K-1.$$

Für den Sonderfall $S \to \infty$ erhalten wir

$$u(k) = -\frac{x_0}{K}; \; x(k+1) = x_0 - (k+1) \cdot \frac{x_0}{K},$$

und somit $x(K) = 0$.

8.3 Zeitdiskrete linear quadratische Optimierung

8.3.1 Der zeitinvariante Fall

Während wir im Kap. 6 die systematische Optimierung kontinuierlicher Systeme aufgezeigt haben, wollen wir in diesem Abschnitt auf der Basis der linearen quadratischen Optimierung zeitdiskrete Mehrgrößenregler entwickeln. Beim systematischen Entwurf eines zeitinvarianten Regelgesetzes müssen zunächst folgende Voraussetzungen erfüllt sein:

- Die Problemmatrizen $\boldsymbol{A}, \boldsymbol{B}, \boldsymbol{Q}$ und $\boldsymbol{R}$ sind definitionsgemäß zeitlich konstant.
- Die Endzeit ist unendlich, also $K \to \infty$.
- Das zu steuernde System mit der Systemmatrix $\boldsymbol{A}$ und der Steuermatrix $\boldsymbol{B}$ ist vollständig zustandssteuerbar. Durch diese Voraussetzung wird gesichert, dass das gewählte Gütekriterium trotz unendlicher Endzeit beschränkt ist.
- Durch die bereits oben vorausgesetzte vollständige Zustandssteuerbarkeit wird die asymptotische Stabilität sämtlicher Zustandsgrößen des optimal geregelten Systems gewährleistet.

Unter diesen Voraussetzungen kann auch für den zeitdiskreten Fall gezeigt werden, dass die Rückwärtsintegration der Matrix-Differenzengleichung, analog zu Gl. (6.19) und (6.20),

$$\boldsymbol{P}(k) = \boldsymbol{A}(k)^T \boldsymbol{P}(k+1)\boldsymbol{A}(k) + \boldsymbol{Q}(k) - \boldsymbol{L}(k)^T \boldsymbol{B}(k)^T \boldsymbol{P}(k+1)\boldsymbol{A}(k); \tag{8.17}$$

$$\boldsymbol{P}(K) = \boldsymbol{S}, \tag{8.18}$$

von $\boldsymbol{P}(K) \geq 0$ ausgehend, gegen einen stationären Wert $\boldsymbol{P}(t_e) \equiv \widetilde{\boldsymbol{P}} \geq 0$ konvergiert. Dieser Wert kann als positiv semidefinite Lösung der Gl. (8.17) zu

$$\widetilde{\boldsymbol{P}} = \boldsymbol{A}^T \widetilde{\boldsymbol{P}} \boldsymbol{A} + \boldsymbol{Q} - \boldsymbol{L}^T \boldsymbol{B}^T \widetilde{\boldsymbol{P}} \boldsymbol{A}, \tag{8.19}$$

berechnet werden. Dabei lässt sich in Analogie zu Gl. (6.21) die zeitinvariante *Reglermatrix* aus

$$\boldsymbol{L} = \left(\boldsymbol{B}^T \widetilde{\boldsymbol{P}}\, \boldsymbol{B} + \boldsymbol{R}\right)^{-1} \boldsymbol{B}^T \widetilde{\boldsymbol{P}}\, \boldsymbol{A} \tag{8.20}$$

berechnen. Mit dem *optimalen zeitinvarianten Regelgesetz*

$$\boldsymbol{u}(k) = -\boldsymbol{L}\boldsymbol{x}(k) \tag{8.21}$$

liegen sämtliche Eigenwerte des geregelten Systems $\boldsymbol{A} - \boldsymbol{B}\boldsymbol{L}$ innerhalb des Einheitskreises der komplexen $z-$ Ebene und sind damit ein Indiz für absolute Stabilität. Der unter Anwendung des aufgezeigten optimalen Regelgesetzes (8.21) resultierende Minimalwert des Gütefunktionals beträgt dann

$$J = \frac{1}{2} \boldsymbol{x}_0^T \widetilde{\boldsymbol{P}} \boldsymbol{x}_0. \tag{8.22}$$

Beispiel 8.2

Für den linearen, zeitdiskreten Integrator

$$x(k+1) = x(k) + u(k) \text{ mit } x(0) = x_0$$

wird ein optimaler Regler gesucht, der das Gütefunktional

$$J = \frac{1}{2} S x(K)^2 + \frac{1}{2} \sum_{k=0}^{K-1} \left[x(k)^2 + r u(k)^2\right]; \; S \geq 0, r \geq 0$$

minimiert.

Zur Lösung dieser zeitlich diskreten Optimierungsaufgabe erhalten wir mit $A = 1, B = 1, Q = 1$ und $R = r$ aus Gl. (8.19) und (8.20) mit unendlicher Einstellzeit, also $K \to \infty$

$$\tilde{P} = \tilde{P} + 1 - \frac{\tilde{P}^2}{r + \tilde{P}} \text{ und daraus } \tilde{P}^2 - \tilde{P} - r = 0 \to \tilde{P} = \frac{1}{2} + \sqrt{\frac{1}{4} + r}.$$

Mit dieser Lösung ergibt sich die zeitinvariante Rückführung als

$$L = \frac{\tilde{P}}{r + \tilde{P}} = \frac{1 + \sqrt{1 + 4r}}{2r + 1 + \sqrt{1 + 4r}}.$$

Der optimal geregelte Prozess unterliegt hiermit der Differenzengleichung

$$x(k + 1) = (1 - L)x(k) = \frac{2r}{2r + 1 + \sqrt{1 + 4r}} \cdot x(k)$$

sowie der optimalen Stellgröße

$$u(k) = -Lx(k).$$

8.3.2 Der zeitvariante Fall

Die Problemstellung besteht in der Minimierung des Gütefunktionals

$$J = \frac{1}{2}||\boldsymbol{x}(K)||_S^2 + \frac{1}{2}\sum_{k=0}^{K-1}\left[||\boldsymbol{x}(k)||_{\boldsymbol{Q}(k)}^2 + ||\boldsymbol{u}(k)||_{\boldsymbol{R}(k)}^2\right] \tag{8.23}$$

unter Berücksichtigung der diskreten Zustandsgleichung

$$\boldsymbol{x}(k + 1) = \boldsymbol{A}(k)\boldsymbol{x}(k) + \boldsymbol{B}(k)\boldsymbol{u}(k); \quad \boldsymbol{x}(0) = \boldsymbol{x}_0 \tag{8.24}$$

die Gewichtungsmatrizen $\boldsymbol{S}$, $\boldsymbol{Q}(k)$ und $\boldsymbol{R}(k)$ werden als positiv definit vorausgesetzt. Ganz offensichtlich handelt es sich bei der hier formulierten Problemstellung um die zeitdiskrete Version der im Kap. 6 untersuchten zeitkontinuierlichen Problemstellung.

Das optimale Regelgesetz zur Lösung der formulierten Problemstellung lautet

$$\boldsymbol{u}(k) = -\boldsymbol{L}(k)\boldsymbol{x}(k) \tag{8.25}$$

mit $\boldsymbol{L}(k)$ als die nunmehr zeitvariante Rückführmatrix, die aus folgender Gleichung ermittelt wird:

$$\boldsymbol{L}(k) = \left[\boldsymbol{B}(k)^T\boldsymbol{P}(k + 1)\boldsymbol{B}(k) + \boldsymbol{R}(k)\right]^{-1}\boldsymbol{B}(k)^T\boldsymbol{P}(k + 1)\boldsymbol{A}(k). \tag{8.26}$$

Die *zeitdiskrete Riccati-Matrix* $\boldsymbol{P}(k)$ wird durch Rückwärtsintegration folgender Matrix-Differenzengleichungen berechnet:

$$\boldsymbol{P}(k) = \boldsymbol{A}(k)^T\boldsymbol{P}(k + 1)\boldsymbol{A}(k) + \boldsymbol{Q}(k) - \boldsymbol{L}(k)^T\boldsymbol{B}(k)^T\boldsymbol{P}(k + 1)\boldsymbol{A}(k),$$

$$\boldsymbol{P}(K) = \boldsymbol{S}. \tag{8.27}$$

Aufgrund ihrer zeitdiskreten Form lässt sich diese Gleichung ohne besondere Schwierigkeiten in einem Digitalrechner programmieren.

In analoger Weise wie im Kap. 6 können folgende Aussagen bewiesen werden:

- Die Riccati-Matrix $\boldsymbol{P}(k)$ ist symmetrisch und positiv definit.
- Der minimale Wert des Gütekriteriums (8.23) ist gegeben durch

$$J^* = \frac{1}{2}\boldsymbol{x}_0^T \boldsymbol{P}(0)\boldsymbol{x}_0. \tag{8.28}$$

Beispiel 8.3
Für den linearen zeitdiskreten Prozess

$$x(k+1) = x(k) + u(k); \qquad x(0) = x_0$$

ist ein optimaler Regler zu dimensionieren, der das Gütefunktional

$$J = \frac{1}{2}Sx(K)^2 + \frac{1}{2}\sum_{k=0}^{K-1}\left[x(k)^2 + r \cdot u(k)^2\right]; \qquad S \geq 0, r \geq 0$$

minimiert.

Zur Lösung dieser zeitdiskreten linear quadratischen Optimierungsaufgabe ergibt sich mit $A = 1, B = 1, Q = 1$ und $R = r$ aus den Gl. (8.26) und (8.27)

$$L(k) = \frac{P(k+1)}{r + P(k+1)}, P(k) = \frac{r + (r+1) \cdot P(k+1) \cdot}{r + P(k+1)}, P(k) = S.$$

Das optimale, zeitvariante Regelgesetz wird entsprechend Gl. (8.25)

$$u(k) = -L(k) \cdot x(k).$$

Für die angenommenen Werte $K = 4, r = 1$ zeigt Tab. 8.1 die Werte für $P(k)$ und $L(k)$, die sich aus der Auswertung der obigen Formeln ergeben.

Im Abb. 8.1 sehen wir die optimalen Verläufe $x(k)$ und $u(k)$ für $S \to \infty$ und $x_0 = 2$.

Der Minimalwert des Gütefunktionals ergibt sich mit Gl. (8.28) zu

$$J^* = \frac{1}{2}x_0^2 P(0) = 3{,}238.$$

Tab. 8.1 Optimalwerte für $P(k)$ und $L(k)$

k	4	3	2	1	0
$P(k)$	S	$\frac{1+2S}{1+S}$	$\frac{3+5S}{2+3S}$	$\frac{8+13S}{5+8S}$	$\frac{21+34S}{13+21S}$
$L(k)$		$\frac{S}{1+S}$	$\frac{1+2S}{2+3S}$	$\frac{3+5S}{5+8S}$	$\frac{8+13S}{13+21S}$

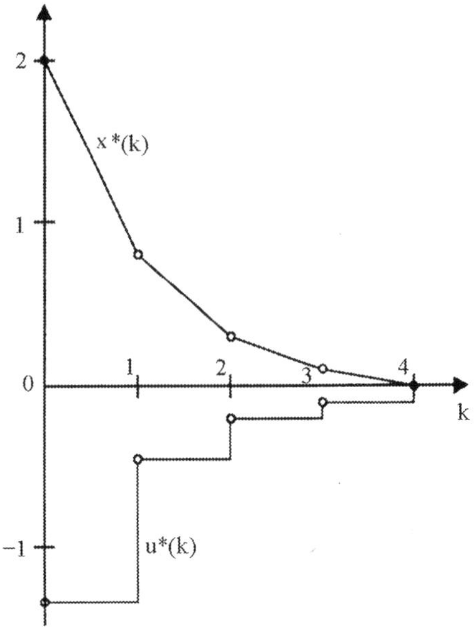

Abb. 8.1 Optimale Verläufe von $x(k)$ und $u(k)$

9 Dynamische Programmierung

In sämtlichen bisherigen Kapiteln basiert die Behandlung der Optimierung dynamischer Systeme vorwiegend auf den bahnbrechenden Arbeiten der klassischen Variationsrechnung. Alternativ dazu entwickelte R. Bellman eine Strategie, die zu exorbitanten Erkenntnissen und neuen Lösungsverfahren geführt hat. Die Bellmansche Vorgehensweise leistet zwar im Hinblick auf die Behandlung kontinuierlicher Problemstellungen einen nur geringen Beitrag, ihre Bedeutung kann jedoch gerade auf dem Gebiet der digitalen Regelung technischer Systeme nicht hoch genug eingeschätzt werden. Die etwas missverständliche Bezeichnung „Dynamische Programmierung", sie erinnert zunächst an die Programmierung von Computern, sollte eigentlich besser als „Dynamische Optimierung" bezeichnet werden.

9.1 Anwendung auf kombinatorische Probleme

Eine hilfreiche Anwendung zum Einstieg in das Optimalitätsprinzip bildet das Gebiet kombinatorischer Problemstellungen. Hierbei handelt es sich um sogenannte *mehrstufige Entscheidungsprozesse*, bei denen der Übergang von jeder Stufe zur nächsthöheren Stufe durch eine beschränkte Anzahl von alternativen Entscheidungsmöglichkeiten erfolgt. Jeder Übergang zur nächsten Stufe, und damit jede Entscheidung, ist an einen bestimmten Kosten- oder Energieaufwand gebunden.

Die Aufgabenstellung besteht im Allgemeinen darin, ausgehend von einer Anfangsstufe 0 eine Zielstufe, bezeichnet mit K, mit einem Minimum an Gesamtkosten zu erreichen. Die Aufgabenstellung und die Problemlösung sollen zunächst anhand eines Beispiels aufgezeigt werden.

A. Braun, *Optimale und adaptive Regelung technischer Systeme*,
https://doi.org/10.1007/978-3-658-30916-9_9

Beispiel 9.1
In dem angenommenen Straßennetz von Abb. 9.1 soll sich ein Fahrzeug vom Startpunkt (Knoten *S)* zum Zielpunkt (Knoten *Z)* unter der Prämisse *zeitoptimal* bewegen, dass die Fahrtrichtung in allen Kanten ausschließlich von links nach rechts verläuft. Die an den Verbindungsstrecken eingetragenen Zahlen kennzeichnen die dazu entsprechenden (bezogenen) Fahrzeiten.

Jeder Netzknoten wird einer entsprechenden Stufe zugeordnet und an jedem Knoten bestehen maximal zwei Alternativen im Sinne der Fortbewegung zur nächsten Stufe.

Die Aufgabenstellung besteht darin herauszufinden, welche Route das Fahrzeug wählen muss, um von Stufe 0 (Knoten *S*) in minimal kurzer Zeit nach Stufe 4 (Knoten *Z*) zu gelangen.

Ein erster, mit Sicherheit nicht optimaler, Lösungsweg dieser Problemstellung bestünde darin, alle möglichen Routen durchzusuchen und dann die zeitoptimale Lösung zu wählen. Bei dem skizzierten Netz im Abb. 9.1 wären das zwar nur sechs mögliche Routen. Aber schon bei nur etwas ausgedehnteren Netzen wäre der rechentechnische Aufwand zur Bestimmung der optimalen Route mit Sicherheit eine Zumutung.

Ein bei weitem effizienterer Lösungsweg besteht in der systematischen Anwendung des Optimalitätsprinzips:

Hier fängt man statt am Start am Zielknoten *Z* an und beantwortet, stufenweise von rechts nach links fortschreitend, in jedem Netzknoten folgende Fragen:

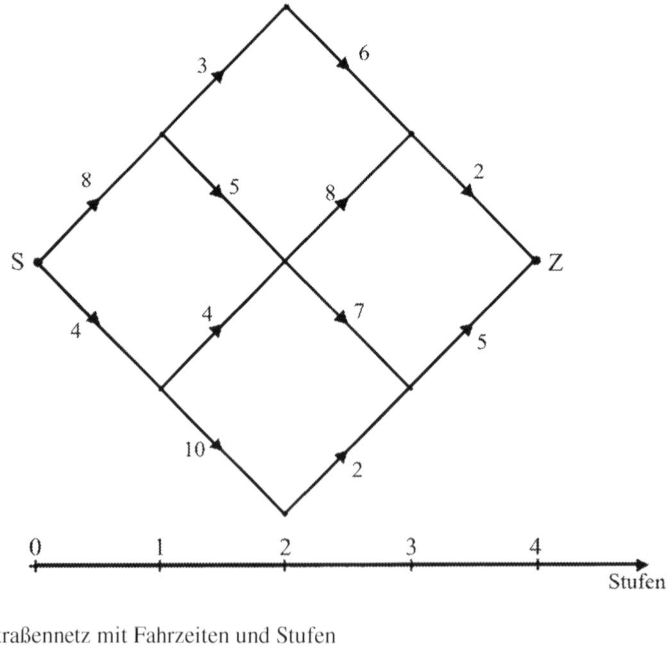

Abb. 9.1 Straßennetz mit Fahrzeiten und Stufen

- Wie groß ist die minimale verstrichene Fahrzeit von diesem Knoten nach *Z*;
- welcher Knoten ist im Sinne einer optimal kurzen Fahrzeit als nächster zu wählen?

Im Interesse der Erläuterung der Vorgehensweise betrachten wir nunmehr das in Nuancen modifizierte Straßennetz im Abb. 9.2.

Vorab muss deutlich betont werden, dass alternative Entscheidungsmöglichkeiten nur an den Knoten bestehen, in denen mehr als nur eine Bewegungsrichtung möglich ist.

In Bezug auf die oben erläuterte Strategie ist dem Knoten *B* gegenüber dem Knoten *C* der Stufe *3* eindeutig Vorrang einzuräumen. Zur Bestimmung der *gesamten* Fahrzeit notieren wir die jeweilige *minimale* Zeitdauer, eingekreist am jeweiligen Knoten, und kennzeichnen die daraus resultierende, einzuschlagende Richtung durch einen dick hervorgehobenen Pfeil. Nachdem wir ganz offensichtlich bereits sämtliche Knoten der Stufe *3* abgearbeitet haben, bewegen wir uns nun nach links zur Stufe *2*. Von den drei Knoten dieser Stufe kommt allerdings nur der Knoten *D* in Betracht, weil nur in diesem zwei Fortbewegungsrichtungen möglich sind. Mit der Zielrichtung *Z* setzt sich die Fahrzeit nach *Z* aus der Fahrzeit der Kante *DB*, also *8*, und der bereits vorher ermittelten Fahrzeit von *B* nach *Z*, also *2* Fahrzeiten zusammen. Insgesamt beträgt somit die Fahrzeit von *D* nach *Z* jetzt $8+2=10$ Zeiteinheiten. Würden wir die Fahrtrichtung „rechts-unten" wählen, so würden wir entsprechend $7+5=12$ Zeiteinheiten erhalten. Weil also die zeit-

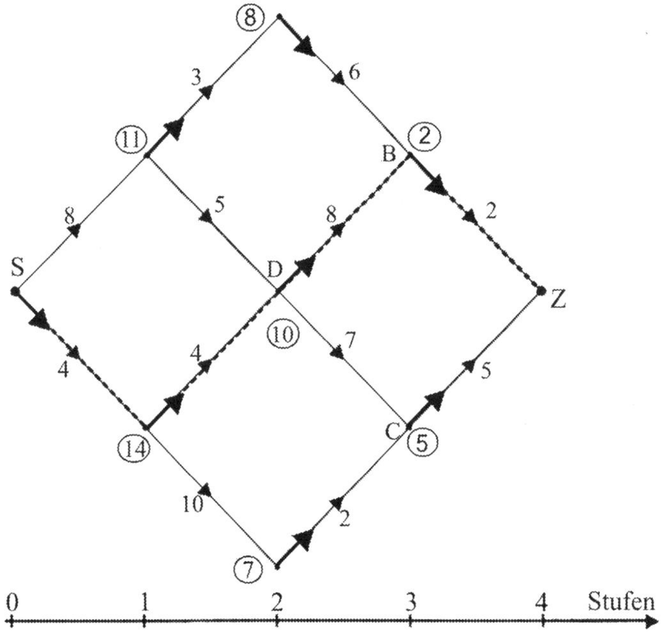

Abb. 9.2 Demonstration des Optimalitätsprinzips

lich kürzere Strecke am Knoten *D* durch „Linksfahrt“ erreicht wird, zeichnen wir am Knoten *D* einen dick ausgezogenen Pfeil nach links und kennzeichnen die minimale Zeitdauer mit der *10* am Knoten *D*.

In analoger Weise können wir die jeweils minimale Zeitdauer für alle Knoten der Stufen *1* und *0* bestimmen und die entsprechenden Pfeile eintragen, womit die Aufgabe gelöst ist. Die zeitoptimale Route ist im Abb. 9.2 gestrichelt eingetragen und setzt sich aus *18* Zeiteinheiten zusammen.

Die Lösung dieser mehrstufigen Prozedur repräsentiert ein sogenanntes *globales Minimum* der gegebenen Problemstellung, weil durch die gezeigte indirekte Vorgehensweise sämtliche möglichen Routen berücksichtigt wurden und die kürzeste von ihnen ausgewählt worden ist.

Wichtig ist dabei anzumerken, dass die Lösung von Beispiel 9.1 sowohl die kürzeste Route von *S* nach *Z* als auch die optimale Richtungswahl an jedem Knoten geliefert hat. Somit kann dieses Ergebnis in unserem Sprachgebrauch auch als *optimales Regelgesetz* bezeichnet werden.

9.2 Das Optimalitätsprinzip

Nach der Problemdarstellung im vorangegangenen Abschnitt versuchen wir nunmehr der optimalen Transition dynamischer Systeme etwas näher zu kommen, indem wir ein System mit dem Anfangszustand $\boldsymbol{x}(0) = \boldsymbol{x}_0$ in die Endbedingung $\boldsymbol{g}[\boldsymbol{x}(t_e), t_e] = 0$ unter Berücksichtigung gegebener Randbedingungen überführen. Dieses Problem wurde bereits im Abschn. 7.1 für den zeitkontinuierlichen Fall und im Abschn. 8.1 für zeitdiskrete Probleme behandelt.

Mit $\boldsymbol{u}^*(t)$ als optimale Steuer- und $\boldsymbol{x}^*(t)$ als optimale Zustandstrajektorie, $0 \leq t \leq t_e$, formulierte *R. Bellman* im Jahr 1952 das im Folgenden formulierte *Optimalitätsprinzip*:

Jede *Resttrajektorie* $\boldsymbol{u}^*(t)$, $t_1 \leq t \leq t_e$ der optimalen Steuertrajektorie $\boldsymbol{u}^*(t)$, $0 \leq t \leq t_e$ ist optimal im Sinne der Überführung des *Zwischenzustandes* $\boldsymbol{x}^*(t_1)$ in den Endzustand.

$$\boldsymbol{g}[\boldsymbol{x}(t_e), t_e] = 0.$$

Zur Verdeutlichung des soeben formulierten Optimalitätsprinzips betrachten wir das Abb. 9.3.

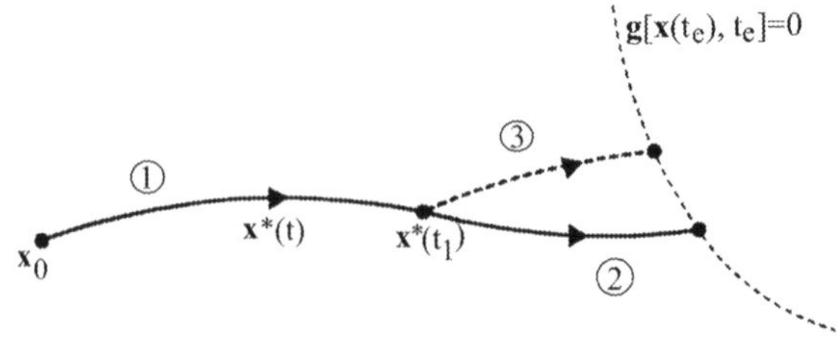

Abb. 9.3 Skizzenhafte Darstellung des Optimalitätsprinzips

In diesem Bild wird die optimale Zustandstrajektorie $x^*(t)$ für $0 \leq t \leq t_1$ durch den Kap. 1 und für $t_1 \leq t \leq t_e$ durch Kap. 2 repräsentiert. Basierend auf dem Optimalitätsprinzip wollen wir davon ausgehen, dass der Kap. 2 die optimale Trajektorie einer neuen Problemstellung verkörpert, welche den Systemzustand $x^*(t_1)$ in die Endbedingung $g[x(t_e), t_e] = 0$ optimal überführt. Würde diese Aussage des Optimalitätsprinzips für den Teil *2* nicht zutreffen, so müsste es eine andere Trajektorie, im Abb. 9.3 die Trajektorie *3* geben, die von $x^*(t_1)$ startend mit einem geringeren Kostenfaktor als die Trajektorie *2* das Ziel $g[x(t_e), t_e] = 0$ erreicht.

Die im Optimalitätsprinzip ausgedrückte Eigenschaft optimaler Steuertrajektorien führt zu interessanten Erkenntnissen und darauf basierenden neuen Optimierungsverfahren.

9.3 Anwendung auf zeitdiskrete Steuerungsprobleme

Das aufgezeigte Optimalitätsprinzip soll nunmehr auf zeitdiskrete Problemstellungen angewandt werden, wie wir dies bereits im Abschn. 8.1 durchgeführt haben. Dabei ist das zeitdiskrete Gütefunktional.

$$J = h[x(K)] + \sum_{k=0}^{K-1} \Phi[x(k), u(k), k], K \text{fest} \tag{9.1}$$

unter Berücksichtigung der Prozessnebenbedingungen

$$x(k+1) = f[x(k), u(k), k] \tag{9.2}$$

mit der Anfangsbedingung $x(0) = x_0$ und der Endbedingung

$$g[x(K)] = 0 \tag{9.3}$$

zu minimieren. (Natürlich behalten alle Ausführungen dieses Abschnitts auch ohne explizite Deklaration einer Endbedingung ihre Gültigkeit). Aus praxisbezogenen Erwägungen beschränken wir uns wie bereits erwähnt auf den Fall einer festen Endzeit K.

Der zulässige Steuerbereich ist definiert durch die Gleichung.

$$u(k) \in U[x(K), k] = \{u(k) | h[x(K), u(k), k] \leq 0\}, \tag{9.4}$$

also die Menge aller Stellgrößen$u(k)$, welche die Nebenbedingung $h[x(K), u(k), k] \leq 0$ erfüllen. Für $k = 0, 1, ..., K - 1$ kann diese Problemstellung als mehrstufiger Entscheidungsprozess betrachtet werden, der analog zu Beispiel 9.1 behandelt werden kann. Im folgenden Abschnitt werden wir zunächst die logischen Konsequenzen des Optimalitätsprinzips formal aufzeigen. Die daraus resultierenden Ergebnisse werden dann für die Herleitung eines numerischen Lösungsalgorithmus benutzt.

9.3.1 Die Rekursionsformel von Bellman

Im Hinblick auf die Anwendung des Optimalitätsprinzips definieren wir die *verbleibenden Kosten,* auch als Kosten J_k zur Überführung eines Systemzustandes $x(k)$ in das Endziel bezeichnet, entsprechend (9.3) durch die Gleichung.

$$J_k = h[\boldsymbol{x}(K)] + \sum_{\lambda=k}^{K-1} \Phi\left[\boldsymbol{x}(\gamma), \boldsymbol{u}(\gamma), \gamma\right]. \tag{9.5}$$

Die *minimalen Überführungskosten* $J_k^* = \min J_k$ hängen für eine gegebene Problemstellung unter Berücksichtigung aller Nebenbedingungen ausschließlich von dem zu überführenden Zustand $x(k)$ und vom Zeitpunkt k ab. Bezeichnen wir diese minimalen Kosten mit $V[x(k), k]$, so erhalten wir

$$V[\boldsymbol{x}(k), k] = \min J_k = \min\{\Phi[\boldsymbol{x}(k), \boldsymbol{u}(k), k] + J_{k+1}\}, \tag{9.6}$$

wobei das Minimum über alle Trajektorien $\boldsymbol{u}(\gamma), \gamma = k, k+1, ..., K-1$ zu bilden ist, die die Gl. (9.2) bis (9.5) erfüllen. Mit dem Optimalitätsprinzip der Gl. (9.6) erhalten wir.

$$V[\boldsymbol{x}(k), k] = \min\{\Phi[\boldsymbol{x}(k), \boldsymbol{u}(k), k] + V[\boldsymbol{x}(k+1), k+1]\}. \tag{9.7}$$

Mit $\boldsymbol{x}(k+1)$ aus Gl. (9.2) wird Gl. (9.7).

$$V[\boldsymbol{x}(k), k] = \min\{\Phi[\boldsymbol{x}(k), \boldsymbol{u}(k), k] + V[f[\boldsymbol{x}(k), \boldsymbol{u}(k), k], k+1]\}. \tag{9.8}$$

Die als *Bellmansche Rekursionsformel* bezeichnete rechte Seite dieser Gleichung ist nur von$\boldsymbol{u}(k)$, aber nicht von $\boldsymbol{u}(\gamma)$ mit $\gamma = k+1, ..., K-1$ abhängig. Wie wir unschwer sehen können wird die Minimierung in der Bellmanschen Rekursionsformel ausschließlich durch die Steuergrößen $\boldsymbol{u}(k)$ zum Zeitpunkt k beeinflusst, welche die Nebenbedingung der Gl. (9.4) erfüllen. Wenn wir diese einstufige Minimierung, beginnend vom Endzeitpunkt, für $k = K-1, K-2, ..., 0$ nacheinander durchführen, so kann der ursprüngliche, mehrstufige Entscheidungsprozess in K einstufige Entscheidungsprozesse zerlegt werden. Mit dem Schlagwort „*Dynamische Programmierung*" wird diese stufengebundene Vorgehensweise zum Ausdruck gebracht, die nunmehr ausführlich erläutert werden soll:

Stufe :$K-1$

Für den Zustandsvektor $\boldsymbol{x}(K-1)$ soll der zugehörige Steuervektor $\boldsymbol{u}(K-1)$ so bestimmt werden, dass die Kostenfunktion

$$J_{K-1} = h[\boldsymbol{x}(K)] + \Phi[\boldsymbol{x}(K-1), \boldsymbol{u}(K-1), K-1]$$

unter Berücksichtigung von

$$\boldsymbol{x}(K) = \boldsymbol{f}[\boldsymbol{x}(K-1), \boldsymbol{u}(K-1), K-1]$$

$$g[\boldsymbol{x}(K)] = 0$$

minimiert wird. Das Ergebnis dieser einstufigen Minimierung sei mit $\boldsymbol{u}(K-1)$ bezeichnet. Die zugehörigen minimalen Werte von J_{k-1} werden nach obiger Definition mit $V[\boldsymbol{x}(K-1), K-1]$ bezeichnet.

Stufe: K − 2
Für alle $\boldsymbol{x}(K-2)$ soll der zugehörige Steuervektor $\boldsymbol{u}(K-2)$ derart bestimmt werden, dass die Kostenfunktion

$$J_{K-2} = V[\boldsymbol{x}(K-1), K-1] + \Phi[\boldsymbol{x}(K-2), \boldsymbol{u}(K-2), K-2]$$

unter Berücksichtigung von

$$\boldsymbol{x}(K-1) = \boldsymbol{f}[\boldsymbol{x}(K-2), \boldsymbol{u}(K-2), K-2]$$

minimiert wird. Diese hier aufgezeigte Vorgehensweise ist nun sukzessive bis zur Stufe 0 fortzusetzen.

Stufe: 0
Für $\boldsymbol{x}(0) = \boldsymbol{x}_0$ muss die zugehörige Steuergröße $\boldsymbol{u}(0)$ derart bestimmt werden, dass die Kostenfunktion

$$J_0 = V[\boldsymbol{x}(1), 1] + \Phi[\boldsymbol{x}(0), \boldsymbol{u}(0), 0]$$

unter Berücksichtigung von

$$\boldsymbol{x}(1) = \boldsymbol{f}[\boldsymbol{x}(0), \boldsymbol{u}(0), 0]$$

minimiert wird. Das Ergebnis der letzten einstufigen Minimierung ist in $\boldsymbol{u}(0)$ und $V[\boldsymbol{x}(0), 0]$ enthalten.

Am Ende der aufgezeigten $K-$ stufigen Minimierung erhält man neben den optimalen Trajektorien der Überführung des Anfangszustandes $\boldsymbol{x}(0)$ in die Endbedingung (9.3) das *optimale Regelgesetz*, das durch die einstufigen Minimierungsergebnisse $\boldsymbol{u}(k)$ zum Ausdruck kommt.

Die einstufige Minimierung in den diversen Stufen wird im Regelfall numerisch vorgenommen. Eine rein analytische Lösung ist allerdings nur bei sehr einfachen Aufgaben möglich, wie das bei der Problemstellung des folgenden Beispiels der Fall ist. Schließlich sollte nicht unerwähnt bleiben, dass die Dynamische Programmierung ein *globales Minimum* der zeitdiskreten Problemstellung liefert.

Beispiel 9.2
Gegeben sei die Minimierungsbedingung

$$J = \frac{1}{2} \cdot \sum_{k=0}^{3} \left[x(k)^2 + u(k)^2\right] \tag{9.9}$$

eines zeitdiskreten Integrators.

$$x(k+1) = x(k) + u(k), x(0) = 1, x(4) = 0 \tag{9.10}$$

mit der zu berücksichtigenden Ungleichungsnebenbedingung (UNB).

$$0{,}6 - 0{,}2\text{k} \leq \text{x(k)} \leq 1. \tag{9.11}$$

Im Abb. 9.4 wird der erlaubte Zustandsbereich $x(k)$ dieses Steuerungsproblems durch die Schraffur eingegrenzt.

Stufe 3: Für alle $x(k = 3)$ mit der UNB $0 \leq x(3) \leq 1$ sind die zugehörigen Steuergrößen $u(3)$ zu bestimmen, welche die Minimalbedingung

$$J_3 = \frac{1}{2}\left[x(3)^2 + u(3)^2\right] \tag{9.12}$$

unter Berücksichtigung der Gl. (9.10) mit.

$$x(4) = x(3) + u(3), x(4) = 0\text{und} - 0{,}2 \leq \text{x(4)} \leq 1$$

erfüllen. Natürlich sehen wir anhand der Gl. (9.10) sofort, dass die Endbedingung nur durch

$$u(3) = -x(3), 0 \leq x(3) \leq 1 \tag{9.13}$$

erfüllt wird. Nachdem mit dieser Lösung offensichtlich auch die UNB für $x(4)$ erfüllt ist, können wir die Minimierung der Stufe 3 als abgeschlossen betrachten und erhalten mit Gl. (9.13) bezugnehmend auf die minimale Kostenfunktion der Gl. (9.6)

$$V[x(3), 3] = minJ_3 = x(3)^2 \text{ mit } 0 \leq x(3) \leq 1.$$

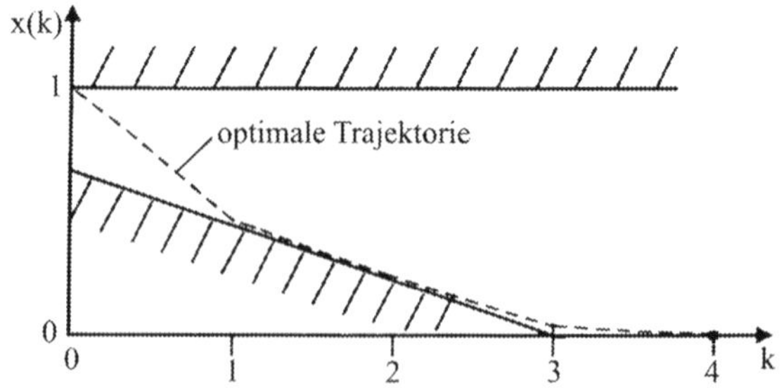

Abb. 9.4 Zulässiger Zustandsbereich

Stufe 2: Für alle Werte von $x(k = 2)$ mit $0{,}2 \leq \mathrm{x}(2) \leq 1$ müssen nun gemäß Gl. (9.5) die möglichen Steuergrößen $u(2)$ bestimmt werden, die

$$J_2 = x(3)^2 + \frac{1}{2}\left[x(2)^2 + u(2)^2\right]$$

unter Berücksichtigung von

$$x(3) = x(2) + u(2) \text{ mit } 0 \leq x(3) \leq 1$$

minimieren. Setzen wir diese Prozessnebenbedingung in J_2 ein, so erhalten wir

$$J_2 = [x(2) + u(2)]^2 + \frac{1}{2}\left[x(2)^2 + u(2)^2\right] = \frac{3}{2}\left[x(2)^2 + u(2)^2\right] + 2x(2)u(2).$$

Das Minimum von J_2 ergibt sich hieraus durch eine kurze Rechnung

$$u(2) = -\frac{2}{3}x(2), \mathrm{mitderUNB} 0{,}2 \leq \mathrm{x}(2) \leq 1. \tag{9.14}$$

Mit Gl. (9.14) ergeben sich die minimalen Überführungskosten zu

$$V[x(2), 2] = minJ_2 = \frac{5}{6}x(2)^2, 0{,}2 \leq \mathrm{x}(2) \leq 1.$$

Stufe 1: Für alle Werte von $x(k = 1)$ mit $0{,}4 \leq \mathrm{x}(1) \leq 1$ sollen die erlaubten Steuergrößen $u(1)$ so bestimmt werden, dass die Kostenfunktion

$$J_1 = \frac{5}{6}x(2)^2 + \frac{1}{2}\left[x(1)^2 + u(1)^2\right]$$

unter Berücksichtigung von

$$x(2) = x(1) + u(1) \mathrm{und} 0{,}2 \leq \mathrm{x}(2) \leq 1$$

minimiert wird. Halten wir die bisherige Vorgehensweise ein, so ergibt sich das folgende Optimierungsproblem

$$\min_{u(1)}\left\{\frac{4}{3}\left[x(1)^2 + u(1)^2\right] + \frac{5}{3}x(1)u(1)\right\}$$

unter Berücksichtigung der UNB

$$0{,}2 - \mathrm{x}(1) \leq \mathrm{u}(1) \leq 1 - \mathrm{x}(1).$$

Mittels erneuter Anwendung der Extremalrechnung erhalten wir für die Stellgröße

$$u(1) = \begin{cases} -\frac{5}{8}x(1)\, f\ddot{u}r \frac{8}{15} \leq x(1) \leq 1 \\ \frac{1}{5} - x(1)\, f\ddot{u}r \frac{2}{5} \leq x(1) \leq \frac{8}{15} \end{cases} \tag{9.15}$$

Daraus ergeben sich die dazu entsprechenden minimalen Überführungskosten

$$V[x(1), 1] = \begin{cases} \frac{13}{16} x(1)^2 \, für \frac{8}{15} \leq x(1) \leq 1 \\ x(1)^2 - \frac{1}{5} x(1) + \frac{4}{75} \, für \frac{2}{5} \leq x(1) \leq \frac{8}{15} \end{cases}$$

Stufe 0: An der Stelle $x(0) = 1$ muss $u(0)$ unter der Prämisse bestimmt werden, dass

$$J_0 = V[x(1), 1] + \frac{1}{2}\left[x(0)^2 + u(0)^2\right]$$

unter Berücksichtigung von $x(1) = x(0) + u(0)$ und $0{,}4 \leq \mathrm{x}(1) \leq 1$ minimiert wird. Die Lösung dieses Minimierungsproblems errechnet sich zu

$$u(0) = -\frac{3}{5}; \; V(1, 0) = 0{,}753. \tag{9.16}$$

Die optimalen Trajektorien zur Überführung vom Anfangswert $x(0) = 1$ in den Endwert $x(4) = 0$ lauten also

$$u^*(0) = -\frac{3}{5}; \; u^*(1) = -\frac{1}{5}; \; u^*(2) = -\frac{2}{15}; \; u^*(3) = -\frac{1}{15};$$

$$x^*(1) = \frac{2}{5}; \; x^*(2) = \frac{1}{5}; \; x^*(3) = \frac{1}{15}; \; x^*(4) = 0.$$

9.3.2 Die Hamilton-Jacobi-Bellman-Gleichung

Die Intension besteht in diesem Abschnitt darin, das Optimalitätsprinzip auf *zeitkontinuierliche Problemstellungen* der optimalen Steuerung von Abschn. 7.1 anzuwenden. Es handelt sich also um die Minimierung des Gütefunktionals

$$J[\boldsymbol{x}(t), \boldsymbol{u}(t), t_e] = h[\boldsymbol{x}(t_e), t_e] + \int_0^{t_e} \Phi[\boldsymbol{x}(t), \boldsymbol{u}(t), t] dt \tag{9.17}$$

unter Berücksichtigung der Prozessnebenbedingungen

$$\dot{\boldsymbol{x}} = f[\boldsymbol{x}(t), \boldsymbol{u}(t), t] \mathrm{mit} \boldsymbol{x}(0) = \boldsymbol{x}_0 \tag{9.18}$$

und der Endbedingung

$$\boldsymbol{g}[\boldsymbol{x}(t_e), t_e] = 0, \tag{9.19}$$

wobei die Endzeit t_e frei oder fest sein darf. Nebenbei sollte darauf hingewiesen werden, dass sämtliche Resultate dieses Abschnitts auch ohne explizit deklarierte Endbedingung ihre Gültigkeit beibehalten. Der *zulässige Steuerbereich* ist durch die – bereits ebenso bekannte Gleichung-

$$\boldsymbol{u}(\boldsymbol{x},t) = \{\boldsymbol{u}(t)|\boldsymbol{v}[\boldsymbol{x}(t),\boldsymbol{u}(t),t] \leq 0\} \tag{9.20}$$

definiert. Analog zum Abschn. 9.3.1 definieren wir die verbleibenden Kosten J_t zur Überführung des Systemzustandes $\boldsymbol{x}(t)$ in den Endzustand, Gl. (9.19), nunmehr durch die Gleichung

$$J_t = h[\boldsymbol{x}(t),t_e] + \int_t^\tau \Phi[\boldsymbol{x}(\tau),\boldsymbol{u}(\tau),\tau]d\tau. \tag{9.21}$$

Auch hier hängen, wie bei der zeitdiskrete Problemstellung, für ein gegebenes Problem die minimalen Überführungskosten $J_t^* = \min \mathrm{J_t}$ unter Berücksichtigung aller Nebenbedingungen ausschließlich von dem zu überführenden Zustand $\boldsymbol{x}(t)$ und dem Zeitpunkt t ab.

Bezugnehmend zum Abschn. 9.3.1 erhalten wir für den Zeitabschnitt $t \leq t' \leq t_e$ die minimalen Kosten zu

$$V(\boldsymbol{x},t) = \min \mathrm{J_t} = \min\left[\int_{\mathrm{t}}^{\mathrm{t'}} \Phi(\boldsymbol{x},\boldsymbol{u},\tau)\mathrm{d}\tau + \mathrm{J_{t'}}\right], \tag{9.22}$$

wobei das Minimum über alle Trajektorien $\boldsymbol{u}(\tau)$, $t \leq \tau \leq t_e$ zu bestimmen ist, welche die Gl. (9.18) bis (9.20) erfüllen. Die Anwendung des Optimalitätsprinzips auf Gl. (9.22) ergibt

$$V(\boldsymbol{x},t) = \min \mathrm{J_t} = \min\left[\int_{\mathrm{t}}^{\mathrm{t'}} \Phi(\boldsymbol{x},\boldsymbol{u},\tau)\mathrm{d}\tau + \mathrm{V}\left(\boldsymbol{x}\left(\mathrm{t'}\right),\mathrm{t'}\right)\right]. \tag{9.23}$$

Im Interesse einer Weiterführung der Problemstellung setzen wir voraus, dass die Funktion $V(\boldsymbol{x},t)$ stetig differenzierbar sei. Wir können dann mit $\Delta t = t' - t$ folgende Taylor-Reihe aufstellen

$$V\left(\boldsymbol{x}\left(t'\right),t'\right) = V(\boldsymbol{x},t) + V_{\boldsymbol{x}}(\boldsymbol{x},t)^T\dot{\boldsymbol{x}}(t)\Delta t + V_t(\boldsymbol{x},t)\Delta t, \tag{9.24}$$

wobei bezüglich der Ableitungen nach $\boldsymbol{x}$ und t nur das erste Glied berücksichtigt wurde, also höhere Terme vernachlässigt worden sind. Somit gilt näherungsweise

$$\int_t^{t'} \Phi(\boldsymbol{x},\boldsymbol{u},\tau)d\tau \approx \Phi(\boldsymbol{x},\boldsymbol{u},t)\cdot\Delta t. \tag{9.25}$$

Durch Einsetzen der Gl. (9.18), (9.24) und (9.25) in (9.23) erhalten wir

$$V(\boldsymbol{x},t) = min\big[\Phi(\boldsymbol{x},\boldsymbol{u},t)\Delta t + V(\boldsymbol{x},t) + V_{\boldsymbol{x}}(\boldsymbol{x},t)^T\dot{\boldsymbol{x}}\Delta t + V_t(\boldsymbol{x},t)\Delta t\big]. \tag{9.26}$$

Zunächst sehen wir sofort, dass $V(\boldsymbol{x},t)$ im Intervall $t \leq \tau \leq t_e$ unabhängig von der Steuergröße $\boldsymbol{u}(\tau)$ ist und deshalb aus dem Minimierungsterm herausgenommen und gegen die linke Seite gekürzt werden kann. Darüber hinaus darf natürlich $V_t(\boldsymbol{x},t)\Delta t$ aus dem Minimierungsterm herausgenommen werden. Ferner kann jetzt der Term Δt aus der so entstandenen reduzierten Gleichung gekürzt werden. Wenn wir schließlich beachten, dass der so verbleibende Minimierungsterm nur noch von der Steuergröße $\boldsymbol{u}(t)$ zum Zeitpunkt t abhängig ist, so erhalten wir aus Gl. (9.26)

$$0 = V_t(\boldsymbol{x},t) + min\big[\Phi(\boldsymbol{x},\boldsymbol{u},t) + V_{\boldsymbol{x}}(\boldsymbol{x},t)^T \cdot f[\boldsymbol{x}(t),\boldsymbol{u}(t),t]\big]. \tag{9.27}$$

Diese nichtlineare partielle Differenzialgleichung 1. Ordnung wird in der einschlägigen Literatur als *Hamilton-Jacobi-Bellman-Gleichung* bezeichnet. Um sie nach $V(\boldsymbol{x},t)$ auflösen zu können, was ja offensichtlich in Gl. (9.27) nicht vorkommt, benötigen wir einen Randwert, der durch

$$V(\boldsymbol{x}(t_e),t_e) = h[\boldsymbol{x}(t),t_e] \tag{9.28}$$

für alle $\boldsymbol{x}(t_e), t_e$, die Gl. (9.19) erfüllt, gegeben ist.

Wenn wir nun die Gl. (9.27) mit der Hamilton-Funktion der Gl. (7.6) vergleichen, so ergibt sich

$$min\big[\Phi(\boldsymbol{x},\boldsymbol{u},t) + V_{\boldsymbol{x}}(\boldsymbol{x},t)^T \cdot \boldsymbol{f}[\boldsymbol{x}(t),\boldsymbol{u}(t),t]\big] = minH[\boldsymbol{x},\boldsymbol{u},V_{\boldsymbol{x}},t]. \tag{9.29}$$

Bezeichnen wir den *minimalen* Wert mit $H^*[\boldsymbol{x},V_{\boldsymbol{x}},t]$, so erhalten wir aus Gl. (9.27)

$$V_t = -H^*[\boldsymbol{x},V_{\boldsymbol{x}},t], \tag{9.30}$$

die als *modifizierte Form* der Hamilton–Jacobi-Bellman-Gleichung bekannt ist. Die Beziehung (9.29) erlaubt den logischen Schluss, dass ein Zusammenhang zwischen den Kozuständen $\boldsymbol{\gamma}(t) = V_{\boldsymbol{x}}(\boldsymbol{x},t)$ bestehen muss, sofern die Funktion $V(\boldsymbol{x},t)$ zweifach stetig differenzierbar ist.

Für den Fall, dass die Endzeit t_e der Problemstellung frei ist und die Problemfunktionen Φ, h, $\boldsymbol{f}$, $\boldsymbol{v}$ und $\boldsymbol{g}$ *zeitinvariant* sind, werden die minimalen Überführungskosten $V(\boldsymbol{x},t)$ unabhängig vom Zeitpunkt t. Mit $V_t = 0$ liefert Gl. (9.30) das Ergebnis

$$H^*[\boldsymbol{x},V_{\boldsymbol{x}},t] = 0\, f\ddot{u}r\ 0 \leq t \leq t_e. \tag{9.31}$$

Die Bedeutung der Hamilton–Jacobi-Bellman-Gleichung ist für regelungstechnische Zwecke nur deshalb beschränkt anwendbar, weil eine analytische Lösung dieser nichtlinearen, darüber hinaus noch partiellen Differenzialgleichung nur bei einfachen Aufgabenstellungen möglich ist. In den wenigen Fällen, in denen eine analytische Lösung gelingt, erhält man unmittelbar ein *optimales Regelgesetz.* Man kann diese Feststellung bestätigen wenn wir beachten, dass die analytische Minimierung der Hamilton-Funktion in (9.29) zu einer Beziehung $\boldsymbol{u}^*(t) = \boldsymbol{R}(\boldsymbol{x}, V_{\boldsymbol{x}}, t)$ führt. Wenn dann $V(\boldsymbol{x}, t)$ aus Gl. (9.30) analytisch und in (9.31) eingesetzt wird, erhält man schließlich das optimale Regelgesetz $\boldsymbol{u}^*(t)$.

Beispiel 9.3

Für das System mit der nichtlinearen Zustandsgleichung (Nebenbedingung)

$$\dot{x} = x^3 + u, x(0) = x_0$$

soll die optimale Steuerung $\boldsymbol{u}^*(t)$ bestimmt werden, welche das Gütekriterium

$$J = \frac{1}{2}\int_0^\infty \left(x^2 + u^2\right) dt$$

unter Anwendung der Hamilton–Jacobi-Bellman-Gleichung minimiert. Die Hamilton-Funktion gemäß Gl. (9.29) lautet für dieses Beispiel

$$H(x, u, V_x) = \frac{1}{2}\left(x^2 + u^2\right) + V_x\left(x^3 + u\right) = \Phi + V_x f.$$

Ihr Minimum erhalten wir aus

$$\frac{\partial H}{\partial u} = u + V_x = 0 \mathrm{zuu}^* = -\mathrm{V_x}. \tag{9.32}$$

Daraus resultiert die optimale Hamilton-Funktion

$$H^*(x, V_x) = -\frac{1}{2}V_x^2 + V_x x^3 + \frac{1}{2}x^2. \tag{9.33}$$

Weil die Problemstellung in diesem Beispiel zeitinvariant und die Endzeit unendlich ist, sind die minimalen Überführungskosten $V(x, t)$ unabhängig von der Zeit t und damit $V_t = 0$. Aus den Gleichungen (9.30) und (9.33) ergibt sich somit die quadratische Gleichung

$$V_x^2 - V_x 2x^3 - x^2 = 0.$$

Die positive Lösung dieser quadratischen Gleichung lautet

$$V_x = x^3 + x\sqrt{x^4 + 1}.$$

Setzen wir nun diese Gleichung in (9.32) ein, so bekommen wir das nichtlineare optimale Regelgesetz

$$u^*(t) = V_x = -x^3 - x\sqrt{x^4 + 1}. \tag{9.34}$$

Die Zustandsgleichung des nunmehr optimal geregelten Systems lautet dann

$$\dot{x} = -x\sqrt{x^4 + 1}.$$

Sofern die analytische Auswertung der Hamilton-Jacobi-Bellman-Gleichung mit großen mathematischen Schwierigkeiten verbunden ist, kann mithilfe einer Näherungslösung ein suboptimales Regelgesetz angestrebt werden, wie wir das im folgenden Beispiel 9.4 sehen werden. Darüber hinaus kann die Hamilton-Jacobi-Bellman-Gleichung auch zur Verifizierung eines vermuteten optimalen Regelgesetzes verwendet werden.

Beispiel 9.4
Um gegebenenfalls eine Näherungslösung der Problemstellung zu erreichen gehen wir nunmehr in Anlehnung an Beispiel 9.3 davon aus, dass wir die Kostenfunktion $V(x)$ als unbekannt voraussetzen und hierfür den Ansatz

$$V(x) = a_0 + a_1 x + \frac{1}{2!}a_2 x^2 + \frac{1}{3!}a_3 x^3 + \frac{1}{4!}a_4 x^4$$

einführen, wobei die Koeffizienten $a_0, ..., a_4$ unbekannte Parameter sind. Daraus können wir natürlich unschwer die Ableitung

$$V_x = a_1 + a_2 x + \frac{1}{2!}a_3 x^2 + \frac{1}{3!}a_4 x^3$$

berechnen. Setzen wir diese Gleichungen sowie (9.33) mit $V_t = 0$ in die Gl. (9.30) ein, so erhalten wir

$$a_1^2 + 2a_1a_2x + \left(a_2^2 + a_1a_3 - 1\right)x^2 + \left(\frac{1}{3}a_1a_4 + a_2a_3 - 2a_1\right)x^3 + \left(\frac{1}{4}a_3^2 + \frac{1}{3}a_2a_4 - 2a_2\right)x^4 = 0.$$

Nachdem diese Gleichung für sämtliche Werte von x erfüllt sein muss, müssen auch alle fünf Terme zu Null werden. Somit erhalten wir

$$a_1 = 0, a_2 = 1, a_3 = 0, a_4 = 6.$$

Damit führt der oben eingeführte Ansatz zu

$$V_x = x + x^3.$$

Mit Gl. (9.34) erhalten das gesuchte, suboptimale Regelgesetz

$$u(t) = -x - x^3.$$

Dieses Regelgesetz erzeugt die Zustandsgleichung des geregelten Systems

$$\dot{x} = -x$$

und ist somit stabil für alle reellen Anfangswerte x_0.

10 Lineare quadratische Optimierung

In diesem Kapitel wollen wir uns mit der Regelung von Systemen, basierend auf einem quadratischen Gütekriterium befassen. Wir gehen aus von der Zustandsgleichung des ungeregelten, zeitinvarianten Systems

$$\dot{\boldsymbol{x}}(t) = \boldsymbol{A}\boldsymbol{x}(t) + \boldsymbol{B}\boldsymbol{u}(t) \tag{10.1}$$

mit.

$\boldsymbol{x} = n$ – dimensionaler Zustandsvektor der Regelstrecke,
$\boldsymbol{A} = n \times n$ – Matrix des zu regelnden Systems,
$\boldsymbol{B} = n \times r$ – Eingangs- oder Steuermatrix.
$\boldsymbol{u} = r$ – dimensionaler Steuervektor.

Die Grundidee besteht wie in allen bisher aufgezeigten Strategien darin, den Steuervektor $\boldsymbol{u}(t)$ unter der Prämisse zu bestimmen, dass ein vorgegebenes Gütekriterium minimiert wird. In diesem Zusammenhang hat sich das quadratischer Güteindex

$$J = \int_0^\infty L(\boldsymbol{x}, \boldsymbol{u})dt$$

als besonders vorteilhaft erwiesen, wobei $L(\boldsymbol{x}, \boldsymbol{u})$ eine quadratische Funktion von $\boldsymbol{x}$ und $\boldsymbol{u}$ ist. Mit diesem Ansatz ergibt sich ein lineares Regelgesetz der Form

$$\boldsymbol{u}(t) = -\boldsymbol{k}\boldsymbol{x}(t)$$

A. Braun, *Optimale und adaptive Regelung technischer Systeme*,
https://doi.org/10.1007/978-3-658-30916-9_10

mit $\boldsymbol{K}$ als $r \times n$ – Matrix, oder ausführlich

$$\begin{bmatrix} u_1 \\ u_2 \\ \cdot \\ \cdot \\ \cdot \\ u_r \end{bmatrix} = \begin{bmatrix} k_{11} & k_{12} & \cdots & k_{1n} \\ k_{21} & k_{22} & \cdots & k_{2n} \\ \cdot & \cdot & & \cdot \\ \cdot & \cdot & & \cdot \\ \cdot & \cdot & & \cdot \\ k_{r1} & k_{r2} & \cdots & k_{rn} \end{bmatrix} \cdot \begin{bmatrix} x_1 \\ x_2 \\ \cdot \\ \cdot \\ \cdot \\ x_n \end{bmatrix}.$$

Die Entwicklung optimaler Regelgesetze auf der Basis eines quadratischen Gütekriteriums reduziert sich damit offensichtlich auf die Bestimmung der konstanten Reglermatrix $\boldsymbol{K}$. Im Folgenden wird der optimale Steuervektor $\boldsymbol{u}(t)$ für das zu regelnde System der Gl. (10.1) mithilfe des bereits im Kap. 6 aufgezeigten Gütekriteriums

$$J = \int_0^\infty \left(\boldsymbol{x}^T \boldsymbol{Q} \boldsymbol{x} + \boldsymbol{u}^T \boldsymbol{R} \boldsymbol{u}\right) dt \rightarrow Min. \tag{10.2}$$

entwickelt, wobei $\boldsymbol{Q}$ und $\boldsymbol{R}$ positiv reelle, symmetrische Matrizen sind; der Steuervektor $\boldsymbol{u}$ wird als unbeschränkt vorausgesetzt.

Der zu optimierende Regler ist so zu dimensionieren, dass der in Gl. (10.2) definierte Güteindex J ein Minimum annimmt. Aus einer Reihe bewährter Methoden wird in diesem Kapitel die optimale Stellgröße unter Verwendung der zweiten Methode von Liapunov hergeleitet.

10.1 Parameteroptimierung auf der Basis der zweiten Methode von Liapunov

Im Rahmen der klassischen Regelungstechnik wird zuerst der Regler nach einer bewährten Methode dimensioniert und dann im zweiten Schritt die Stabilität des geschlossenen Regelkreises überprüft.

Abweichend davon wird hier ein Verfahren vorgestellt, nach dem die Stabilitätsbedingungen zuerst ermittelt werden und dann der Regler innerhalb dieser Stabilitätsgrenzen optimiert wird.

Wir gehen aus von der homogenen Differenzialgleichung des zu regelnden Systems

$$\dot{\boldsymbol{x}} = \boldsymbol{A}\boldsymbol{x}, \tag{10.3}$$

wobei sämtliche Eigenwerte der Matrix $\boldsymbol{A}$ negative Realteile haben mögen, oder gleichbedeutend damit, dass der Koordinatenursprung $\boldsymbol{x} = \boldsymbol{0}$ asymptotisch stabil ist. (Eine solche Matrix $\boldsymbol{A}$ wird im Rahmen der Systemtheorie als stabile Matrix bezeichnet). Außerdem wird vorausgesetzt, dass die Matrix $\boldsymbol{A}$ einstellbare, das heißt zu optimierende Parameter beinhaltet. Es besteht nun die Forderung, den Güteindex

$$J = \int_0^\infty \boldsymbol{x}^T \boldsymbol{Q} \boldsymbol{x} dt$$

zu minimieren. Die Aufgabenstellung reduziert sich nunmehr dahingehend, den beziehungsweise die justierbaren Parameter der Matrix $\boldsymbol{A}$ so zu modifizieren, dass das hier definierte Gütemaß minimal wird.

Bevor wir uns anhand eines Demonstrationsbeispiels die durchzuführende Strategie vergegenwärtigen wird zunächst gezeigt, dass die beabsichtigte Vorgehensweise auf der von Liapunov aufgezeigten Strategie gelöst werden kann.

Wir gehen aus von der geeigneten Liapunov-Funktion

$$V(\boldsymbol{x}) = \boldsymbol{x}^T \boldsymbol{P}\boldsymbol{x}, \tag{10.4}$$

die als abstrakte Energiefunktion des zu regelnden Systems (10.1) aufgefasst werden kann, wobei $\boldsymbol{P}$ eine positiv definite, reelle symmetrische Matrix ist. Die zeitliche Ableitung der Energiefunktion $V(\boldsymbol{x})$ entlang einer beliebigen Trajektorie ergibt sich zu

$$\dot{V}(\boldsymbol{x}) = \dot{\boldsymbol{x}}^T \boldsymbol{P}\boldsymbol{x} + \boldsymbol{x}^T \boldsymbol{P}\boldsymbol{x} = (\boldsymbol{A}\boldsymbol{x})^T \boldsymbol{P}\boldsymbol{x} + \boldsymbol{x}^T \boldsymbol{P}\boldsymbol{A}\boldsymbol{x} = \boldsymbol{x}^T \boldsymbol{A}^T \boldsymbol{P}\boldsymbol{x} + \boldsymbol{x}^T \boldsymbol{P}\boldsymbol{A}\boldsymbol{x} = \boldsymbol{x}^T \left(\boldsymbol{A}^T \boldsymbol{P} + \boldsymbol{P}\boldsymbol{A}\right)\boldsymbol{x}.$$

Nachdem$V(\boldsymbol{x})$, als Energiefunktion interpretiert, nur positiv definit sein kann fordern wir für die vorausgesetzte asymptotische Stabilität, dass $\dot{V}(\boldsymbol{x})$ negativ definit sein muss; es gilt also,

$$\dot{V}(\boldsymbol{x}) = -\boldsymbol{x}^T \boldsymbol{Q}\boldsymbol{x} \tag{10.5}$$

mit

$$\boldsymbol{Q} = -\left(\boldsymbol{A}^T \boldsymbol{P} + \boldsymbol{P}\boldsymbol{A}\right) \tag{10.6}$$

positiv definit ist. Aufgrund einer geforderten Qualitätsmatrix $\boldsymbol{Q}$ und der gegebenen Systemmatrix $\boldsymbol{A}$ können aus dieser Gleichung die Elemente der Matrix $\boldsymbol{P}$ ermittelt werden.

Mithilfe der Gl. (10.4) und (10.5) ergibt sich die Zuordnung

$$\boldsymbol{x}^T \boldsymbol{Q}\boldsymbol{x} = -\frac{d}{dt}\left(\boldsymbol{x}^T \boldsymbol{P}\boldsymbol{x}\right) \tag{10.7}$$

Das bereits oben definierte Gütekriterium können wir nunmehr mit Gl. (10.7) als

$$J = \int_0^\infty \boldsymbol{x}^T \boldsymbol{Q}\boldsymbol{x}dt = -\boldsymbol{x}^T \boldsymbol{P}\boldsymbol{x}|_0^\infty = -\boldsymbol{x}^T(\infty)\boldsymbol{P}\boldsymbol{x}(\infty) + \boldsymbol{x}^T(0)\boldsymbol{P}\boldsymbol{x}(0).$$

formulieren. Weil definitionsgemäß alle Eigenwerte der Matrix $\boldsymbol{A}$ negativen Realteil haben, gilt $\boldsymbol{x}(\infty) = 0$. Somit erhalten wir schließlich

$$J = \boldsymbol{x}^T(0)\boldsymbol{P}\boldsymbol{x}(0). \tag{10.8}$$

Aus dieser Gleichung können wir ersehen, dass sich der Güteindex J in Abhängigkeit der Anfangsbedingung $\boldsymbol{x}(0)$ des Zustandsvektors und der Matrix $\boldsymbol{P}$ ausdrücken lässt, die ihrerseits mit den Matrizen $\boldsymbol{A}$ und $\boldsymbol{Q}$ durch Gl. (10.6) verknüpft ist. Wenn beispielsweise ein Systemparameter so zu optimieren ist, dass das Gütekriterium J ein Minimum annimmt, so erreichen wir dies durch die Minimierung von $\boldsymbol{x}^T(0)\boldsymbol{P}\boldsymbol{x}(0)$ bezüglich des in Frage stehenden Parameters.

Unter Verwendung der Gl. (6.15), Abschn. 6.1 erhalten wir die optimale Reglermatrix $\boldsymbol{K}$ sowie das optimale Regelgesetz zu

$$\boldsymbol{u}(t) = -\boldsymbol{K}\boldsymbol{x}(t) = -\boldsymbol{R}^{-1}\boldsymbol{B}^T\boldsymbol{P}\boldsymbol{x}(t), \tag{10.9}$$

die hier aus Gründen der besseren Übersicht nochmal aufgeführt sein soll.

In Fällen, bei denen $\boldsymbol{x}(0)$ nur *eine* von Null verschiedene Komponente besitzt, etwa$x_1(0) \neq 0$, und alle anderen Anfangsbedingungen identisch Null sind, hängt der optimale Wert dieses Parameters nicht vom numerischen Wert $x_1(0)$ ab; siehe hierzu das folgende Beispiel.

Beispiel 10.1

Gegeben sei der im Abb. 10.1 skizzierte Regelkreis.

Es ist der Wert der Dämpfungskonstanten d unter der Prämisse zu bestimmen, dass für eine sprungförmige Führungsgröße$w(t) = \varepsilon(t)$, der Güteindex

$$J = \int_0^\infty \left(e^2 + \mu\dot{e}^2\right)dt, \; \mu > 0$$

ein Minimum annimmt, wobei $e = w - y$ für die Regeldifferenz steht. Das System sei zum Zeitpunkt $t = 0$ im Ruhezustand.

Aus Abb. 10.1 ergibt sich die Übertragungsfunktion des geschlossenen Regelkreises

$$G_w(s) = \frac{Y(s)}{W(s)} = \frac{1}{s^2 + 2ds + 1}.$$

Mit der Übertragungsfunktion des offenen Regelkreises

$$G_o(s) = \frac{1}{s(s + 2d)}$$

erhalten wir das Fehlersignal im Bildbereich

$$E(s) = \frac{W(s)}{1 + G_o(s)}$$

und daraus die dazu entsprechende Differenzialgleichung

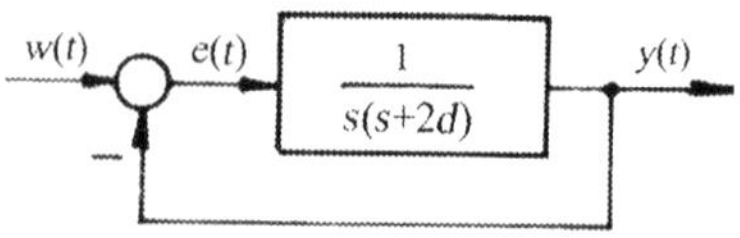

Abb. 10.1 Einfacher Regelkreis

$\ddot{e}(t) + 2d\dot{e}(t) + e(t) = 0$ mit $e(0_+) = 1$ und wegen $w(t) = \varepsilon(t) \rightarrow \dot{e}(0_+) = 0$.
Definieren wir die Zustandsvariablen zu

$$x_1(t) = e(t)$$

$$x_2(t) = \dot{e}(t),$$

so bekommt die Systemmatrix $\boldsymbol{A}$ die Form

$$\boldsymbol{A} = \begin{bmatrix} 01 \\ -1 - 2d \end{bmatrix}.$$

Der Güteindex J kann mit
$\boldsymbol{x} = \begin{bmatrix} x_1 \\ x_2 \end{bmatrix} = \begin{bmatrix} e \\ \dot{e} \end{bmatrix}$ und $\boldsymbol{Q} = \begin{bmatrix} 1 & 0 \\ 0 & \mu \end{bmatrix}$
auf die Form

$$J = \int\limits_{0+}^{\infty} \left(e^2 + \mu\dot{e}^2\right)dt = \int\limits_{0+}^{\infty} \left(x_1^2 + \mu x_2^2\right)dt = \int\limits_{0+}^{\infty} [x_1][\, x_1 \;\; x_1 \,] \begin{bmatrix} 1 & 0 \\ 0 & \mu \end{bmatrix} dt = \int\limits_{0+}^{\infty} \boldsymbol{x}^T \boldsymbol{Q}\boldsymbol{x} dt.$$

gebracht werden.

Weil die Systemmatrix $\boldsymbol{A}$ stabil ist, kann mit Gl. (10.8) die Matrix $\boldsymbol{P}$ aus der Gleichung

$$\boldsymbol{A}^T\boldsymbol{P} + \boldsymbol{P}\boldsymbol{A} = -\boldsymbol{Q}$$

berechnet werden. Durch Einsetzen der entsprechenden Matrizen erhalten wir

$$\begin{bmatrix} 0 - 1 \\ 1 - 2d \end{bmatrix} \begin{bmatrix} p_{11} \; p_{12} \\ p_{12} \; p_{22} \end{bmatrix} + \begin{bmatrix} p_{11} \; p_{12} \\ p_{12} \; p_{22} \end{bmatrix} \begin{bmatrix} 0 & 1 \\ -1 & -2d \end{bmatrix} = \begin{bmatrix} -1 & 0 \\ 0 & -\mu \end{bmatrix}.$$

Aus dieser Vektorgleichung erhalten wir die Identitäten

$$2p_{12} = 1,$$

$$p_{11} - 2dp_{12} - p_{22} = 0,$$

$$2p_{12} - 4d2p_{22} = -\mu.$$

Lösen wir diese drei Gleichungen nach den Unbekannten p_{ij} auf, so erhalten wir die Matrix

$$\boldsymbol{P} = \begin{bmatrix} p_{11} & p_{12} \\ p_{12} & p_{22}p_{22} \end{bmatrix} = \begin{bmatrix} d + \frac{1+\mu}{4d} & \frac{1}{2} \\ \frac{1}{2} & \frac{1+\mu}{4d} \end{bmatrix}.$$

Der bereits mehrmals definierte Güteindex $J = \boldsymbol{x}^T(0_+)\boldsymbol{P}\boldsymbol{x}(0_+)$ wird somit zu

$$J = \left(d + \frac{1+\mu}{4d}\right)x_1^2(0_+) + x_1(0_+)x_2(0_+) + \frac{1+\mu}{4d}x_2^2(0_+).$$

Mit den Anfangsbedingungen $x_1(0_+) = 1, x_2(0_+) = 0$ wird

$$J = d + \frac{1+\mu}{4d}.$$

Die Minimierung des Gütekriteriums J bezüglich der Dämpfung d erhalten wir aus der partiellen Ableitung

$$\frac{\partial J}{\partial d} = 1 - \frac{1+\mu}{4d^2} = 0$$

zu

$$d = \frac{\sqrt{1+\mu}}{2}.$$

Für den exemplarischen Wert $\mu = 1$ ergibt sich die optimale Dämpfung zu $d = \frac{\sqrt{2}}{2} = 0{,}707$.

Eine alternative Vorgehensweise im Sinne der Bestimmung der optimalen Rückführmatrix $\boldsymbol{K}$ besteht in der sukzessiven Durchführung der im Folgenden aufgezählten Entwicklungsschritte:

1. Bestimmung der Matrix$\boldsymbol{P}$ anhand der Gl. (10.8);
2. Einsetzen der Matrix $\boldsymbol{P}$ in $\boldsymbol{K} = \boldsymbol{R}^{-1}\boldsymbol{B}^T\boldsymbol{P}$;
3. Bestimmung der Elemente von $\boldsymbol{K}$ unter der Voraussetzung, dass der Güteindex J

minimal wird. Die Minimierung von J bezüglich der Elemente k_{ij} der Matrix $\boldsymbol{K}$ erreichen wir durch die partiellen Ableitungen $\partial J/\partial k_{ij}$, wobei wir das jeweilige Ergebnis zu Null setzen.

Diese Methode ist natürlich nur dann sinnvoll, wenn es sich um Problemstellungen mit nicht zu großem Systemgrad des zu optimierenden Systems handelt, wie wir im folgenden Beispiel sehen werden. ◀

Beispiel 10.2

Betrachten wir wiederum das Beispiel im Abschn. 6.1, Abb. 6.8. Die Zustandsgleichung ist gegeben zu

$$\dot{\boldsymbol{x}} = \boldsymbol{A}\boldsymbol{x} + \boldsymbol{B}u \tag{10.10}$$

Mit

$$\boldsymbol{A} = \begin{bmatrix} 0 & 1 \\ 0 & 0 \end{bmatrix}, \quad \boldsymbol{B} = \begin{bmatrix} 0 \\ 1 \end{bmatrix}, \quad R = 1, \quad \boldsymbol{Q} = \begin{bmatrix} 1 & 0 \\ 0 & 1 \end{bmatrix}$$

und

$$u = -\boldsymbol{K}\boldsymbol{x} = -k_1 x_1 - k_2 x_2. \tag{10.11}$$

Es sind die Elemente k_1 und k_2 so zu bestimmen, dass das Gütemaß

$$J = \int_0^\infty \left(\boldsymbol{x}^T\boldsymbol{x} + u^2\right)dt$$

minimal wird.

Setzen wir das Regelgesetz der Gl. (10.11) in die Zustandsgleichung (10.10) ein, so erhalten wir

$$\dot{\boldsymbol{x}} = \boldsymbol{A}\boldsymbol{x} - \boldsymbol{B}\boldsymbol{K}\boldsymbol{x} = (\boldsymbol{A} - \boldsymbol{B}\boldsymbol{K})\boldsymbol{x} = \begin{bmatrix} 0 & 1 \\ -k_1 & -k_2 \end{bmatrix}\boldsymbol{x}$$

Gehen wir von $k_1 > 0$ und $k_2 > 0$ aus, dann wird $\boldsymbol{A} - \boldsymbol{B}\boldsymbol{K}$ stabil und $\boldsymbol{x}(\infty) = 0$. Unter dieser Voraussetzung darf der Güteindex formuliert werden als

$$J = \int_0^\infty \left(\boldsymbol{x}^T\boldsymbol{x} + \boldsymbol{x}^T\boldsymbol{K}^T\boldsymbol{K}\boldsymbol{x}\right)dt = \int_0^\infty \boldsymbol{x}^T\left(\boldsymbol{I} + \boldsymbol{K}^T\boldsymbol{K}\right)\boldsymbol{x}dt = \boldsymbol{x}^T(0)\boldsymbol{P}\boldsymbol{x}(0),$$

wobei wir $\boldsymbol{P}$ aus der Gleichung

$$(\boldsymbol{A} - \boldsymbol{B}\boldsymbol{K})^T\boldsymbol{P} + \boldsymbol{P}(\boldsymbol{A} - \boldsymbol{B}\boldsymbol{K}) = -\left(\boldsymbol{Q} + \boldsymbol{K}^T\boldsymbol{R}\boldsymbol{K}\right) = -\left(\boldsymbol{I} + \boldsymbol{K}^T\boldsymbol{K}\right)$$

mit $\boldsymbol{Q} = \boldsymbol{I}$ und $R = \boldsymbol{I}_1 = 1$

bestimmen. Weil außerdem die Matrix $\boldsymbol{P}$ reell und symmetrisch ist, wird obige Gleichung

$$\begin{bmatrix} 0 & -k_1 \\ 1 & -k_2 \end{bmatrix}\begin{bmatrix} p_{11} & p_{12} \\ p_{12} & p_{22} \end{bmatrix} + \begin{bmatrix} p_{11} & p_{12} \\ p_{12} & p_{22} \end{bmatrix}\begin{bmatrix} 0 & 1 \\ -k_1 & -k_2 \end{bmatrix}\begin{bmatrix} 1 & 0 \\ 0 & 1 \end{bmatrix} - \begin{bmatrix} k_1^2 & k_1k_2 \\ k_1k_2 & k_2^2 \end{bmatrix}.$$

Diese Matrizengleichung ausmultipliziert ergibt folgende drei Gleichungen:

$$-2k_1p_{12} = -1 - k_1^2,$$

$$p_{11} - k_2p_{12} - k_1p_{22} = -k_1k_2,$$

$$2p_{12} - 2k_2p_{22} = -1 - k_2^2.$$

Lösen wir diese nach den Elementen p_{ij} auf, so erhalten wir

$$\boldsymbol{P} = \begin{bmatrix} p_{11} & p_{12} \\ p_{12} & p_{22} \end{bmatrix} = \begin{bmatrix} \frac{1}{2}\left(\frac{k_2}{k_1} + \frac{k_1}{k_2}\right) + \frac{k_1}{2k_2}\left(\frac{1}{k_1} + k_1\right) & \frac{1}{2}\left(\frac{1}{k_1} + k_1\right) \\ \frac{1}{2}\left(\frac{1}{k_1} + k_1\right) & \frac{1}{2}\left(\frac{1}{k_2} + k_2\right) + \frac{1}{2k_2}\left(\frac{1}{k_1} + k_1\right) \end{bmatrix}.$$

Nun verwenden wir die Gleichung $J = \boldsymbol{x}^T(0)\boldsymbol{P}\boldsymbol{x}(0)$ und erhalten

$$\begin{aligned} J = &\left[\frac{1}{2}\left(\frac{k_2}{k_1} + \frac{k_1}{k_2}\right) + \frac{k_1}{2k_2}\left(\frac{1}{k_1} + k_1\right)\right]x_1^2(0) + \left(\frac{1}{k_1} + k_1\right)x_1(0)x_2(0) \\ &+\left[\frac{1}{2}\left(\frac{1}{k_2} + k_2\right) + \frac{1}{2k_2}\left(\frac{1}{k_1} + k_1\right)\right]x_2^2(0). \end{aligned}$$

Um nun das Gütekriterium J zu minimieren setzen wir $\frac{\partial J}{\partial k_1} = 0$ und $\frac{\partial J}{\partial k_2} = 0$. Die Ansätze hierfür lauten

$$\frac{\partial J}{\partial k_1} = \left[\frac{1}{2}\left(\frac{-k_2}{k_1^2} + \frac{1}{k_2}\right) + \frac{k_1}{k_2}\right]x_1^2(0) + \left(\frac{-1}{k_1^2} + 1\right)x_1(0)x_2(0) + \left[\frac{1}{2k_2}\left(\frac{-1}{k_1^2} + 1\right)\right]x_2^2(0) = 0;$$

$$\frac{\partial J}{\partial k_2} = \left[\frac{1}{2}\left(\frac{-k_1}{k_2^2} + \frac{1}{k_1}\right) + \frac{-k_1}{2k_2^2}\left(\frac{1}{k_1} + k_1\right)\right]x_1^2(0) + \left[\frac{1}{2}\left(\frac{-1}{k_2^2} + 1\right) - \frac{-1}{2k_2^2}\left(\frac{1}{k_1} + k_1\right)\right]x_2^2(0) = 0.$$

Für alle beliebigen Anfangswerte $x_1(0)$ und $x_2(0)$ wird an der Stelle $k_1 = 1$ und $k_2 = \sqrt{3}$ das Gütekriterium J minimal. Wie wir bereits eingangs angenommen hatten, sind k_1 und k_2 positive Konstanten. Für das optimale Regelgesetz wird also die Rückführmatrix zu

$$\boldsymbol{K} = [k_1 k_2] = \left[1\sqrt{3}\right].$$

Das entsprechende Blockschaltbild ist mit Abb. 6.9, Abschn. 6.2 identisch. ◀

Zusammenfassende Anmerkungen

1. Für jeden beliebigen Anfangszustand. besteht die Aufgabe der optimalen Regelung darin, einen zulässigen Steuervektor $\boldsymbol{u}(t)$ zu erzeugen, der den Zustands-Vektor $\boldsymbol{x}(t)$ des zu regelnden Systems in das geforderte Gebiet des Zustandsraumes transferiert, wobei das dem Problem entsprechende Gütekriterium minimiert bzw. maximiert wird.
2. Den Regelkreis, durch den der gewählte Güteindex minimiert, oder je nach Anwendungsfall maximiert wird, bezeichnet man definitionsgemäß als optimal.
3. Das Charakteristikum eines optimalen Regelgesetzes, basierend auf einem quadratischen Gütekriterium, ist grundsätzlich eine lineare Funktion der Zustands-Variablen. Dieses Statement setzt allerdings voraus, dass sämtliche Zustandsgrößen einer Messung zur Verfügung stehen. Wenn nicht sämtliche Zustandsvariablen gemessen werden können, sind wir gezwungen zum Zustandsbeobachter überzugehen, der die keiner Messung zugänglichen Variablen durch eine sogenannte Schätzung ermittelt.
4. Falls die obere Grenze des Gütekriteriums J, gegeben durch Gl. (10.2), beschränkt ist, so ist der optimale Steuervektor $\boldsymbol{u}(t)$ auch eine lineare Funktion der Zustandsgrößen, allerdings aber mit zeitvarianten Koeffizienten. Auf diese Problematik wird im Kap. 11 ausführlich eingegangen.

10.2 Anwendung des Zustandsbeobachters

10.2.1 Problemstellung

Im Rahmen unserer Analysen in den Abschn. 6.2 und 10.1 wird durchweg vorausgesetzt, dass sämtliche Zustandsvariablen messbare physikalische Größen sind. In der praktischen Anwendung stehen jedoch nur in den seltensten Fällen sämtliche Zustandsgrößen einer Messung zur Verfügung. Auch die Differenziation einer Zustandsvariablen zur Erzeugung einer anderen scheidet in den meisten Fällen aus, weil dadurch das Signal/Rausch-Verhältnis erheblich erhöht wird. Wie im Folgenden gezeigt wird, müssen deshalb nicht messbare Zustandsgrößen simuliert, in der Fachsprache *geschätzt* werden. Der Akt der Schätzung einer nicht messbaren Zustandsgröße wird in der einschlägigen Literatur als *Beobachtung* bezeichnet. Eine Vorrichtung, in den meisten Fällen ein Computer-Programm, die eine Zustandsgröße schätzt, wird deshalb als *Zustandsbeobachter* oder kurz als *Beobachter* bezeichnet.

10.2.2 Zustandsbeobachter

Der Zustandsbeobachter schätzt mithilfe der Stellgrößen und der Ausgangsgrößen die Zustandsvariablen des zu regelnden Systems. Wie sich zeigen wird, bekommt das Konzept der Beobachtbarkeit technischer Systeme wesentliche Bedeutung; siehe hierzu auch die mathematischen Grundlagen im Abschn. 2.4.

Ausgangspunkt ist die Zustandsgleichung

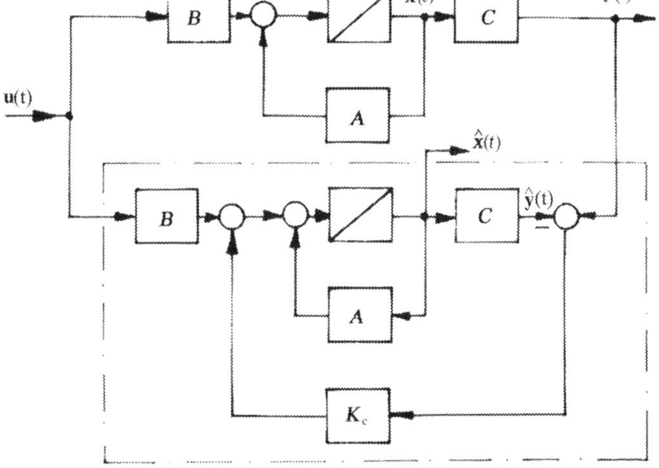

Abb. 10.2 Zu regelndes System und Zustandsbeobachter

$$\dot{\boldsymbol{x}} = \boldsymbol{A}\boldsymbol{x} + \boldsymbol{B}\boldsymbol{u}. \tag{10.12}$$

sowie die Ausgangsgleichung

$$\boldsymbol{y} = \boldsymbol{C}\boldsymbol{x}. \tag{10.13}$$

Nun gehen wir davon aus, dass der Systemzustand $\boldsymbol{x}$ durch den Zustandsbeobachter $\hat{\boldsymbol{x}}$ des dynamischen Modells

$$\dot{\hat{\boldsymbol{x}}} = \boldsymbol{A}\boldsymbol{x} + \boldsymbol{B}\boldsymbol{u} + \boldsymbol{K}_e\big(\boldsymbol{y} - \hat{\boldsymbol{y}}\big) \tag{10.14}$$

approximiert wird. Im Abb. 10.2 sehen wir die Struktur des um den Zustandsbeobachter (strichpunktiert eingerahmt) erweitere System.

Der Beobachter hat den Ausgangsvektor $\boldsymbol{y}$ und den Steuervektor $\boldsymbol{u}$ als Eingangsgrößen sowie den geschätzten Zustandsvektor $\hat{\boldsymbol{y}}$ als Ausgangsgröße. Der letzte Term der rechten Seite des Modells in Gl. (10.14) erfüllt den Zweck eines Korrekturterms, der die Differenz zwischen dem gemessenem Ausgang $\boldsymbol{y}$ und dem geschätzten Ausgang $\hat{\boldsymbol{y}}$ berücksichtigt. Die Matrix $\boldsymbol{K}_e$ hat somit die Funktion einer Gewichtsmatrix.

Zur Bestimmung der Fehlergleichung des Beobachters wird Gl. (10.14) von Gl. (10.12) subtrahiert:

$$\dot{\boldsymbol{x}} - \dot{\hat{\boldsymbol{x}}} = \boldsymbol{A}\boldsymbol{x} - \boldsymbol{A}\boldsymbol{x} - \boldsymbol{K}_e\big(\boldsymbol{C}\boldsymbol{x} - \boldsymbol{C}\boldsymbol{x}\big) = (\boldsymbol{A} - \boldsymbol{K}_e\boldsymbol{C}) \cdot \big(\boldsymbol{x} - \hat{\boldsymbol{x}}\big). \tag{10.15}$$

Mit der Definition des Fehlervektors

$$\boldsymbol{e} = \boldsymbol{x} - \hat{\boldsymbol{x}}$$

wird Gl. (10.15) zu

$$\dot{\boldsymbol{e}} = (\boldsymbol{A} - \boldsymbol{K}_e\boldsymbol{C})\boldsymbol{e}.$$

Aus dieser Gleichung können wir ohne Schwierigkeiten ersehen, dass das dynamische Verhalten des Fehlervektors durch die Eigenwerte der Matrix $\boldsymbol{A} - \boldsymbol{K}_e\boldsymbol{C}$ bestimmt wird. Unter der Voraussetzung, dass diese Matrix stabil ist, konvergiert der Fehlervektor für jeden beliebigen Anfangswert ($\dot{\boldsymbol{e}}$)mit zunehmender Zeit gegen Null. Dies bedeutet wiederum, dass $\hat{\boldsymbol{x}}\,(t)$ unabhängig von den Anfangswerten $\boldsymbol{x}(\boldsymbol{0})$ und $\hat{\boldsymbol{x}}(\boldsymbol{0})$ mit zunehmender Zeit gegen $\boldsymbol{x}(t)$ konvergiert.

10.2.3 Dimensionierung der Beobachter-Matrix K_e

Wir gehen aus von der Zustandsgleichung (10.12) sowie von der Ausgangsgleichung (10.13) des zu regelnden Prozesses. Für die Dimensionierung des Beobachters ist es aus mathematischen Gründen von Vorteil, diese Gleichungen auf die Beobachtungsnormalform zu transformieren. Dies erreichen wir durch die Definition der Transformationsmatrix

$$Q = \left(W \cdot S_o^T\right), \tag{10.16}$$

wobei die Matrix $\boldsymbol{W}$ und die Beobachtbarkeitsmatrix $\boldsymbol{S}_o$ folgender Form

$$S_o = \left[C^T, A^T C^T, \ldots, (A)^{n-1}\right] C^T$$

und

$$W = \begin{bmatrix} a_{n-1} & a_{n-2} & \cdots & a_1 & 1 \\ a_{n-2} & a_{n-3} & \cdots & 1 & 0 \\ . & . & & . & . \\ . & . & & . & . \\ a_1 & 1 & . & 0 & 0 \\ 1 & 0 & 0 & 0 & 0 \end{bmatrix}$$

unterliegen. Die Elemente der Matrix $\boldsymbol{W}$entsprechen den Koeffizienten des charakteristischen Polynoms des ungeregelten Systems, also

$$|sI - A| = s^n + a_1 s^{n-1} + \cdots + a_{n-1} s + a_0 = 0.$$

Führen wir außerdem die Zustandstransformation

$$x = Q \cdot \zeta \tag{10.17}$$

durch, so werden die Gl. (10.12) und (10.13) zu

$$\dot{\xi} = Q^{-1} A Q + Q^{-1} B u \tag{10.18}$$

sowie

$$Y = CQ\zeta \tag{10.19}$$

mit

$$Q^{-1}AQ = \begin{bmatrix} 0 & 0 & . & . & . & -a_n \\ 1 & 0 & . & . & . & -a_{n-1} \\ 0 & 1 & . & . & . & -a_{n-2} \\ . & . & . & . & . & . \\ 0 & 0 & . & . & 1 & -a_1 \end{bmatrix}, \tag{10.20}$$

$$Q^{-1}B = \begin{bmatrix} b_n - a_n b_0 \\ b_{n-1} - a_{n-1} b_0 \\ . \\ . \\ b_1 - a_1 b_0 \end{bmatrix}, \tag{10.21}$$

und

$$\boldsymbol{CQ} = [0 \quad 0 \ldots 1] \tag{10.22}$$

Man beachte: Für den Fall, dass die Systemmatrix $\boldsymbol{A}$ bereits in der Beobachtungsnormalform gegeben ist, wird die Matrix $\boldsymbol{Q} \quad \boldsymbol{I}$ zur Einheitsmatrix.

Wie wir bereits in Gl. (10.14) gezeigt haben, kommt die Dynamik des Beobachters durch die Gleichung

$$\dot{\hat{x}} = \boldsymbol{Ax} + \boldsymbol{Bu} + \boldsymbol{K}_e\left(y - \boldsymbol{Cx}\right) = (\boldsymbol{A} - \boldsymbol{K}_e\boldsymbol{C})\hat{\boldsymbol{x}} + \boldsymbol{Bu} + \boldsymbol{K}_e\boldsymbol{Cx} \tag{10.23}$$

zum Ausdruck. Definieren wir nun den Zustandsvektor des Beobachters zu

$$\hat{\boldsymbol{x}} = \boldsymbol{Q\xi}, \tag{10.24}$$

so erhalten wir durch Einsetzen der Gl. (10.24) in (10.2.3)

$$\dot{\hat{\boldsymbol{\xi}}} = \boldsymbol{Q}^{-1}(\boldsymbol{A} - \boldsymbol{K}_e\boldsymbol{C})\boldsymbol{Q\xi} + \boldsymbol{Q}^{-1}\boldsymbol{Bu} + \boldsymbol{Q}^{-1}\boldsymbol{K}_e\boldsymbol{CQ\xi}. \tag{10.25}$$

Subtrahieren wir Gl. (10.25) von (10.18), so ergibt sich

$$\dot{\boldsymbol{\xi}} - \dot{\hat{\boldsymbol{\xi}}} = \boldsymbol{Q}^{-1}(\boldsymbol{A} - \boldsymbol{K}_e\boldsymbol{C})\boldsymbol{Q}\left(\boldsymbol{\xi} - \hat{\boldsymbol{\xi}}\right). \tag{10.26}$$

Definieren wir außerdem den Fehler des Beobachters als

$$\boldsymbol{e} = \boldsymbol{\xi} - \hat{\boldsymbol{\xi}},$$

so nimmt Gl. (10.26) die Form

$$\dot{\boldsymbol{e}} = \boldsymbol{Q}^{-1}(\boldsymbol{A} - \boldsymbol{K}_e\boldsymbol{C})\boldsymbol{Qe} \tag{10.27}$$

an. Mit oberster Priorität fordern wir zunächst, dass die Dynamik des Fehlers asymptotisch stabil ist und der Fehlervektor $\boldsymbol{e}(t)$ mit hinreichender Geschwindigkeit gegen Null tendiert. Die Strategie zur Bestimmung der Matrix $\boldsymbol{K}_e$ besteht zunächst in der Wahl geeigneter Pole des Beobachters, also der Eigenwerte der Matrix$(\boldsymbol{A} - \boldsymbol{K}_e\boldsymbol{C})$, und der nachfolgenden Bestimmung der Matrix $\boldsymbol{K}_e$ unter der Voraussetzung, dass der Beobachter die gewünschten Pole annimmt. Mit $\boldsymbol{Q}^{-1} = \boldsymbol{WS}_o^T$ folgt dafür in Vektorschreibweise

$$\boldsymbol{Q}^{-1}\boldsymbol{K}_e = \begin{bmatrix} a_{n-1} & a_{n-2} & \ldots & a_1 & 1 \\ a_{n-2} & a_{n-3} & \ldots & 1 & 0 \\ \cdot & \cdot & \ldots & \cdot & \cdot \\ \cdot & \cdot & \ldots & \cdot & \cdot \\ \cdot & \cdot & \ldots & \cdot & \cdot \\ a_1 & 1 & \ldots & 0 & 0 \\ 1 & 0 & \ldots & 0 & 0 \end{bmatrix} \cdot \begin{bmatrix} \boldsymbol{C} \\ \boldsymbol{CA} \\ \boldsymbol{CA}^2 \\ \cdot \\ \cdot \\ \boldsymbol{CA}^{n-2} \\ \boldsymbol{CA}^{n-1} \end{bmatrix} \cdot \begin{bmatrix} k_1 \\ k_2 \\ \cdot \\ \cdot \\ \cdot \\ k_{n-1} \\ k_n \end{bmatrix}$$

mit

$$\boldsymbol{K}_e = \begin{bmatrix} k_1 & k_2 \ldots k_{n-1} & k_n \end{bmatrix}^T.$$

Weil das Produkt $\boldsymbol{Q}^{-1}\boldsymbol{K}_e$ einen n–dimensionalen Vektor ergibt, schreiben wir abkürzend

$$\boldsymbol{Q}^{-1}\boldsymbol{K}_e = \begin{bmatrix} \delta_n \\ \delta_{n-1} \\ . \\ . \\ . \\ \delta_2 \\ \delta_1 \end{bmatrix}. \tag{10.28}$$

Bezugnehmend auf Gl. (10.22) gilt nunmehr

$$\boldsymbol{Q}^{-1}\boldsymbol{K}_e\boldsymbol{C}\boldsymbol{Q} = \begin{bmatrix} \delta_n \\ \delta_{n-1} \\ . \\ . \\ . \\ \delta_2 \\ \delta_1 \end{bmatrix} \cdot \begin{bmatrix} 0 \; 0 \ldots 1 \end{bmatrix} = \begin{bmatrix} 0 \; 0 \ldots 0 \; \delta_n \\ 0 \; 0 \ldots 0 \; \delta_{n-1} \\ . \\ . \\ . \\ 0 \; 0 \ldots 0 \; \delta_1 \end{bmatrix}.$$

und

$$\boldsymbol{Q}^{-1}(\boldsymbol{A} - \boldsymbol{K}_e\boldsymbol{C})\boldsymbol{Q} = \boldsymbol{Q}^{-1}\boldsymbol{A}\boldsymbol{Q} - \boldsymbol{Q}^{-1}\boldsymbol{K}_e\boldsymbol{C}\boldsymbol{Q} = \begin{bmatrix} 0 \; 0 \ldots 0 \; -a_n - \delta_n \\ 1 \; 0 \ldots 0 \; -a_{n-1} - \delta_{n-1} \\ 0 \; 1 \ldots 0 \; -a_{n-2} - \delta_{n-2} \\ . \\ . \\ . \\ 0 \; 0 \ldots 1 \; -a_1 - \delta_1 \end{bmatrix}.$$

Die *charakteristische Gleichung des Fehlervektors*

$$\left| s\boldsymbol{I} - \boldsymbol{Q}^{-1}(\boldsymbol{A} - \boldsymbol{K}_e\boldsymbol{C})\boldsymbol{Q} \right| = 0$$

wird somit zu

$$\begin{vmatrix} s & 0 & 0 \ldots 0 & a_n + \delta_n \\ -1 & s & 0 \ldots 0 & a_{n-1} + \delta_{n-1} \\ 0 & -1 & s \ldots 0 & a_{n-2} + \delta_{n-2} \\ & & . & \\ & & . & \\ & & . & \\ 0 & 0 & 0 \ldots -1 & s + a_1 + \delta_1 \end{vmatrix} = 0$$

oder ausgerechnet

$$s^n + (a_1 + \delta_1)s^{n-1} + (a_2 + \delta_2)s^{n-2} + ...(a_{n-1} + \delta_{n-1})s + (a_n + \delta_n) = 0. \quad (10.29)$$

Das *charakteristische Polynom der gewollten Fehlerdynamik* lautet

$$(s - \mu_1)(s - \mu_2) \cdot \ldots \cdot (s - \mu_n) = s^n + \alpha_1 s^{n-1} + \alpha_2 s^{n-2} + \cdots + \alpha_1 s + \alpha_0 = 0. \quad (10.30)$$

Dabei sollte darauf hingewiesen werden, dass die gewünschten Eigenwerte μ_i dafür maßgeblich sind, wie schnell der Zustand des Beobachters gegen den aktuellen Zustand des zu regelnden Systems konvergiert.

Führen wir nun einen Koeffizientenvergleich der Terme gleicher Potenzen in s zwischen den Gl. (10.29) und (10.30) durch, so erhalten wir die Identitäten

$$a_1 + \delta_1 = \alpha_1,$$

$$a_2 + \delta_2 = \alpha_2,$$

$$a_n + \delta_n = \alpha_n.$$

Aus diesen Gleichungen erhalten wir unmittelbar

$$\delta_1 = \alpha_1 - a_1,$$

$$\delta_2 = \alpha_2 - a_2,$$

$$\delta_n = \alpha_n - a_n.$$

Nunmehr erhalten wir jetzt aus Gl. (10.28)

$$\boldsymbol{Q}^{-1}\boldsymbol{K}_e = \begin{bmatrix} \delta_n \\ \delta_{n-1} \\ \cdot \\ \cdot \\ \cdot \\ \delta_1 \end{bmatrix} = \begin{bmatrix} \alpha_n - a_n \\ \alpha_{n-1} - a_{n-1} \\ \cdot \\ \cdot \\ \cdot \\ \alpha_1 - a_1 \end{bmatrix}.$$

Daraus ergibt sich schließlich die zu bestimmende Matrix des Beobachters

$$\boldsymbol{K}_e = \boldsymbol{Q} \begin{bmatrix} \alpha_n - a_n \\ \alpha_{n-1} - a_{n-1} \\ \cdot \\ \cdot \\ \cdot \\ \alpha_1 - a_1 \end{bmatrix} = \left(\boldsymbol{W} \cdot \boldsymbol{S}_o^T\right)^{-1} \cdot \begin{bmatrix} \alpha_n - a_n \\ \alpha_{n-1} - a_{n-1} \\ \cdot \\ \cdot \\ \cdot \\ \alpha_1 - a_1 \end{bmatrix}. \quad (10.31)$$

Wenn also die Dynamik des Beobachters durch die Wahl der Eigenwerte festgelegt ist, so kann dieser vollständig entworfen werden, vorausgesetzt, das zu regelnde System ist vollständig beobachtbar. Die Eigenwerte des Beobachters sollten so gewählt werden, dass dieser mindestens vier- bis fünfmal schneller eingeschwungen ist als die Regelgröße des geschlossenen Regelkreises.

Die Zustandsgleichung des Beobachters wurde bereits in (10.23) hergeleitet als

$$\dot{\hat{x}} = (\boldsymbol{A} - \boldsymbol{K}_e\boldsymbol{C})\hat{x} + \boldsymbol{B}\boldsymbol{u} + \boldsymbol{K}_e y. \tag{10.32}$$

Hinweis Bei sämtlichen bisherigen Abhandlungen haben wir vorausgesetzt, dass die Systemmatrix $\boldsymbol{A}$ und die Steuermatrix $\boldsymbol{B}$ des Beobachters mit den entsprechenden Matrizen der zu regelnden Strecke identisch sind. In der Praxis trifft jedoch diese Annahme nur in den seltensten Fällen zu. Konsequenterweise wird auch die Fehlerdynamik nur näherungsweise durch die Gl. (10.27) beschrieben. Man sollte deshalb im gegebenen Fall unbedingt ein möglichst genaues Modell des Beobachters entwickeln, um den Fehler in tolerierbaren Grenzen zu halten.

10.2.4 Dimensionierung der Beobachter-Matrix $\boldsymbol{K}_e$ auf direktem Weg

Wie im Fall der Polzuweisung ist diese Methode nur dann vorteilhaft, wenn es sich um ein System von nur niedriger Ordnung handelt. Beispielsweise für ein System dritter Ordnung lautet die Beobachter-Matrix $\boldsymbol{K}_e$

$$\boldsymbol{K}_e = \begin{bmatrix} k_{e1} \\ k_{e2} \\ k_{e3} \end{bmatrix}.$$

Setzen wir diese Matrix in das gewünschte charakteristische Polynom des Beobachters ein, so erhalten wir

$$|s\boldsymbol{I} - (\boldsymbol{A} - \boldsymbol{K}_e\boldsymbol{C})| = (s - \mu_1)(s - \mu_2)(s - \mu_3).$$

Führen wir anhand dieser Gleichung einen Koeffizientenvergleich bei jeweils gleichen Potenzen in s durch, so errechnen sich daraus die Werte der zunächst unbekannten Koeffizienten k_{e1}, k_{e2} undk_{e3}.

Beispiel 10.3

Gegeben sei die Zustandsgleichung eines Eingrößensystems

$$\dot{\boldsymbol{x}} = \boldsymbol{A}\boldsymbol{x} + \boldsymbol{b}u$$

sowie deren Ausgangsgleichung

$$y = \boldsymbol{c}^T\boldsymbol{x}$$

mit

$$\boldsymbol{A} = \begin{bmatrix} 0 & 20{,}6 \\ 1 & 0 \end{bmatrix}, \quad \boldsymbol{b} = \begin{bmatrix} 0 \\ 1 \end{bmatrix}, \quad \boldsymbol{c}^T = \begin{bmatrix} 0 & 1 \end{bmatrix}.$$

Zu bestimmen ist die Matrix $\boldsymbol{K}_e$ des Zustandsbeobachters, wobei dessen gewünschte Eigenwerte festgelegt seien zu

$$\mu_1 = -1{,}8 + j2{,}4 \quad \text{und} \quad \mu_2 = -1{,}8 - j2{,}4.$$

Die Beobachtbarkeits-Matrix

$$\boldsymbol{S}_o = \begin{bmatrix} \boldsymbol{c}^T \\ \boldsymbol{c}^T A \end{bmatrix} = \begin{bmatrix} 0 & 1 \\ 1 & 0 \end{bmatrix}$$

hat den notwendigen Rang von zwei. Weil also vollständige Zustandsbeobachtbarkeit gegeben ist, kann die Beobachter-Matrix berechnet werden. Aus Gründen der Demonstration sollen hier zwei Lösungswege aufgezeigt werden.

Methode 1: Bestimmung der Beobachter-Matrix durch Verwendung der Gl. (10.31).

Weil die Systemmatrix $\boldsymbol{A}$ bereits in der Beobachtbarkeits-Normalform gegeben ist, wird die Transformations-Matrix

$$\boldsymbol{Q} = \left(\boldsymbol{W} \cdot \boldsymbol{S}_o^T\right)^{-1}$$

zur Einheitsmatrix $\boldsymbol{I}$. Aus der charakteristischen Gleichung des gegebenen Systems

$$|s\boldsymbol{I} - \boldsymbol{A}| = \begin{vmatrix} s - 20{,}6 \\ -1s \end{vmatrix} = s^2 - 20{,}6 = s^2 + a_1 s + a_2 = 0$$

bekommen wir zunächst$a_1 = 0$; $a_2 = -20{,}6$.

Die *gewünschte* charakteristische Gleichung bekommt die Form

$$(s + 1{,}8 - j2{,}4)(s + 1{,}8 + j2{,}4) = s^2 + 3{,}6s + 9 = s^2 + \alpha_1 s + \alpha_2 = 0$$

mit $\alpha_1 = 3{,}6$ und $\alpha_2 = 9$.

Die gesuchte Beobachter-Matrix $\boldsymbol{K}_e$ berechnen wir damit zu

$$\boldsymbol{K}_e = \left(\boldsymbol{W} \cdot \boldsymbol{S}_o^T\right)^{-1} \begin{bmatrix} \alpha_2 - a_2 \\ \alpha_1 - a_1 \end{bmatrix} = \begin{bmatrix} 1 & 0 \\ 0 & 1 \end{bmatrix} \begin{bmatrix} 9 & +20{,}6 \\ 3{,}6 & -0 \end{bmatrix} = \begin{bmatrix} 29{,}6 \\ 3{,}6 \end{bmatrix}.$$

Methode 2: Verwendung des dynamischen Fehlers $\dot{\boldsymbol{e}} = (\boldsymbol{A} - \boldsymbol{K}_e \boldsymbol{C})\boldsymbol{e}$.

Die charakteristische Gleichung des Beobachters nimmt die Gestalt

$$\left|s\boldsymbol{I} — \boldsymbol{A} + \boldsymbol{K}_e \boldsymbol{c}^T\right| = 0$$

an. Definieren wir die Beobachter-Matrix wieder mit

$$K_e = \begin{bmatrix} k_{e1} \\ k_{e2} \end{bmatrix},$$

so wird jetzt die charakteristische Gleichung

$$\left| \begin{bmatrix} s & 0 \\ 0 & s \end{bmatrix} - \begin{bmatrix} 0 & 20{,}6 \\ 1 & 0 \end{bmatrix} + \begin{bmatrix} k_{e1} \\ k_{e2} \end{bmatrix} [01] \right| = s^2 + sk_{e2} - 20{,}6 + k_{e1} = 0.$$

Mit dem gewünschten Polynom der charakteristischen Gleichung

$$s^2 + 3{,}6s + 9 = 0$$

ergibt der Koeffizientenvergleich zwischen den beiden letzten Gleichungen
$k_{e1} = 29{,}6$ und $k_{e2} = 3{,}6$ und somit

$$K_e = \begin{bmatrix} 29{,}6 \\ 3{,}6 \end{bmatrix}.$$

Wie wir sofort sehen können, liefern beide Lösungswege dasselbe Ergebnis.

Die Gleichung des vollständigen Zustandsbeobachters lautet gemäß Gl. (10.32)

$$\dot{\hat{x}} = (A - K_e c^T)\hat{x} + bu + K_e y$$

◀

$$\begin{bmatrix} \dot{\hat{x}}_1 \\ \dot{\hat{x}}_2 \end{bmatrix} = \begin{bmatrix} 0 & -9 \\ 1 & -3{,}6 \end{bmatrix} \begin{bmatrix} \hat{x}_1 \\ \hat{x}_2 \end{bmatrix} + \begin{bmatrix} 0 \\ 1 \end{bmatrix} u + \begin{bmatrix} 29{,}6 \\ 3{,}6 \end{bmatrix} y.$$

Beispiel 10.4

Geben ist ein System dritter Ordnung mit der Zustandsgleichung

$$\dot{x} = Ax + bu$$

und der Ausgangsgleichung

$$y = c^T x$$

mit den Matrizen

$$A = \begin{bmatrix} 0 & 1 & 0 \\ 0 & 0 & 1 \\ -6 & -11 & -6 \end{bmatrix}, \quad b = \begin{bmatrix} 0 \\ 0 \\ 1 \end{bmatrix}, \quad c^T = \begin{bmatrix} 1 & 0 & 0 \end{bmatrix}$$

Im Gegensatz zu Beispiel 10.3 ist die Systemmatrix A in der Regelungsnormalform gegeben. Zu bestimmen ist wieder die Matrix K_e des Zustandsbeobachters entsprechend Abb. 10.2. Wir gehen davon aus, dass die gewünschten Eigenwerte des Beobachters die Werte

$$\mu_{1,2} = -2 \pm j3{,}464 \quad \text{und} \quad \mu_3 = -5$$

annehmen sollen.

Die Beobachtbarkeitsmatrix

$$\boldsymbol{S}_o = \left[\boldsymbol{c}^T \boldsymbol{A}^T \boldsymbol{c}^T \left(\boldsymbol{A}^T\right)^2 \boldsymbol{c}^T\right] = \begin{bmatrix} 1 & 0 & 0 \\ 0 & 1 & 0 \\ 0 & 0 & 1 \end{bmatrix}$$

hat den notwendigen Rang drei; das gegebene System ist damit vollständig zustandsbeobachtbar und somit kann auch die Matrix $\boldsymbol{K}_e$ eindeutig bestimmt werden. Die *charakteristische Gleichung des ungeregelten Systems* lautet

$$|s\boldsymbol{I} - \boldsymbol{A}| = \begin{vmatrix} s & -1 & 0 \\ 0 & s & -1 \\ 6 & 11 & s+6 \end{vmatrix} = s^3 + 6s^2 + 11s + 6 = s^3 + a_1 s^2 + a_2 s + a_3 = 0.$$

Die *gewollte charakteristische Gleichung* errechnet sich zu

$$(s - \mu_1)(s - \mu_2)(s - \mu_3) = s^3 + 9s^2 + 36s + 80 = s^3 + \alpha_1 s^2 + \alpha_2 s + \alpha_3 = 0.$$

In diesem Beispiel wird die Matrix $\boldsymbol{K}_e$ mithilfe der Gl. (10.31)

$$\boldsymbol{K}_e = \left(\boldsymbol{W} \cdot \boldsymbol{S}_o^T\right)^{-1} \cdot \begin{bmatrix} \alpha_3 - a_3 \\ \alpha_2 - a_2 \\ \alpha_1 - a_1 \end{bmatrix}$$

berechnet. Mit der bereits bekannten Beobachtbarkeits-Matrix $\boldsymbol{S}_o$ sowie der Transformations- Matrix

$$\boldsymbol{W} = \begin{bmatrix} 11 & 6 & 1 \\ 6 & 1 & 0 \\ 1 & 0 & 0 \end{bmatrix}$$

erhalten wir zunächst

$$\left(\boldsymbol{W} \cdot \boldsymbol{S}_o^T\right)^{-1} \left\{ \begin{bmatrix} 11 & 6 & 1 \\ 6 & 1 & 0 \\ 1 & 0 & 0 \end{bmatrix} \cdot \begin{bmatrix} 1 & 0 & 0 \\ 0 & 1 & 0 \\ 0 & 0 & 1 \end{bmatrix} \right\}^{-1} = \begin{bmatrix} 0 & 0 & 1 \\ 0 & 1 & -6 \\ 1 & -6 & 25 \end{bmatrix}$$

und damit die zu bestimmende Matrix

◀

$$\boldsymbol{K}_e = \begin{bmatrix} 0 & 0 & 1 \\ 0 & 1 & -6 \\ 1 & -6 & 25 \end{bmatrix} \cdot \begin{bmatrix} 80 - 6 \\ 36 - 11 \\ 9 - 6 \end{bmatrix} = \begin{bmatrix} 3 \\ 7 \\ -1 \end{bmatrix}.$$

10.2.5 Kombination des Beobachters mit dem zu regelndem System

Zunächst muss darauf hingewiesen werden, dass bisher die Zielsetzung ausschließlich in der Konfiguration des Beobachters bestand. Getrennt davon wird nun in diesem Abschnitt die Rückführmatrix $\boldsymbol{K}$ des zu regelnden Systems konfiguriert; vergleiche hierzu Abb. 10.3.

Der Syntheseprozess ist von zweistufiger Natur: Im ersten Schritt ist die Rückführmatrix $\boldsymbol{K}$ zu bestimmen, um das gewünschte Eigenverhalten des zu regelnden Systems zu erreichen. Im zweiten Schritt ist die Beobachter-Matrix $\boldsymbol{K}_e$ mit der Zielsetzung zu bestimmen, dass der Beobachter ein gefordertes Zeitverhalten annimmt.

Ausgegangen wird vom vollkommen steuer- und beobachtbaren System

$$\dot{x} = \boldsymbol{Ax} + \boldsymbol{Bu},$$

$$y = \boldsymbol{Cx},$$

wobei für den Sonderfall des Eingrößensystems $\boldsymbol{C} = \boldsymbol{c}^T$ und $\boldsymbol{B} = \boldsymbol{b}$ wird. Stellgröße ist der rückgeführte Zustandsvektor des Beobachters

$$\boldsymbol{u} = -\boldsymbol{Kx}.$$

Unter Verwendung dieser Stellgröße lautet die Zustandsgleichung des zu regelnden Systems

$$\dot{x} = \boldsymbol{Ax} - \boldsymbol{BKx} = (\boldsymbol{A} - \boldsymbol{BK})\boldsymbol{x} + \boldsymbol{BK}\left(\boldsymbol{x} - \hat{\boldsymbol{x}}\right). \tag{10.33}$$

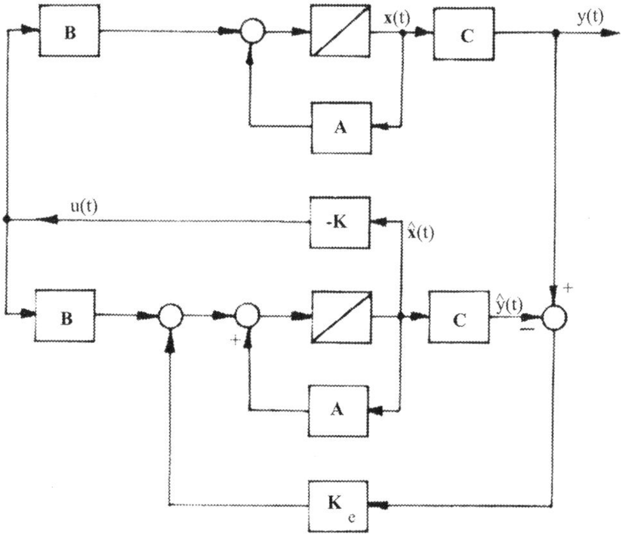

Abb. 10.3 Regelkreis mit Zustands-Beobachter

Die Differenz zwischen dem aktuellen Zustand $\boldsymbol{x}(t)$ und dem beobachteten Zustand $\hat{\boldsymbol{x}}(t)$ wurde bereits weiter oben als Fehlervektor $\boldsymbol{e}(t)$ definiert:

$$\boldsymbol{e}(t) = \boldsymbol{x}(t) - \hat{\boldsymbol{x}}(t).$$

Substituieren wir den Fehlervektor in (10.33), so ergibt sich

$$\dot{\boldsymbol{x}} = (\boldsymbol{A} - \boldsymbol{BK})\boldsymbol{x} + \boldsymbol{BKe}.$$

Mit der bereits definierten Differenzialgleichung des Beobachter-Fehlers

$$\dot{\boldsymbol{e}} = (\boldsymbol{A} - \boldsymbol{K}_e\boldsymbol{C})\boldsymbol{e} \tag{10.34}$$

ergibt sich durch Kombination von (10.33) und (10.34)

$$\begin{bmatrix} \dot{\boldsymbol{x}} \\ \dot{\boldsymbol{e}} \end{bmatrix} = \begin{bmatrix} \boldsymbol{A} - \boldsymbol{BK} & \boldsymbol{BK} \\ \boldsymbol{0} & \boldsymbol{A} - \boldsymbol{K}_e\boldsymbol{C} \end{bmatrix} \begin{bmatrix} x \\ e \end{bmatrix}. \tag{10.35}$$

Gl. (10.35) beschreibt die Dynamik der geregelten Zustandsrückführung, basierend auf dem Beobachterprinzip. Die charakteristische Gleichung des gesamten Systems lautet dann

$$\begin{vmatrix} s\boldsymbol{I} - \boldsymbol{A} + \boldsymbol{BK} & \boldsymbol{BK} \\ \boldsymbol{0} & s\boldsymbol{I} - \boldsymbol{A} + \boldsymbol{K}_e\boldsymbol{C} \end{vmatrix} = 0.$$

Nach den Rechenregeln der Matrizenrechnung ergibt sich die Determinante einer Dreiecks- Blockmatrix aus dem Produkt der Determinanten der einzelnen Elemente, wir erhalten somit

$$|s\boldsymbol{I} - \boldsymbol{A} + \boldsymbol{BK}| \cdot |s\boldsymbol{I} - \boldsymbol{A} + \boldsymbol{K}_e\boldsymbol{C}| = 0.$$

Hinweis Die Pole des geschlossenen Regelkreises, basierend auf der Rückführung des Zustandsvektors des Beobachters, bestehen aus den Polen des Prinzips der Polzuweisung $|s\boldsymbol{I} - \boldsymbol{A} + \boldsymbol{BK}| = 0$ der geregelten Strecke plus den Polen gemäß der Gleichung $|s\boldsymbol{I} - \boldsymbol{A} + \boldsymbol{K}_e\boldsymbol{C}| = 0$, basierend auf der Dimensionierung des Beobachters. Diese Aussage impliziert, dass die bekannte Methode der Polzuweisung für die zu regelnde Strecke und für den Beobachter unabhängig voneinander durchgeführt werden kann. Beide Systeme können also separat dimensioniert und dann miteinander zum Gesamtsystem kombiniert werden.

Die Pole des zu regelnden Systems werden unter der Vorgabe eines zu erfüllenden Gütekriteriums gewählt. Die Pole des Beobachters werden normalerweise mit der Zielsetzung gewählt, dass der Beobachter wesentlich schneller reagiert, als die zu regelnde Strecke. Eine Daumenregel besagt übrigens, dass die Pole des Beobachters etwa vier- bis fünfmal schneller sein sollten als die Pole des zu regelnden Systems.

Beispiel 10.5

Gegeben ist ein System zweiter Ordnung mit der Zustandsgleichung

$$\dot{\boldsymbol{x}} = \boldsymbol{A}\boldsymbol{x} + \boldsymbol{b}u \tag{10.36}$$

und der Ausgangsgleichung

$$y = \boldsymbol{c}^T\boldsymbol{x} \tag{10.37}$$

mit der Systemmatrix $\boldsymbol{A}$, dem Steuervektor $\boldsymbol{b}$ sowie dem Ausgangsvektor $\boldsymbol{c}^T$ als

$$A = \begin{bmatrix} 0 & 1 \\ 20{,}6 & 0 \end{bmatrix}, \quad \boldsymbol{b} = \begin{bmatrix} 0 \\ 1 \end{bmatrix}, \quad \boldsymbol{c}^T = [10].$$

Zur Dimensionierung der Rückführmatrix $\boldsymbol{K}$ wird das Verfahren der Polzuweisung angewandt. Die Pole des zu regelnden Systems sollen die Werte

$$\mu_{1,2} = -1{,}8 \pm j2{,}4$$

annehmen. Mit dem zu Beispiel 10.3 analogen Ansatz

$$|s\boldsymbol{I} - \boldsymbol{A} + \boldsymbol{b}\boldsymbol{K}| = (s - \mu_1)(s - \mu_2)$$

erhalten wir

$$\boldsymbol{K} = [29{,}63{,}6].$$

Damit lautet die Gleichung für das Stellsignal

$$u = -\boldsymbol{K}\boldsymbol{x} = -\begin{bmatrix} 29{,}6 & 3{,}6 \end{bmatrix} \begin{bmatrix} x_1 \\ x_2 \end{bmatrix}.$$

Wenn nun diese aktuelle Stellgröße durch das Stellsignal des Beobachters ersetzt werden soll, so wird

$$u = -\boldsymbol{K}\boldsymbol{x} = -\begin{bmatrix} 29{,}6 & 3{,}6 \end{bmatrix} \begin{bmatrix} \hat{x}_1 \\ \hat{x}_2 \end{bmatrix},$$

wobei die Eigenwerte des Beobachters zu $\mu_1 = \mu_2 = -8$ gewählt worden seien.

Zu bestimmen sei die Rückführmatrix $\boldsymbol{K}_e$ des Beobachters und das Blockschaltbild des gesamten geregelten Systems.

Für das zu regelnden System der Gl. (10.36) und (10.37) lautet das charakteristische Polynom

$$|s\boldsymbol{I} - \boldsymbol{A}| = \begin{vmatrix} s & -1 \\ -20{,}6 & s \end{vmatrix} = s^2 - 20{,}6 = s^2 + a_1 s + a_2,$$

somit ist also

$a_1 = 0$, und $a_2 = -20{,}6$.

Das charakteristische Polynom des Beobachters lautet entsprechend der obigen Wahl der Eigenwerte

$$(s-\mu_1)(s-\mu_2) = (s+8)(s+8) = s^2 + 16s + 64 = s^2 + \alpha_1 s + \alpha_2$$

mit $\alpha_1 = 16$ und $\alpha_2 = 64$.

Zur Bestimmung der Beobachter-Matrix $\boldsymbol{K}_e$ verwenden wir die bereits bekannte Gleichung
$\boldsymbol{K}_e = \left(\boldsymbol{W} \cdot \boldsymbol{S}_o^T\right)^{-1} \cdot \begin{bmatrix} \alpha_2 - a_2 \\ \alpha_1 - a_1 \end{bmatrix}$ mit $\boldsymbol{S}_o^T = \left[\boldsymbol{c}^T, \boldsymbol{A}^T\boldsymbol{c}^T\right] = \begin{bmatrix} 1 & 0 \\ 0 & 1 \end{bmatrix}$ und $\boldsymbol{W} = \begin{bmatrix} 0 & 1 \\ 1 & 0 \end{bmatrix}$.

Daraus errechnet sich die zu bestimmende Matrix zu

$$\boldsymbol{K}_e = \left\{\begin{bmatrix} 0 & 1 \\ 1 & 0 \end{bmatrix} \cdot \begin{bmatrix} 1 & 0 \\ 0 & 1 \end{bmatrix}\right\}^{-1} \cdot \begin{bmatrix} 64 & +20{,}6 \\ 16 & -0 \end{bmatrix} = \begin{bmatrix} 0 & 1 \\ 1 & 0 \end{bmatrix} \cdot \begin{bmatrix} 84{,}6 \\ 16 \end{bmatrix} = \begin{bmatrix} 16 \\ 84{,}6 \end{bmatrix}.$$

Mit dieser nunmehr ermittelten Matrix wird die gesamte Zustandsgleichung des Beobachters

$$\dot{\hat{\boldsymbol{x}}} = \left(\boldsymbol{A} - \boldsymbol{K}_e\boldsymbol{c}^T\right)\hat{\boldsymbol{x}} + \boldsymbol{b}u + \boldsymbol{K}_e y. \tag{10.38}$$

Wegen $u = -\boldsymbol{K}\boldsymbol{x}$ wird die endgültige Form der Gl. (10.38)

$$\dot{\hat{\boldsymbol{x}}} = \left(\boldsymbol{A} - \boldsymbol{K}_e\boldsymbol{c}^T - \boldsymbol{b}\boldsymbol{K}\right)\hat{\boldsymbol{x}} + \boldsymbol{K}_e y$$

oder in Zahlenwerten

$$\begin{bmatrix} \dot{\hat{x}}_1 \\ \dot{\hat{x}}_2 \end{bmatrix} = \left\{\begin{bmatrix} 0 & 1 \\ 20{,}6 & 0 \end{bmatrix} - \begin{bmatrix} 16 \\ 84{,}6 \end{bmatrix}\begin{bmatrix} 1 & 0 \end{bmatrix} - \begin{bmatrix} 0 \\ 1 \end{bmatrix}\begin{bmatrix} 29{,}6 & 3{,}6 \end{bmatrix}\right\}\begin{bmatrix} \hat{x}_1 \\ \hat{x}_2 \end{bmatrix} + \begin{bmatrix} 16 \\ 84{,}6 \end{bmatrix} y$$

$$\begin{bmatrix} \dot{\hat{x}}_1 \\ \dot{\hat{x}}_2 \end{bmatrix} = \begin{bmatrix} -16 & 1 \\ -93{,}6 & -3{,}6 \end{bmatrix}\begin{bmatrix} \hat{x}_1 \\ \hat{x}_2 \end{bmatrix} + \begin{bmatrix} 16 \\ 84{,}6 \end{bmatrix} y.$$

Das Abb. 10.4 zeigt schließlich das dieser Gleichung entsprechende Blockschaltbild. ◄

10.2.6 Systeme ohne integrierendes Verhalten

Aufgrund dessen, dass das zu regelnde System per Definition kein integrierendes Verhalten hat, ist in den Fehlerkanal ein Integrator einzubauen, weil sich sonst bekanntlich im stationären Zustand bereits für eine sprungförmige Führungsgröße eine bleibende Regelabweichung ergeben würde. Abb. 10.5 zeigt das grundsätzliche Blockschaltbild dieser Regelungsstruktur.

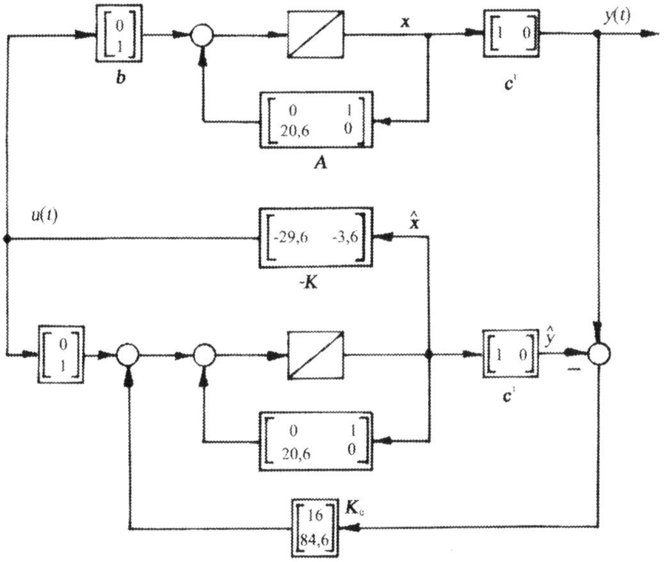

Abb. 10.4 Blockschaltbild des zu regelnden Systems einschließlich des Beobachters

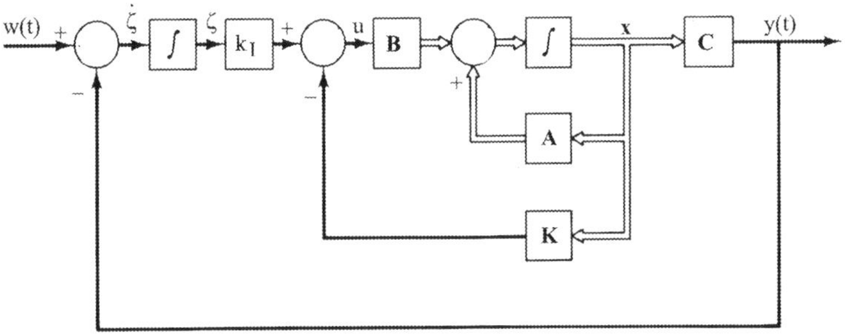

Abb. 10.5 Regelung einer nicht integrierenden Strecke

Aus diesem Bild lassen sich folgende Zusammenhänge ablesen:

$$\dot{\boldsymbol{x}} = \boldsymbol{A}\boldsymbol{x} + \boldsymbol{B}\boldsymbol{C}u \tag{10.39}$$

$$y = \boldsymbol{C}\boldsymbol{x} \tag{10.40}$$

$$u = -\boldsymbol{K}\boldsymbol{x} + k_I\zeta \tag{10.41}$$

$$\dot{\zeta} = w - y = w - \boldsymbol{C}\boldsymbol{x} \tag{10.42}$$

mit

ζ Ausgangsgröße des Integrators (Skalar).
w Führungsgröße (Skalar).
y Regelgröße (Skalar).

Das Signal der Führungsgröße $w(t)$ als Sprungfunktion wird zum Zeitpunkt $t = 0$ dem Regelkreis aufgeschaltet. Das dynamische Verhalten des Gesamtsystems kann dann für $t > 0$ durch eine Kombination der Gl. (10.39) und (10.42) beschrieben werden:

$$\begin{bmatrix} \dot{\boldsymbol{x}} \\ \dot{\zeta} \end{bmatrix} = \begin{bmatrix} \boldsymbol{A} & \boldsymbol{0} \\ -\boldsymbol{C} & 0 \end{bmatrix} \begin{bmatrix} \boldsymbol{x} \\ \zeta \end{bmatrix} + \begin{bmatrix} \boldsymbol{B} \\ 0 \end{bmatrix} u + \begin{bmatrix} 0 \\ 1 \end{bmatrix} w. \tag{10.43}$$

Die Aufgabe besteht darin, ein asymptotisch stabiles Systemverhalten zu entwickeln, sodass.

$x(\infty), y(\infty)$ und $\zeta(\infty)$ konstante Werte annehmen. Durch diese Forderungen muss im gegebenen Fall $\dot{\zeta}(\infty) = 0$ und $y(\infty) = w$ werden. Gl. (10.43) wird im stationären Zustand

$$\begin{bmatrix} \dot{\boldsymbol{x}}(\infty) \\ \dot{\zeta}(\infty) \end{bmatrix} = \begin{bmatrix} \boldsymbol{A} & \boldsymbol{0} \\ -\boldsymbol{C} & 0 \end{bmatrix} \begin{bmatrix} \boldsymbol{x}(\infty) \\ \zeta(\infty) \end{bmatrix} + \begin{bmatrix} \boldsymbol{B} \\ 0 \end{bmatrix} u(\infty) + \begin{bmatrix} 0 \\ 1 \end{bmatrix} w(\infty). \tag{10.44}$$

Mit $w(t)$ als Sprungfunktion wird $w(\infty) = w(t) = konstant$. Subtrahieren wir Gl. (10.44) von (10.43), so erhalten wir

$$. \tag{10.45}$$

Mit den Definitionen

$$\boldsymbol{x} - \boldsymbol{x}(\infty) = \boldsymbol{x}_e(t)$$

$$\zeta - \zeta(\infty) = \zeta_e(t)$$

$$u - u(\infty) = u_e(t)$$

wird jetzt Gl. (10.46)

$$\begin{bmatrix} \dot{\boldsymbol{x}}_e(t) \\ \dot{\zeta}_e(t) \end{bmatrix} = \begin{bmatrix} \boldsymbol{A} & \boldsymbol{0} \\ -\boldsymbol{C} & 0 \end{bmatrix} \begin{bmatrix} \boldsymbol{x}_e(t) \\ \zeta_e(t) \end{bmatrix} u_e(t), \tag{10.46}$$

wobei

$$u_e(t) = -\boldsymbol{K}\boldsymbol{x}_e(t) + k_I \zeta_e(t) \tag{10.47}$$

ist. Definieren wir den $(n+1)$–dimensionalen Fehlervektor $\boldsymbol{e}(t)$ mit

$$\boldsymbol{e}(t) = \begin{bmatrix} \boldsymbol{x}_e(t) \\ \zeta_e(t) \end{bmatrix},$$

so nimmt mit.

$$\hat{A} = \begin{bmatrix} A & 0 \\ -C & 0 \end{bmatrix} \text{und } \hat{B} = \begin{bmatrix} B \\ 0 \end{bmatrix}.$$

Gl. (10.46) die Form

$$\dot{e}(t) = \hat{A}e + \hat{B}u_e \tag{10.48}$$

an. Ebenso wird mit

$$\hat{K} = [K - k_I]$$

$$u_e = -\hat{K}e. \tag{10.49}$$

Die Grundidee der weiteren Vorgehensweise besteht nun darin, ein stabiles System der Ordnung $(n+1)$ zu generieren, das den Fehlervektor $e(t)$ für jeden beliebigen Anfangszustand $e(0)$ asymptotisch gegen null führt.

Die Gl. (10.48) und (10.49) beschreiben das dynamische Verhalten eines Regelsystems $(n+1)$ –ter Ordnung. Wenn das durch die Gl. (10.48) definierte System vollkommen zustandssteuerbar ist, dann kann durch die Spezifikation des gewünschten charakteristischen Verhaltens des Gesamtsystems die Matrix $\hat{K}$ mithilfe der Polzuweisung ermittelt werden.

Die stationären Werte von $x(t), \zeta(t)$ und $u(t)$ finden wir durch folgende Vorgehensweise:

Im stationären Zustand $(t \to \infty)$ werden die Gl. (10.39) und (10.42) zu

$$\dot{x}(\infty) = \mathbf{0} = Ax(\infty) + Bu(\infty),$$

$$\dot{\zeta}(\infty) = 0 = w - Cx(\infty);$$

die beiden Beziehungen werden zu folgender Vektorgleichung kombiniert:

$$\begin{bmatrix} \mathbf{0} \\ 0 \end{bmatrix} = \begin{bmatrix} A & B \\ -C & 0 \end{bmatrix} \cdot \begin{bmatrix} x(\infty) \\ u(\infty) \end{bmatrix} + \begin{bmatrix} \mathbf{0} \\ w \end{bmatrix}.$$

Wenn die Matrix$P$, definiert durch

$$P = \begin{bmatrix} A & B \\ -C & 0 \end{bmatrix}$$

den Rang $(n+1)$ hat, dann existiert auch deren Inverse und wir erhalten schließlich die stationären Werte als

$$\begin{bmatrix} x(\infty) \\ u(\infty) \end{bmatrix} = \begin{bmatrix} A & B \\ -C & 0 \end{bmatrix} \cdot \begin{bmatrix} \mathbf{0} \\ -w \end{bmatrix}.$$

Darüber hinaus folgt aus Gl. (10.41)

$$u(\infty) = -\boldsymbol{K}\boldsymbol{x}(\infty) + k_I \zeta(\infty)$$

und somit

$$\zeta(\infty) = \frac{1}{k_I}[u(\infty) + \boldsymbol{K}\boldsymbol{x}(\infty)].$$

Die Differenzialgleichung des Fehlervektors bekommen wir durch Einsetzen der Gl. (10.49) in (10.48):

$$\dot{\boldsymbol{e}}(t) = \left(\hat{\boldsymbol{A}} - \boldsymbol{B}\boldsymbol{K}\right)\boldsymbol{e}(t). \tag{10.50}$$

Wenn wir die zu spezifizierenden Eigenwerte der Matrix$\left(\hat{\boldsymbol{A}} - \boldsymbol{B}\boldsymbol{K}\right)$, also die gewünschten Pole des geschlossenen Regelkreises mit $\mu_1, \mu_2, \ldots, \mu_n$ bezeichnen, so kann die Zustands-Rückführmatrix $\boldsymbol{K}$ und der integrale Übertragungsbeiwert k_I eindeutig bestimmt werden. Üblicherweise sind nicht sämtliche Zustandsvariablen einer Messung zugänglich – ein Grund mehr, den bereits diskutierten Zustands-Beobachter zu verwenden.

10.3 Beobachter minimaler Ordnung

Bei dem in den vorangegangenen Abschnitten diskutierten Beobachterprinzip wird durchwegs vorausgesetzt, dass sämtliche Zustandsgrößen des zu regelnden Systems messtechnisch erfasst werden können. In der praktischen Anwendung sind mit Sicherheit eine oder mehrere der Zustandsvariablen messbare physikalische Größen. Diese physikalisch exakt messbaren Größen bedürfen natürlich keiner Zustands-Schätzung. Wir kommen deshalb zu folgender.

Definition:

Ein Beobachter, der weniger als n Zustandsvariablen schätzt, wobei n die Dimension des Zustandsvektors ist, wird als *Beobachter reduzierter Ordnung* oder kurz als *Reduzierter Beobachter* bezeichnet. Für den Fall, dass der Reduzierte Beobachter von der physikalisch minimal möglichen Ordnung ist, spricht man vom *Beobachter minimaler Ordnung.*

Gehen wir wie üblich davon aus, dass der Zustandsvektor $\boldsymbol{x}$ ein n –dimensionaler Vektor und die Dimension des Ausgangsvektors $\boldsymbol{y}$ von der Ordnung $m < n$ ist, dessen sämtliche Komponenten einer Messung zugänglich sind. Weil es sich darüber hinaus bei den m Ausgangsvariablen um Linearkombinationen der Zustandsvariablen handelt, brauchen m Zustandsvariablen nicht geschätzt zu werden. Es bedürfen also nur $n - m$ Zustandsgrößen einer sogenannten Zustandsschätzung. Somit wird der reduzierte Beobachter ein Beobachter $(n - m)$ –ter Ordnung; bezeichnet als Beobachter minimaler Ordnung.

Nebenbei sollte darauf verwiesen werden, dass, falls einer messbaren Ausgangsvariablen signifikante Störungen überlagert sind oder nur relativ ungenau reproduziert werden kann, die Verwendung des vollständigen Beobachters eine bessere Qualität der Regelung erwarten lässt. Abb. 10.6 zeigt das relevante Blockschaltbild eines zu regelnden Systems, kombiniert mit einem Beobachter minimaler Ordnung.

Um die grundsätzliche Vorgehensweise im Sinne der Analyse des Beobachters minimaler Ordnung aufzuzeigen, ohne jedoch die Mathematik übermäßig zu strapazieren, wollen wir uns in den künftigen Ausführungen auf den Fall einer skalaren Ausgangsgröße y,

also $m = 1$, beschränken. Wir beginnen also von dem zu regelnden System

$$\dot{\boldsymbol{x}} = \boldsymbol{A}\boldsymbol{x} + \boldsymbol{B}u$$

$$y = \boldsymbol{c}^T\boldsymbol{x},$$

wobei der Zustandsvektor $\boldsymbol{x}$ in einen Skalar x_a und einen $(n-1)$–dimensionalen Vektor $\boldsymbol{x}_\beta$ unterteilt werden kann. (Dabei ist natürlich die als messbar vorausgesetzte Zustandsvariable x_α mit der Ausgangsgröße y identisch). Der Vektor $\boldsymbol{x}_\beta$ beinhaltet die nicht messbaren Variablen des Zustandsvektors. Somit können die Zustandsgleichung und die Ausgangsgleichung auf zwei Teile partitioniert werden,

$$\begin{bmatrix} \dot{x}_\alpha \\ \dot{\boldsymbol{x}}_\beta \end{bmatrix} = \begin{bmatrix} A_{\alpha\alpha} & \boldsymbol{A}_{\alpha\beta} \\ \boldsymbol{A}_{\beta\alpha} & \boldsymbol{A}_{\beta\beta} \end{bmatrix} \begin{bmatrix} x_\alpha \\ \boldsymbol{x}_\beta \end{bmatrix} + \begin{bmatrix} B_\alpha \\ \boldsymbol{B}_\beta \end{bmatrix} u \tag{10.51}$$

$$y = \boldsymbol{c}^T\boldsymbol{x} = \begin{bmatrix} 1 & 0 \end{bmatrix} \begin{bmatrix} x_\alpha \\ \boldsymbol{x}_\beta \end{bmatrix}. \tag{10.52}$$

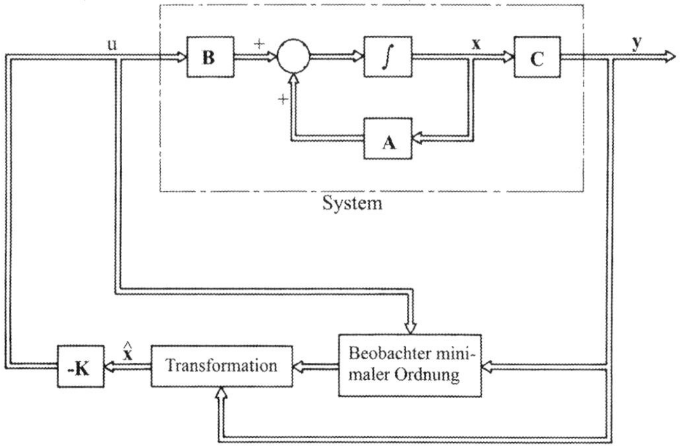

Abb. 10.6 Zustandsrückführung mit einem Beobachter minimaler Ordnung

In diesen Gleichungen ist.
$A_{\alpha\alpha}$ ein Skalar,
$\boldsymbol{A}_{\alpha\beta}$ eine $1 \times (n-1)$ Matrix,
$\boldsymbol{A}_{\beta\alpha}$ eine $(n-1) \times 1$ Matrix,
$\boldsymbol{A}_{\beta\beta}$ eine $(n-1) \times (n-1)$ Matrix,
B_{α} ein Skalar und.
$\boldsymbol{B}_{\beta}$ eine $(n-1) \times 1$ Matrix.
Aus (10.51) folgt der *gemessene* Anteil des Zustandsvektors

$$\dot{x}_{\alpha} = A_{\alpha\alpha}x_{\alpha} + \boldsymbol{A}_{\alpha\beta}\boldsymbol{x}_{\beta} + B_{\alpha}u$$

oder umgeformt

$$\dot{x}_{\alpha} - A_{\alpha\alpha}x_{\alpha} - B_{\alpha}u = \boldsymbol{A}_{\alpha\beta}\boldsymbol{x}_{\beta}. \tag{10.53}$$

Die Terme der linken Seite dieser Gleichung bestehen ausschließlich aus messbaren physikalischen Variablen. Mit Gl. (10.52) agiert Gl. (10.53) als Ausgangsgleichung. Im Hinblick auf die Herleitung des Beobachters minimaler Ordnung können wir deshalb die linke Seite von (10.53) als vollständig bekannt auffassen. Insofern stellt diese Gleichung eine Beziehung zwischen den messbaren Variablen der linken Seite und den nicht messbaren Größen der rechten Seite her.

Mit Gl. (10.51) wird der nicht gemessene Teil des Systemzustandes

$$\dot{\boldsymbol{x}}_{\alpha} = \boldsymbol{A}_{\alpha\alpha}x_{\alpha} + \boldsymbol{A}_{\alpha\beta}\boldsymbol{x}_{\beta} + \boldsymbol{B}_{\alpha}u. \tag{10.54}$$

Beachten wir, dass es sich bei den Termen $\boldsymbol{A}_{\alpha\alpha}x_{\alpha}$ und $\boldsymbol{B}_{\alpha}u$ um, wie oben angemerkt, um bekannte Größen handelt, so beschreibt (10.54) die Dynamik des nicht gemessenen Teils der Zustandsgrößen.

Die Bestimmung des Beobachters minimaler Ordnung lässt sich wesentlich vereinfachen, wenn wir die bereits bekannte Vorgehensweise bei der Entwicklung des vollständigen Beobachters zugrunde legen. Die Zustandsgleichung des vollständigen Beobachters lautet

$$\dot{\boldsymbol{x}} = \boldsymbol{A}\boldsymbol{x} + \boldsymbol{B}u$$

und die „Zustandsgleichung“ des Beobachters minimaler Ordnung folgt aus (10.54) als

$$\dot{\boldsymbol{x}}_{\beta} = \boldsymbol{A}_{\beta\beta}\boldsymbol{x}_{\beta} + \boldsymbol{A}_{\beta\alpha}x_{\alpha} + \boldsymbol{B}_{\beta}u.$$

Die Ausgangsgleichung des vollständigen Beobachters ist bekannt als

$$y = \boldsymbol{c}^T\boldsymbol{x}$$

und die „Ausgangsgleichung“ des Beobachters minimaler Ordnung wird zu

$$\dot{x}_{\alpha} - A_{\alpha\alpha}x_{\alpha} - B_{\alpha}u = \boldsymbol{A}_{\alpha\beta}\boldsymbol{x}_{\beta}.$$

Die Entwicklung des Beobachters minimaler Ordnung wird nun auf folgende Weise bewerkstelligt: Der vollständige Beobachter ist durch Gl. (10.23) gegeben, die wir hier zunächst aus Gründen der Vollständigkeit einfügen:

$$\dot{\hat{\boldsymbol{x}}} = (\boldsymbol{A} - \boldsymbol{K}_e\boldsymbol{C})\hat{\boldsymbol{x}} + \boldsymbol{B}u + \boldsymbol{K}_e y. \tag{10.55}$$

Bevor wir diese Gleichung weiter bearbeiten, wollen wir im Sinne einer möglichst einfachen Darstellung die folgenden, der Problematik dienlichen Zuordnungen vereinbaren:

Vollständiger Beobachter	*Beobachter minimaler Ordnung*
$\hat{\boldsymbol{x}}$	$\hat{\boldsymbol{x}}_\beta$
$\boldsymbol{A}$	$\boldsymbol{A}_{\beta\beta}$
$\boldsymbol{B}u$	$\boldsymbol{A}_{\beta\alpha}x_\alpha + \boldsymbol{B}_\beta u$
y	$\dot{x}_\alpha - A_{\alpha\alpha}x_\alpha - B_\alpha u$
$\boldsymbol{C}$	$\boldsymbol{A}_{\alpha\beta}$
$\boldsymbol{K}_e(n \times 1)$ Matrix	$\boldsymbol{K}_e\,[(n-1) \times 1]$ Matrix

Verwenden wir die Zuordnungen in dieser Aufstellung, so bekommt diese Gleichung zunächst die Gestalt

$$\dot{\hat{\boldsymbol{x}}}_\beta = \left(\boldsymbol{A}_{\beta\beta} - \boldsymbol{K}_e\boldsymbol{A}_{\alpha\beta}\right)\hat{\boldsymbol{x}}_\beta + \boldsymbol{A}_{\beta\alpha}x_\alpha + \boldsymbol{B}_\beta u + \boldsymbol{K}_e(\dot{x}_\alpha - A_{\alpha\alpha}x_\alpha - B_\alpha u), \tag{10.56}$$

wobei die Konstanten-Matrix $\boldsymbol{K}_e$ des Zustandsbeobachters eine $(n-1) \times 1$ –Matrix ist. In Gl. (10.56) benötigen wir zur Bestimmung des geschätzten Zustandsvektors $\hat{\boldsymbol{x}}_\beta$ neben x_α zusätzlich noch dessen Ableitung$\dot{x}_\alpha$. Um diesen Nachteil aus praktischer Sicht zu umgehen sind wir gezwungen, Gl. (10.56) zu modifizieren. Formen wir deshalb obige Gleichung um und berücksichtigen die Identität$x_\alpha = y$, so ergibt sich nunmehr

$$\dot{\hat{\boldsymbol{x}}}_\beta - \boldsymbol{K}_e\dot{x}_\alpha = \left(\boldsymbol{A}_{\beta\beta} - \boldsymbol{K}_e\boldsymbol{A}_{\alpha\beta}\right)\hat{\boldsymbol{x}}_\beta + \left(\boldsymbol{A}_{\beta\alpha} - \boldsymbol{K}_e A_{\alpha\alpha}\right)y + \left(\boldsymbol{B}_\beta - \boldsymbol{K}_e B_\alpha\right)u$$

$$= \left(\boldsymbol{A}_{\beta\beta} - \boldsymbol{K}_e\boldsymbol{A}_{\alpha\beta}\right)\cdot\left(\hat{\boldsymbol{x}}_\beta - \boldsymbol{K}_e y\right) + \left[\left(\boldsymbol{A}_{\beta\beta} - \boldsymbol{K}_e\boldsymbol{A}_{\alpha\beta}\right)\boldsymbol{K}_e + \boldsymbol{A}_{\beta\alpha} - \boldsymbol{K}_e A_{\alpha\alpha}\right]y + \left(\boldsymbol{B}_\beta - \boldsymbol{K}_e B_\alpha\right)u.$$

Mit den Definitionen

$$\boldsymbol{x}_\beta - \boldsymbol{K}_e y = \boldsymbol{x}_\alpha - \boldsymbol{K}_e x_\alpha = \boldsymbol{\eta}$$

$$\hat{\boldsymbol{x}}_\beta - \boldsymbol{K}_e y = \hat{\boldsymbol{x}}_\beta - \boldsymbol{K}_e x_\alpha \tag{10.57}$$

wird nun Gl. (10.56) zu

$$\dot{\hat{\boldsymbol{\eta}}} = \left(\boldsymbol{A}_{\beta\beta} - \boldsymbol{K}_e\boldsymbol{A}_{\alpha\beta}\right)\hat{\boldsymbol{\eta}} + \left[\left(\boldsymbol{A}_{\beta\beta} - \boldsymbol{K}_e\boldsymbol{A}_{\alpha\beta}\right)\boldsymbol{K}_e + \boldsymbol{A}_{\beta\alpha} - \boldsymbol{K}_e A_{\alpha\alpha}\right]y + \left(\boldsymbol{B}_\beta + \boldsymbol{K}_e B_\alpha\right)u. \tag{10.58}$$

Die Gl. (10.57) und (10.58) zusammen definieren den *Beobachter minimaler Ordnung*.

Im nächsten Schritt wollen wir die Gleichung für das Fehlersignal des Beobachters bestimmen. Mit der bereits bekannten Gleichung

$$\dot{x}_a - A_{\alpha\alpha} x_\alpha - B_\alpha u = \boldsymbol{A}_{\alpha\beta} \boldsymbol{x}_\beta$$

kann Gl. (10.44) umgeschrieben werden als

$$\dot{\hat{\boldsymbol{x}}}_\beta = \left(\boldsymbol{A}_{\beta\beta} - \boldsymbol{K}_e \boldsymbol{A}_{\alpha\beta}\right)\hat{\boldsymbol{x}}_\beta + \boldsymbol{A}_{\beta\alpha} x_a + \boldsymbol{B}_\beta u + \boldsymbol{K}_e \boldsymbol{A}_{\alpha\beta} \boldsymbol{x}_\beta . \tag{10.59}$$

Subtrahieren wir Gl. (10.59) von Gl. (10.54), so erhalten wir

$$\dot{\boldsymbol{x}}_\beta - \dot{\hat{\boldsymbol{x}}}_\beta = \left(\boldsymbol{A}_{\beta\beta} - \boldsymbol{K}_e \boldsymbol{A}_{\alpha\beta}\right)\left(\boldsymbol{x}_\beta - \hat{\boldsymbol{x}}_\beta\right). \tag{10.60}$$

Mit der Definition des zu bestimmenden Fehlers

$$\boldsymbol{e} = \boldsymbol{x}_\beta - \hat{\boldsymbol{x}}_\beta = \boldsymbol{\eta} - \hat{\boldsymbol{\eta}}$$

wird schließlich (10.60)

$$\dot{\boldsymbol{e}} = \left(\boldsymbol{A}_{\beta\beta} - \boldsymbol{K}_e \boldsymbol{A}_{\alpha\beta}\right)\boldsymbol{e}. \tag{10.61}$$

Hiermit haben wir die *Fehlergleichung* des Beobachters minimaler Ordnung gefunden. Das gewünschte dynamische Verhalten des Fehlers wird im Folgenden unter Verwendung des vollständigen Beobachters aufgezeigt. Voraussetzung ist dabei, dass die Matrix

$$\begin{bmatrix} \boldsymbol{A}_{\alpha\beta} \\ \boldsymbol{A}_{\alpha\beta}\boldsymbol{A}_{\beta\beta} \\ \cdot \\ \cdot \\ \cdot \\ \boldsymbol{A}_{\alpha\beta}\boldsymbol{A}_{\beta\beta}^{n-2} \end{bmatrix}$$

den Rang $n - 1$ hat. (Es handelt hier um die Bedingung der vollständigen Beobachtbarkeit, die auf den Beobachter minimaler Ordnung angewandt wird).

Die charakteristische Gleichung des Beobachters minimaler Ordnung ergibt sich aus Gl. (10.61), wie im Folgenden gezeigt wird:

$$\begin{aligned} \left|s\boldsymbol{I} - \boldsymbol{A}_{\beta\beta} + \boldsymbol{K}_e \boldsymbol{A}_{\alpha\beta}\right| &= (s - \mu_1)(s - \mu_2)..(s - \mu_{n-1}) \\ &= s^{n-1} + \hat{\alpha}_1 s^{n-2} + \cdots + \hat{\alpha}_{n-2} s + \hat{\alpha}_{n-1} = 0, \end{aligned} \tag{10.62}$$

wobei $\mu_1, \mu_2, \ldots, \mu_{n-1}$ die gewählten Eigenwerte des reduzierten Beobachters sind. Die Beobachter-Matrix $\boldsymbol{K}_e$ wird dadurch bestimmt, dass wir zunächst die Eigenwerte des reduzierten Beobachters wählen. Im Anschluss daran wenden wir die bereits bekannte Methode des vollständigen Beobachters mit natürlich den aufgezeigten Modifikationen an. Wenn wir beispielsweise die Gl. (10.43) zur Bestimmung der Matrix $\boldsymbol{K}_e$ verwenden, so muss diese abgeändert werden zu

$$\boldsymbol{K}_e = \left(\widehat{\boldsymbol{W}}\widehat{\boldsymbol{S}}_o^T\right)^{-1} \cdot \begin{bmatrix} \hat{\alpha}_{n-1} - \hat{\alpha}_{n-1} \\ \hat{\alpha}_{n-2} - \hat{\alpha}_{n-2} \\ \cdot \\ \cdot \\ \cdot \\ \hat{\alpha}_1 - \hat{\alpha}_1 \end{bmatrix}. \tag{10.63}$$

dabei ist $\boldsymbol{K}_e$ eine $(n-1) \times 1$–Matrix und

$$\hat{\boldsymbol{S}}_o = \left[\boldsymbol{A}_{\alpha\beta}^T \boldsymbol{A}_{\beta\beta}^T \boldsymbol{A}_{\alpha\beta}^T \ldots \left(\boldsymbol{A}_{\beta\beta}^T\right)^{n-2} \boldsymbol{A}_{\alpha\beta}^T\right]$$

die $(n-1) \times (n-1)$ Beobachtbarkeitsmatrix. Die $(n-1) \times (n-1)$–Matrix

$$\widehat{\boldsymbol{W}} \begin{bmatrix} \hat{a}_{n-2} & \hat{a}_{n-3} & \ldots & \hat{a}_1 & 1 \\ \hat{a}_{n-3} & \hat{a}_{n-4} & \ldots & 1 & 0 \\ \cdot & \cdot & \ldots & \cdot & \cdot \\ \cdot & \cdot & \ldots & \cdot & \cdot \\ \cdot & \cdot & \ldots & \cdot & \cdot \\ \hat{a}_1 & 1 & \ldots & 0 & 0 \\ 1 & 0 & \ldots & 0 & 0 \end{bmatrix}$$

mit den Elementen ergibt sich aus den Koeffizienten der charakteristischen Gleichung

$$\left|s\boldsymbol{I} - \boldsymbol{A}_{\beta\beta}\right| = s^{n-1} + \hat{a}_1 s^{n-2} + \cdots + \hat{a}_{n-2}s + \hat{a}_{n-1} = 0.$$

Beispiel 10.6

Betrachten wir als Demonstrationsbeispiel das bereits im Abschn. 10.2.4 diskutierte Beispiel 10.4. Wir gehen davon aus, dass die einzige exakt messbare Variable die Ausgangsgröße y sei. Somit braucht die Zustandsgrößex_1, die ja mit y identisch ist, keiner Schätzung unterzogen zu werden. Unsere Aufgabe besteht darin, den Beobachter minimaler, also zweiter Ordnung, zu dimensionieren. Außerdem gehen wir davon aus, dass die geforderten Eigenwerte dieses Beobachters die Werte $\mu_{1,2} = -2 \pm j3,46$ annehmen sollen. (Nebenher sollte vielleicht erwähnt werden, dass die gewählten Eigenwerte $\mu_{1,2}$ aus der Forderung einer bestimmten Dämpfung und Eigenfrequenz der Regelgröße $y(t)$ entstanden sind).

Die Systemmatrix lautet unter Verwendung unserer bisherigen Syntax

$$\boldsymbol{A} = \begin{bmatrix} A_{\alpha\alpha}\boldsymbol{A}_{\alpha\beta} \\ \boldsymbol{A}_{\beta\alpha}\boldsymbol{A}_{\beta\beta} \end{bmatrix} = \begin{bmatrix} 0 & 1 & 0 \\ 0 & 0 & 1 \\ -6 & -11 & -6 \end{bmatrix},$$

die Steuermatrix

$$\boldsymbol{B} = \begin{bmatrix} B_\alpha \\ \boldsymbol{B}_\beta \end{bmatrix} = \begin{bmatrix} 0 \\ 0 \\ 1 \end{bmatrix}$$

sowie die Ausgangsmatrix

$$\boldsymbol{c}^T = \begin{bmatrix} 1 & 0 & 0 \end{bmatrix}.$$

Das charakteristische Polynom des nicht beobachtbaren Teils unseres Systems lautet

$$\left| s\boldsymbol{I} - \boldsymbol{A}_{\beta\beta} \right| = \begin{bmatrix} s & -1 \\ 11 & s+6 \end{bmatrix} = s^2 + 6s + 11 = s^2 + \hat{a}_1 s + \hat{a}_2$$

also sind

und $\hat{a}_2 = 11$.

Mit

$$\hat{\boldsymbol{S}}_o^T = \left[\boldsymbol{A}_{\alpha\beta}^T \boldsymbol{A}_{\beta\beta}^T \boldsymbol{A}_{\alpha\beta}^T\right] = \begin{bmatrix} 1 & 0 \\ 0 & 1 \end{bmatrix} \begin{bmatrix} 16 & -11 \\ 4 & -6 \end{bmatrix}$$

$$\hat{\boldsymbol{W}} = \begin{bmatrix} \hat{\alpha}_1 & 1 \\ 1 & 0 \end{bmatrix}$$

bekommen wir

$$\hat{\boldsymbol{Q}} = \left(\boldsymbol{W}\boldsymbol{S}_o^T\right)^{-1} = \begin{bmatrix} 6 & 1 \\ 1 & 0 \end{bmatrix}^{-1} = \begin{bmatrix} 0 & 1 \\ 1 & -6 \end{bmatrix}.$$

Das geforderte charakteristische Polynom des Beobachters minimaler Ordnung ergibt sich aus

$$(s - \mu_1)(s - \mu_2) = (s + 2 - j3{,}46)(s + 2 + j3{,}46) = s^2 + 4s + 16 = s^2 + \hat{\alpha}_1 s + \hat{\alpha}_2.$$

Mit

$\hat{\alpha}_1 = 4$ und $\hat{\alpha}_2 = 16$

und Gl. (10.63) erhalten wir schließlich

$$\boldsymbol{K}_e = \boldsymbol{Q} \cdot \begin{bmatrix} \hat{\alpha}_2 - \hat{\alpha}_2 \\ \hat{\alpha}_1 - \hat{\alpha}_1 \end{bmatrix} = \begin{bmatrix} 0 & 1 \\ 1 & -6 \end{bmatrix} = \begin{bmatrix} 0 & 1 \\ 1 & -6 \end{bmatrix} \cdot \begin{bmatrix} 5 \\ -2 \end{bmatrix} = \begin{bmatrix} -2 \\ 17 \end{bmatrix}.$$

Bezugnehmend auf die Gl. (10.57) und (10.58) erhalten wir damit die Gleichung des Beobachters minimaler Ordnung

$$\dot{\hat{\boldsymbol{\eta}}} = \left(\boldsymbol{A}_{\beta\beta} - \boldsymbol{K}_e \boldsymbol{A}_{\alpha\beta}\right)\hat{\boldsymbol{\eta}} + \left[\left(\boldsymbol{A}_{\beta\beta} - \boldsymbol{K}_e \boldsymbol{A}_{\alpha\beta}\right)\boldsymbol{K}_e + \boldsymbol{A}_{\beta\alpha} - \boldsymbol{K}_e A_{\alpha\alpha}\right] y + \left(\boldsymbol{B}_\beta + \boldsymbol{K}_e B_\alpha\right) u \tag{10.64}$$

mit

$$\hat{\boldsymbol{\eta}} = \hat{\boldsymbol{x}}_\beta - \boldsymbol{K}_e y = \hat{\boldsymbol{x}}_\beta - \boldsymbol{K}_e x_1 .$$

Beachten wir den Zusammenhang

$$\boldsymbol{A}_{\beta\beta} - \boldsymbol{K}_e \boldsymbol{A}_{\alpha\beta} = \begin{bmatrix} 0 & 1 \\ -11 & -6 \end{bmatrix} - \begin{bmatrix} -2 \\ 17 \end{bmatrix} \begin{bmatrix} 1 & 0 \end{bmatrix} = \begin{bmatrix} 2 & 1 \\ -28 & -6 \end{bmatrix},$$

so ergibt sich Gl. (10.64) zu nunmehr

$$\begin{bmatrix} \dot{\hat{\eta}}_2 \\ \dot{\hat{\eta}}_3 \end{bmatrix} = \begin{bmatrix} 2 & 1 \\ -28 & -6 \end{bmatrix} \begin{bmatrix} \eta_2 \\ \eta_3 \end{bmatrix} + \left\{ \begin{bmatrix} 2 & 1 \\ -28 & -6 \end{bmatrix} \begin{bmatrix} -2 \\ 17 \end{bmatrix} + \begin{bmatrix} 0 \\ -6 \end{bmatrix} - \begin{bmatrix} -2 \\ 17 \end{bmatrix} 0 \right\} y + \left\{ \begin{bmatrix} 0 \\ 1 \end{bmatrix} - \begin{bmatrix} -2 \\ 17 \end{bmatrix} 0 \right\} u$$

oder komprimiert

$$\begin{bmatrix} \dot{\hat{\eta}}_2 \\ \dot{\hat{\eta}}_3 \end{bmatrix} = \begin{bmatrix} 2 & 1 \\ -28 & -6 \end{bmatrix} \begin{bmatrix} \hat{\eta}_2 \\ \hat{\eta}_3 \end{bmatrix} + \begin{bmatrix} 13 \\ -52 \end{bmatrix} y + \begin{bmatrix} 0 \\ 1 \end{bmatrix} u$$

mit

$$\begin{bmatrix} \hat{\eta}_2 \\ \hat{\eta}_3 \end{bmatrix} = \begin{bmatrix} \hat{x}_2 \\ \hat{x}_3 \end{bmatrix} - \boldsymbol{K}_e y \text{ oder} \begin{bmatrix} \hat{x}_2 \\ \hat{x}_3 \end{bmatrix} = \begin{bmatrix} \hat{\eta}_2 \\ \hat{\eta}_3 \end{bmatrix} + \boldsymbol{K}_e y.$$

Die Stellgröße ersehen wir schließlich aus der Gleichung

$$u = -\boldsymbol{K}\hat{x} = -\boldsymbol{K} \begin{bmatrix} x_1 \\ \hat{x}_2 \\ \hat{x}_3 \end{bmatrix}$$

mit $\boldsymbol{K}$ als Zustandsrückführ-Matrix, deren Komponenten Berechnung bereits im Rahmen vorangegangener Beispiele aufgezeigt worden ist. Abb. 10.7 zeigt das vollständige Blockschaltbild der Gesamtkonfiguration, bestehend aus dem zu regelnden System, der Variablentransformation sowie den Beobachter minimaler Ordnung. ◀

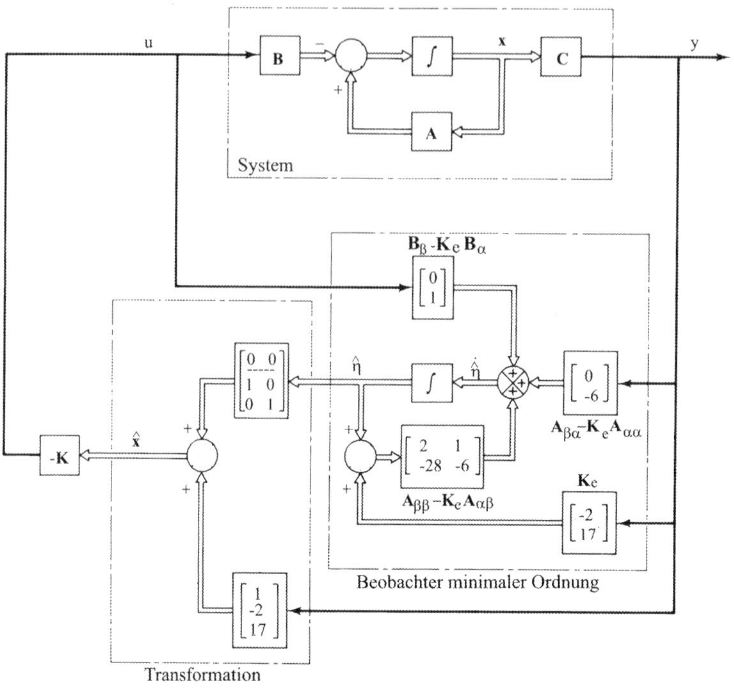

Abb. 10.7 Geregeltes System mit Zustandsbeobachter minimaler Ordnung

Adaptive Regelsysteme 11

11.1 Problemstellung

Allgemein formuliert versteht man im täglichen Sprachgebrauch unter dem Begriff „adaptieren" ein spezifisches, interessierendes Verhalten eines Systems so zu ändern, um es den veränderten inneren oder äußeren Gegebenheiten optimal anzupassen. Rein intuitiv versteht man deshalb unter einem adaptiven Regler einen solchen, der sein Verhalten als Reaktion von Änderungen der Dynamik des zu regelnden Prozesses oder der Art von externen Störungen auf den Regelkreis anpasst. Nachdem aber auch der klassische Regler mit konstanten Reglerparametern ebenso den Einfluss von Störungen oder Unsicherheiten hinsichtlich der Kenntnis der Streckenparameter zu reduzieren versucht, erhebt sich natürlich die Frage nach dem Unterschied zwischen einer konventionellen und einer adaptiven Regelung. Im Lauf mehrerer Jahrzehnte wurden deshalb verschiedene Versuche unternommen, den Begriff einer adaptiven Regelung eindeutig zu formulieren. Im Rahmen eines Symposiums *(1961)* endete eine lange Diskussion sinngemäß mit der folgenden Definition: „Jedes physikalische System ist adaptiv, das mit der Zielsetzung adaptiv zu sein, entwickelt wurde". Nachdem diese Definition ohne Zweifel nicht sonderlich zufriedenstellend wirkt, ist von einem IEEE-Komitee *(1973)* vorgeschlagen worden, statt der genannten Definition ein erweitertes Vokabular für Systeme dieser Art einzuführen; beispielsweise self-organizing control (SOC) system, parameter-adaptive-SOC und learning control system. Trotz diverser Korrekturen fanden die genannten Definitionen in Fachkreisen nur geringe Unterstützung. In einem Punkt ist allerdings ein Konsens dahingehend entstanden, dass ein Regelkreis mit zeitlich konstanten Reglerparametern *kein* adaptives System ist.

Wir halten uns in diesem Buch an die pragmatische Vorstellung, dass *ein adaptiver Regler eine Vorrichtung mit einstellbaren Parametern und einem Mechanismus zum Zweck der Anpassung dieser Parameter aufgrund veränderter System- oder*

A. Braun, *Optimale und adaptive Regelung technischer Systeme*,
https://doi.org/10.1007/978-3-658-30916-9_11

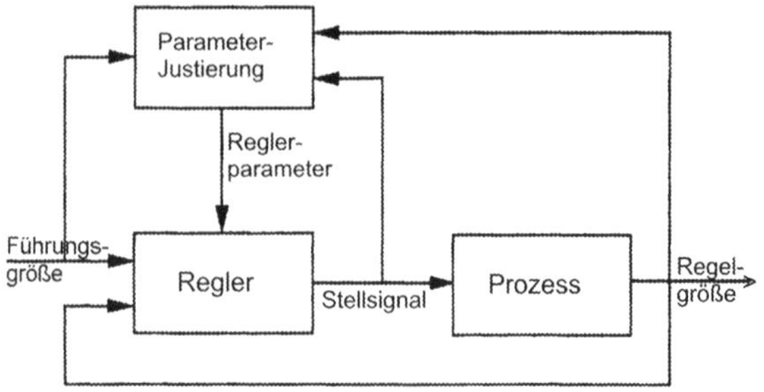

Abb. 11.1 Blockschaltbild eines adaptiven Regelkreises

Einflussgrößen ist. Anhand von Abb. 11.1 können wir unschwer erkennen, dass ein adaptiver Regelkreis im Gegensatz zum klassischen Fall aus zwei Schleifen besteht. Eine Schleife besteht aus dem zu regelndem Prozess und dem Regler, wie er uns aus der klassischen Regelungstechnik weidlich bekannt ist. Die zweite Schleife dient dem ausschließlichen Zweck der Justierung der Reglerparameter.

Nebenbei ist anzumerken, dass bei praktischen Anwendungen im Normalfall die Anpassung der Reglerparameter wesentlich langsamer vonstattengeht als der übergeordnete klassische Standard-Regelkreis.

11.1.1 Grundfunktionen eines adaptiven Regelungssystems

Im Interesse einer Systematisierung müssen bei adaptiven Regelungssystemen gewisse Grundmerkmale aufgezeigt werden, die sich aus der eingangs aufgezeigten Definition ergeben.

Wie wir sofort aus Abb. 11.2 erkennen, wird der klassische Regelkreis zusätzlich um die Funktionsblöcke Identifikation, Entscheidungsprozess und Modifikation erweitert, die jedem derartigen System eigen sind.

Durch die **Identifikation** (Identification) wird der zeitveränderliche Zustand des zu regelnden Prozesses fortlaufend erfasst und verarbeitet.

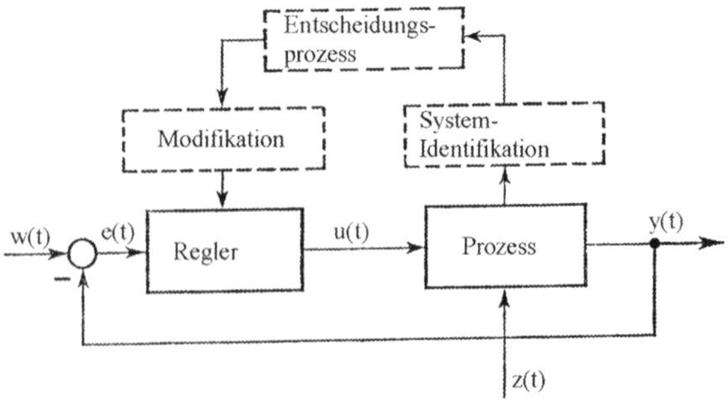

Abb. 11.2 Grundsätzlicher Aufbau adaptiver Regelungssysteme

Im **Entscheidungsprozess** (Decision) wird die durch die Identifikation gewonnene Information des realen Zustands des zu regelnden Prozesses mit dem erwünschten idealen Zustand verglichen und über Maßnahmen entschieden, um diesen idealen Zustand so gut als möglich zu erreichen.

Die **Modifikation** (Modification), basierend auf der vorausgegangenen Identifikation der Dynamik der Regelstrecke und dem daraus resultierenden Entscheidungsprozess bewirkt die Veränderung der Reglerparameter im Sinne einer optimalen oder zumindest pseudooptimalen Regelung.

Der erwähnte Idealzustand beruht in den meisten Fällen auf einem Güteindex, der zu einem Extremum gebracht und dort gehalten werden muss.

11.1.2 Einführende Beispiele adaptiver Regelkreise

Beispiel 11.1: Adaptive Modofikation der Reglerverstärkung
Zur Veranschaulichung der im vorangegangenen Abschnitt eingeführten Begriffe wollen wir anhand des klassischen, nicht adaptiven Regelkreises im Abb. 11.3 einen extrem einfachen, adaptiven Regelkreis entwickeln.

Die Übertragungsfunktion des zu regelnden Prozesses ist gegeben zu

$$G_S(s) = \frac{Y(s)}{U(s)} = K(t) \cdot G(s),$$

die Übertragungsfunktion des Reglers lautet

$$G_R(s) = \frac{U(s)}{E(s)} = K_R \cdot H(s).$$

Die in nicht bekannter Weise Variation der Regelstrecke, verursacht durch eine externe Störung $z(t)$, wird durch den Parameter $K(t)$ zum Ausdruck gebracht. Sofern dieser Parameter einen erlaubten Bereich überschreitet und somit der Regelkreis nicht mehr in erwünschter Weise funktioniert soll mit einem adaptiven Reglerzusatz das Ziel verfolgt werden, dass in der sogenannten Vorwärtsrichtung des Regelkreises stets die Verstärkung

$$V_0 = K_0 K_R$$

besitzt, wobei K_0 ein fester vorgegebener Wert sei.

Abb. 11.3 Konventioneller Regelkreis

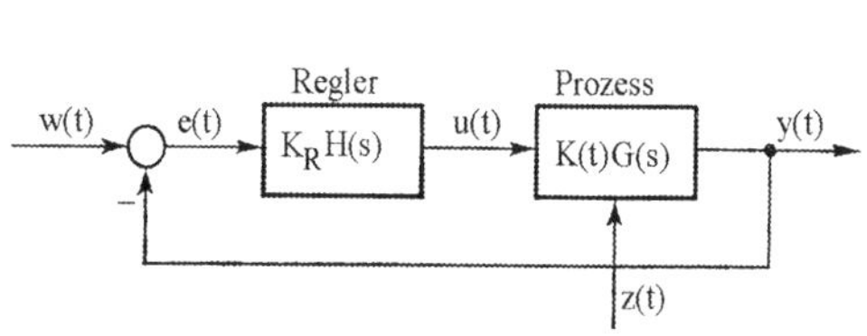

Anhand von Abb. 11.4 sehen wir, dass die Stellgröße $u(t)$ nicht nur wie üblich der Strecke, sondern auch dem Modell der Strecke mit der Übertragungsfunktion

$$G_M(s) = \frac{Y_M(s)}{U(s)} = K_0 G(s)$$

zugeführt wird. Die Ausgangsgröße $y(t)$ des Prozesses und des Modells $y_M(t)$ werden einem Dividierer zugeführt, der den Quotienten $y_M(t)/y(t)$ bildet. Wegen

$$\frac{Y_M(s)}{Y(s)} = \frac{K_0 G(s) U(s)}{K G(s) U(s)} = \frac{K_0}{K}$$

wird der Ausgang des Dividierers einem Multiplizierer zur Modifikation der Reglerverstärkung verwendet, um im Vorwärtszweig die gewünschte Verstärkung V_0 zu erreichen.

Die Adaption besteht also aus dem Produkt der zeitlich konstanten Übertragungsfunktion des Reglers $G_R(s)$ sowie dem Multiplikator K_0/K.

Der Vorwärtszweig des adaptiven Regelkreises hat jetzt, wie gefordert, die Gesamtverstärkung $K_0 K_R = V_0$; die zeitliche Änderung der Streckenverstärkung $K(t)$ wird somit durch die Adaption der Reglerverstärkung kompensiert.

In diesem Beispiel wird die *Identifikation* durch den Vergleich der Ausgangsgrößen $y(t)$ des Prozesses und des Modells $y_M(t)$ erreicht. Der *Entscheidungsprozess* besteht aus der Division $y_M(t)/y(t)$ sowie aus der Kenntnis, dass daraus die erforderliche, modifizierte Verstärkung resultiert. Für die *Modifikation* ist schließlich der Multiplizierer die maßgebliche Komponente.

Natürlich nimmt der Aufwand eines adaptiven Systems erheblich zu, wenn derart einfache Voraussetzungen nicht mehr erfüllt sind, nämlich wenn sich beispielsweise Zeitkonstanten der Strecke in unbekannter Weise zeitlich ändern oder wenn unter Umständen sogar die Struktur des Prozesses unbekannt ist.

Die dynamischen Eigenschaften eines Flugzeugs ändern sich ganz erheblich mit der Fluggeschwindigkeit, der Flughöhe, dem Anstellwinkel und einer Reihe anderer Parameter. Die klassischen Regelsysteme, beispielsweise der Autopilot oder das Stabilisierungssystem, basierten bislang auf linearen Regelkreisen mit konstanten Koeffizienten. Diese Systeme arbeiten allerdings nur bei geringen Höhen und niedrigen

Abb. 11.4 Adaptiver Regelkreis

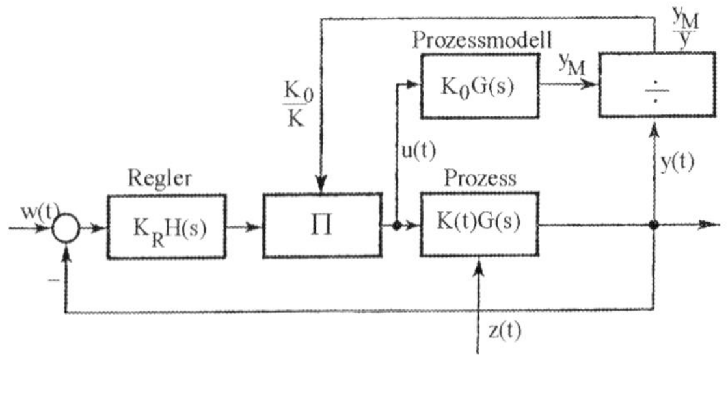

Fluggeschwindigkeiten zuverlässig, ihre Qualität ließ allerdings bei großen Flughöhen und/oder hohen Reisegeschwindigkeiten zu wünschen übrig. Die genannten Probleme treten zudem ganz ausgeprägt bei Flugmissionen im Überschallbereich auf. Das folgende Beispiel von Ackermann (1983) illustriert in besonderer Weise die dynamischen Änderungen bei diversen Flugmissionen.

Beispiel 11.2: Flugzeugdynamik
Im Interesse der Illustration von Parameteränderungen untersuchen wir die Anstiegsmission eines zivilen Flugzeugs. In der Skizze im Abb. 11.5 bezeichnen wir als Zustandsvariablen den Anstellwinkel θ, die Normalbeschleunigung mit N_z, die Anstellrate mit $q = \dot{\theta}$ sowie mit δ_e den Ausschlagwinkel des Höhenruders als Zustandsvariablen und als ursächliche Stellgröße $u(t)$ das Servosystem des Höhenruders.

Die Zustandsgleichung.

$$\dot{x} = \begin{bmatrix} a_{11}\ a_{12}\ a_{13} \\ a_{21}\ a_{22}\ a_{23} \\ 00 - a \end{bmatrix} x + \begin{bmatrix} b_1 \\ 0 \\ 0 \end{bmatrix} u$$

beschreibt mit $x^T = \left[N_z\ \dot{\theta}\ \delta_e\right]$ das dynamische Verhalten des Flugzeugmodells, wenn wir dessen Rumpf als starr voraussetzen. Diese Parameter hängen jedoch ganz wesentlich von den Flugbedingungen ab, die in Abhängigkeit der Machzahl und der Flughöhe beschrieben werden; im Abb. 11.6 sehen wir vier mit Zahlen gekennzeichnete Flugmissionen.

Tab. 11.1 zeigt die Abhängigkeit der oben genannten Parameter für vier im Bild 11.6 angedeuteten Flugmissionen (FM). Die aufgezeigten Werte beziehen sich auf das Kampfflugzeug F4-E.

Das Flugzeug als zu regelndes System hat drei Eigenwerte. Der konstante Eigenwert des Ruderservosystems liegt an der Stelle $-a = -14$. Die restlichen Eigenwerte λ_1 und λ_2 werden ganz erheblich von den Flugbedingungen beeinflusst. Anhand der.

λ_2-Werte sehen wir, dass das System instabil ist im Überschallbereich (FM1, 2 und 3) und schwach gedämpft aber stabil im Überschallbereich der Flugmission FM4.

Aufgrund dieser nicht zu übersehenden Änderungen besteht keine Möglichkeit, das Flugzeug mit einem starren Regler, also mit konstanten Parametern zu regeln, geschweige denn optimal zu regeln. Die Reglerparameter müssen deshalb in Abhängigkeit der Machzahl und der Flughöhe variiert werden.

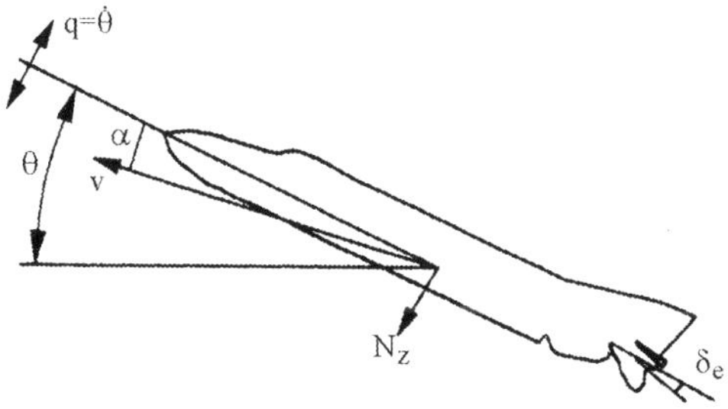

Abb. 11.5 Skizze eines Flugzeugs in Steigmission

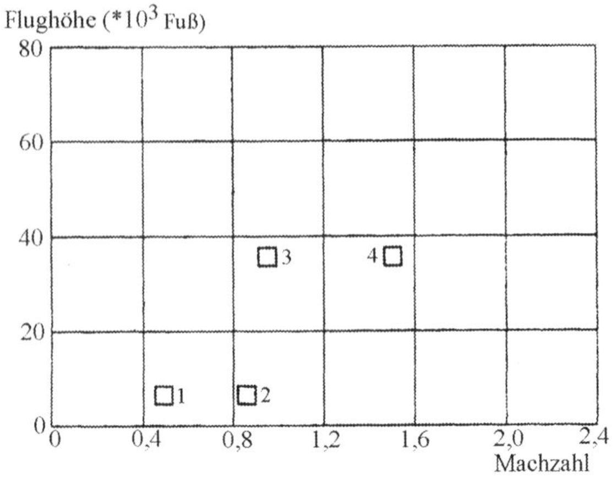

Abb. 11.6 Diagramm von vier verschiedenen Flugmissionen

Beispiel 11.3: Nichtlinearer Regelkreis
Um erneut den grundsätzlichen Nachteil einer Regelung mit konstanten Parametern aufzuzeigen, betrachten wir den im Abb. 11.7 skizzierten Regelkreis, bestehend aus einem Proportional-Integral-Regler (PI), eines nichtlinearen Ventils als Stellglied und einem System dritter Ordnung als zu regelndes Objekt.

Die Übertragungsfunktion des Reglers sowie der Regelstrecke sind gegeben zu

$$G_R(s) = K\left(1 + \frac{1}{sT_I}\right) \text{ und } \mathrm{G_S(s)} = \frac{1}{(1+\mathrm{s})^3};$$

das charakteristische Verhalten des Ventils wird entsprechend der Gesetzmäßigkeiten der Strömungsmechanik durch die Gleichung

$$v = k \cdot f(u) = ku^4;\ u \geq 0$$

beschrieben, wobei für uns die Konstante k lediglich dem Zweck einer Dimensionskorrektur dient.

Linearisieren wir die nichtlineare Ventilkennlinie um einen stationären Arbeitspunkt, so mag der geschlossene Regelkreis in einem Betriebszustand sehr wohl ein zufriedenstellendes dynamisches Verhalten aufweisen, während in einem anderen Arbeitspunkt

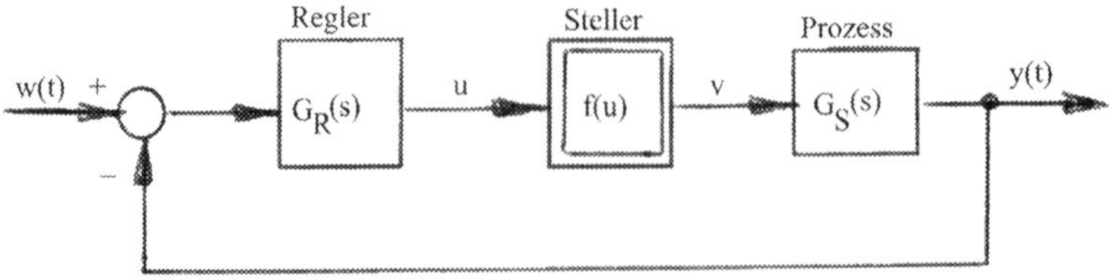

Abb. 11.7 Blockschaltbild einer Durchflussregelung

die dynamischen Eigenschaften durchaus verbesserungsbedürftig sein mögen. Wie wir aus Abb. 11.8 deutlich sehen können, tendiert die Regelgröße $y(t)$ trotz betragsmäßig gleicher Änderung der Führungsgröße $w(t)$ und konstanter Reglerparameter bei einem höheren Niveau sogar in Richtung Instabilität.

Der jeweilige zeitliche Verlauf der Regelgröße $y(t)$ ist durch Software-Simulation des geschlossenen Regelkreises mit den konstanten Reglerparametern $K = 0{,}15$ und $T_I = 1s$ entstanden.

11.2 Varianten adaptiver Regelprozesse

In diesem Abschnitt werden die bekanntesten Methoden adaptiver Regelprozesse beschrieben: Das in Fachkreisen sogenannte „Gain Scheduling"-Verfahren, die Methode des „model-reference adaptive control" sowie das „self-tuning regulator"-Prinzip. (Der Vollständigkeit wegen muss erwähnt werden, dass die Kennzeichnung der genannten Verfahrensweisen aus dem anglikanischen unverändert in den deutschen Sprachgebrauch übernommen worden sind).

11.2.1 Gain Scheduling

In einer Reihe praktischer Fälle besteht die Möglichkeit messbare physikalische Variablen zu bestimmen, die sehr gut mit Änderungen der Dynamik der Regelstrecke korrelieren und deshalb zur Justierung der Reglerparameter verwendet werden können.

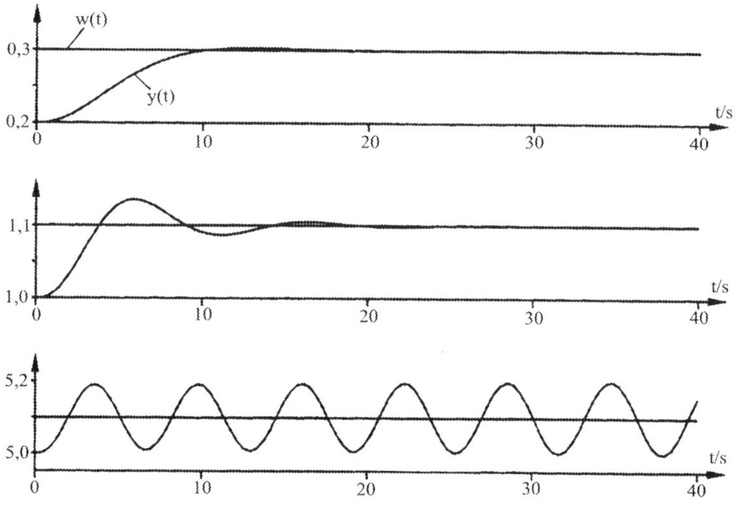

Abb. 11.8 Zeitlicher Verlauf der Regelgröße y(t) für unterschiedliche Führungsgrößen w(t)

Diese Methode wird in Fachkreisen als *gain scheduling* bezeichnet, weil aufgrund der ursprünglichen Vorgehensweise der Proportionalbeiwert *(gain)* der Strecke gemessen und dann der Regler dahingehend verändert *(scheduled)* wird, um die Änderungen der Prozessparameter zu kompensieren. Das im Abb. 11.9 skizzierte Blockschaltbild eines Regelkreises mit gain scheduling, man könnte auch sagen „Parameteranpassung", kann als zweischleifiger Regelkreis aufgefasst werden; der konventionellen inneren Schleife, bestehend aus dem Regler und dem zu regelndem Prozess und einer überlagerten Schleife mit der Aufgabe, die Reglerparameter den veränderten Arbeitsbedingungen anzupassen. Gain scheduling hat sich in vielen Fällen als sehr brauchbare Methode zur Kompensation von Parameterschwankungen oder bekannter Nichtlinearitäten der Regelstrecke erwiesen.

Das aufgezeigte Verfahren kann als tabellarische Abbildung der Prozessparameter auf die Reglerparameter interpretiert werden. Eine der ersten erfolgreichen Versuche wurden auf dem Sektor der Flugregelung durchgeführt. Hier werden die Machzahl, Flughöhe, Umgebungstemperatur, etc. durch geeignete Sensoren registriert und als Scheduling- Variablen verwendet. (Auf diesem Sektor kann der Autor dieses Buches auf erfolgreiche Erfahrungen im Zusammenhang mit der digitalen Triebwerksregelung des Tornado Kampfflugzeugs sowie des Eurofighters verweisen). Zur Bestimmung der Regler-Parameter wird das Triebwerk, als höchst nichtlineares System, am Prüfstand in äquidistanten Schritten vom Leerlauf bis zur Nenndrehzahl hoch gefahren und in jedem Arbeitspunkt die Kennwerte des Reglers, im gegebenen Fall der integrale Übertragungsbeiwert und die Verstärkung, optimiert.

Beispiel 11.4
Die Funktion des Autopiloten großer Fracht- und Passagierschiffe basiert im Normalfall auf der Messung der momentanen Fahrtrichtung mithilfe eines Kreiselkompasses, dessen aufbereitetes Ausgangssignal einem PI- oder einem PID-Regler mit konstanten Reglerparametern zugeführt wird, der seinerseits die Stelleinrichtung des Ruders aktiviert. Obwohl eine Regelung dieser Art durchaus zufriedenstellend funktioniert, mag

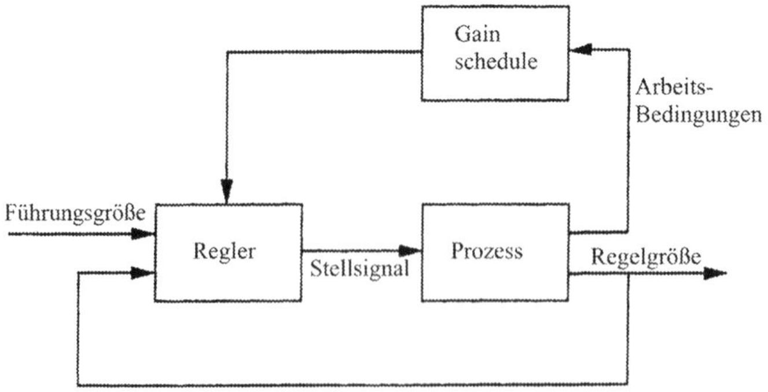

Abb. 11.9 Blockschaltbild eines Regelsystems mit überlagertem gain scheduling

die Qualität der Regelung bei schwerem Seegang oder bei einer Änderung der Fahrgeschwindigkeit durchaus verbesserungsbedürftig sein. Die Ursache eines dann weniger guten Regelverhaltens in solchen Situationen ist dadurch begründet, dass sich das dynamische Verhalten von Schiffen in Abhängigkeit der Geschwindigkeit und wetterbedingter Einflüsse nicht unerheblich ändern kann. Man ist sich deshalb sehr schnell bewusst geworden, dass die Regelqualität erheblich verbessert wird, wenn die erwähnten Änderungen der Systemparameter bereits im Regelalgorithmus des Autopiloten berücksichtigt werden.

Wie wir anhand von Abb. 11.10 leicht erkennen können, wird die horizontale Bewegung durch ein auf das Schiff fixiertes Koordinatensystem beschrieben, die vertikalen Bewegungen dürfen mit Sicherheit vernachlässigt werden.

Wir wollen mit u und v die $x-$ und $y-$ Komponenten der absoluten Geschwindigkeit z und mit r die momentane Gierrate des Schiffes bezeichnen. Bei regulärer Fahrt führt das Schiff nur kleine Abweichungen vom geradlinigen Kurs aus. Insofern ist eine Linearisierung der aufzuzeigenden Bewegungsgleichungen um einen Punkt $u = u_0$,$v = 0$, $\mathrm{r} = 0$ und $\delta = 0$ gerechtfertigt. Als Zustandsvariablen wählen wir die Quergeschwindigkeit v, die Drehrate r und den Anstellwinkel α. Damit erhalten wir durch Anwendung der Newtonschen Grundgleichungen auf die Dynamik des Schiffes die Bewegungsgleichungen

$$\frac{dv}{dt} = a_{11}(u/l)v + a_{12}ur + b_1\left(u^2/l\right)\delta$$

$$\frac{dr}{dt} = a_{21}\left(u/l^2\right)v + a_{22}(u/l)r + b_2(u/l)^2\delta \tag{11.1}$$

$$\frac{d\alpha}{dt} = r,$$

wobei mit u die konstante Geschwindigkeit in Vorwärtsrichtung und mit l die Länge des Schiffes bezeichnet werden. Interessanterweise sind die Parameter in den Zustandsgleichungen (11.1) konstant für verschiedene Schiffe *einen* Typs, aber zueinander verschieden für diverse Ausführungen und Umgebungsbedingungen; siehe hierzu folgende Tabelle.

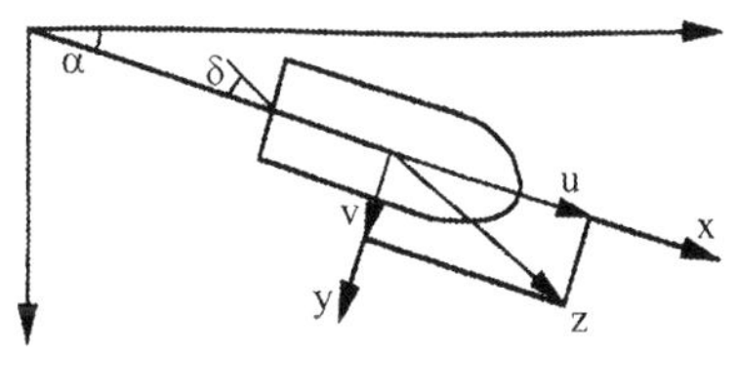

Abb. 11.10 Koordinaten zur Aufstellung der Bewegungsgleichungen

Die Übertragungsfunktion zwischen der Ruderstellung δ und dem Winkel α zum bezugsfesten Koordinatensystem ergibt sich aus Gl. (11.1) ohne großen Aufwand als

$$G(s) = \frac{\alpha(s)}{\delta(s)} = \frac{K(1+sT_3)}{s(1+sT_1)(1+sT_2)} \tag{11.2}$$

mit

$$K = K_0 \cdot u/l \tag{11.3}$$

und

$$T_i = T_{i0} \cdot l/u, i = 1, 2, 3. \tag{11.4}$$

In der Tab. 11.1 sind die Parameter K_0 und T_{i0} für die einige typische Exemplare festgehalten. Im gegebenen Fall darf allerdings nicht übersehen werden, dass diese Parameter trotz der Gültigkeit der Zustandsgleichungen von Fall zu Fall stark voneinander abweichen können. Dieser Sachverhalt gilt im Übrigen auch für die Triebwerke von Reise- und Kampfflugzeugen.

In vielen praktischen Fällen darf Gl. (11.2) durch die vereinfachte Form

$$G(s) = \frac{b}{s(s+a)} \tag{11.5}$$

mit

$$b = b_0 \cdot (u/l)^2 \text{ und a} = \text{a}_0 \cdot \text{u/l} \tag{11.6}$$

ausgedrückt werden.

Den Einfluss der Parameteränderungen können wir am einfachsten anhand der linearisierten Modellgleichungen (11.1), (11.2) und (11.4) ersehen. Außerdem können wir unschwer an den Gl. (11.3) und (11.4) erkennen, dass sich der proportionale Übertragungsbeiwert K sowie die Zeitkonstanten T_i proportional bzw. umgekehrt proportional zur Fahrtgeschwindigkeit u verhalten. Die Geschwindigkeit u ihrerseits wird wiederum von starkem Wellengang und Strömungen beeinflusst.

Darüber hinaus ändern sich die Parameter a_{ij} und b_i durch hydrodynamische Kräfte und damit auch die die Dynamik des Schiffes beschreibenden Modellgleichungen (11.1) und damit auch die Übertragungsfunktion (11.2).

Beispiel 11.5
Die im Beispiel 11.4 diskutierte Problematik der Funktion des Autopiloten soll im Rahmen dieses Beispiels mit praxisrelevanten Parametern analysiert werden. Die Übertragungsfunktion des Schiffes als die zu regelnde Strecke zwischen der Ruderstellung δ als Eingangsgröße und dem Winkel α als Ausgangsgröße wird durch die Gl. (11.5)

$$G(s) = \frac{b}{s(s+a)}$$

beschrieben; zur Regelung wird ein PD-Regler mit der Übertragungsfunktion

$$G_R(s) = K_R(1 + sT_d)$$

eingesetzt. Somit erhalten wir für die Übertragungsfunktion des offenen Regelkreises die Gleichung

$$G_o(s) = G_R(s)G_S(s) = \frac{K_R b(1 + sT_d)}{s(s + a)}.$$

Die charakteristische Gleichung des geschlossenen Systems bekommt damit die Form

$$s^2 + s(a + bK_R T_d) + bK_R = 0.$$

Der Koeffizientenvergleich mit der Standardgleichung eines Systems zweiter Ordnung

$$F(s) = \frac{\omega_0^2}{s^2 + 2d\omega_0 s + \omega_0^2}$$

liefert den relativen Dämpfungsfaktor

$$d = \frac{1}{2}\left(\frac{a}{\sqrt{K_R b}} + T_d\sqrt{K_R b}\right) \tag{11.7}$$

mit den bei Nenngeschwindigkeit u_N weiter unten zu berücksichtigenden Nennwerten a_N und b_N; die nominelle Geschwindigkeit u_N dient als Grundlage für die Dimensionierung des gewählten Reglers, die aktuelle Geschwindigkeit wird mit u bezeichnet. Verwenden wir die Abhängigkeit der Parameter a und b von der aktuellen Geschwindigkeit, also

$$a = a_N \frac{u}{u_N} \text{ und } \mathrm{b} = \mathrm{b_N}\left(\frac{\mathrm{u}}{\mathrm{u_N}}\right)^2,$$

so wird jetzt die relative Dämpfung

$$d = \frac{1}{2}\left(\frac{a_N}{\sqrt{K_R b_N}} + \frac{u}{u_N} T_d \sqrt{K_R b_N}\right).$$

Mit den typischen Werten

$$a_N = -0{,}3$$

$$b_N = 1{,}8$$

$$K_R = 2{,}5$$

$$T_d = 0{,}86$$

errechnet sich daraus bei Nenngeschwindigkeit eine Dämpfung von $d_N = 0{,}5$ und eine ungedämpfte Eigenfrequenz von $\omega_{0,N} = 1{,}4$.

Mit abnehmender Geschwindigkeit reduzieren sich diese Werte allerdings auf

$$\omega_0 = 1{,}4\frac{\mathrm{u}}{\mathrm{u_N}} \text{ und}$$

$$d = -0{,}11 + 0{,}61\frac{\mathrm{u}}{\mathrm{u_N}}$$

Der geschlossene Regelkreis wird somit instabil, wenn sich die Geschwindigkeit des Schiffes auf $u = 0{,}17\mathrm{u_N}$ reduziert. Dieser Mangel lässt sich natürlich durch eine der Geschwindigkeit angepasste Umskalierung der Reglerparameter des Autopiloten mit dem Ziel geringerer Sensibilität beheben.

Beispiel 11.6: Regelung des Kraftstoff-Luft-Gemisches eines PKW-Motors

Im Abb. 11.11 wird skizzenhaft das mit einem Mikrocomputer geregelte Mischungsverhältnis aus Kraftstoff und Luft eines Kraftfahrzeugmotors angedeutet. Darin ist zunächst die Kopplung des Gaspedals mit der für die Luftzufuhr zuständigen Drosselklappe angedeutet. Die einzuspritzende Kraftstoffmenge wird von einem Funktionsgenerator, auch bezeichnet als Look up table, in der Gain Scheduling Tabelle übernommen. Diese Tabelle besteht in der Regel aus einer Matrix mit 16 × 16 Einträgen und linearer Interpolation an den Zwischenwerten. Die Öffnungszeit des Kraftstoff-Einspritzventils als die maßgebliche Variable wird durch die Kombination einer Steuerung *und* einer Regelung eingestellt. Das *Steuersignal* unterliegt einer nichtlinearen Funktion, abhängig von der

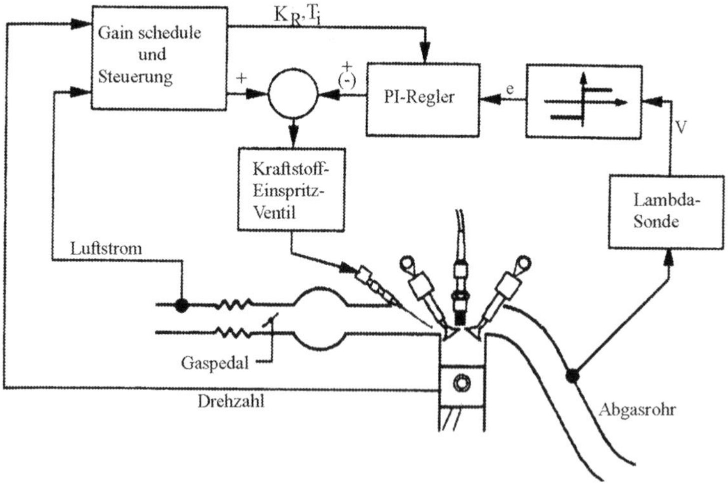

Abb. 11.11 Schema einer mikrocomputergeregelten Kraftstoffeinspritzung

Motordrehzahl und dem Lastmoment. Die Last wird durch den aktuellen Luftstrom repräsentiert, wobei letzterer mithilfe eines Hitzdraht-Anemometers gemessen wird. Zusätzlich ermittelt bei laufendem Motor eine weitere Sonde durch stöchiometrische Messung die exakte Zusammensetzung der Motorabgase, indem sie den Restsauerstoff der Abgase registriert. In Ergänzung zu der bereits erwähnten Steuerung existiert somit ein Regelkreis, der über eine λ-Sonde das Verhältnis zwischen dem unverbrannten Kraftstoff und der Restluft im Abgasrohr unmittelbar vor dem Katalysator misst.

Das Ausgangssignal V dieser Sonde ändert sich sprunghaft bei einem Kraftstoff-Luft-Verhältnis von $V = 1$, wie wir aus Abb. 11.12 erkennen können.

Das Ausgangssignal e des Zweipunkt-Schalters wird von der Charakteristik der λ-Sonde in folgender Weise beeinflusst:

$$e = \begin{cases} 1 \, f\ddot{u}r \; V > 0{,}5 \\ -1 \, f\ddot{u}r \; V \leq 0{,}5 \end{cases}.$$

Ist der Restsauerstoffgehalt zu hoch, so ist das Gemisch im Motor zu dünn;$e = +1$. Bei zu wenig Restsauerstoff ist es zu fett; $e = -1$. Dieses Signal wird dem nachgeschalteten PI- Regler zugeführt, dessen Verstärkung K_R und Integrationszeit T_i von der bereits diskutierten Schedule-Tabelle vorbesetzt wird. Die aktuelle Öffnungszeit des Einspritz-Ventils ergibt sich somit aus der algebraischen Addition der Ausgangssignale der Steuerung und des PI- Reglers.

11.2.2 Model-Reference Adaptive Systems (MRAS)

Das hier aufzuzeigende Konzept einer Regelung kann man gewissermaßen als adaptives Servo-System interpretieren, bei dem das gewünschte Zeitverhalten des zu regelnden Systems in Abhängigkeit eines Bezugsmodells formuliert wird, dessen spezifiziertes

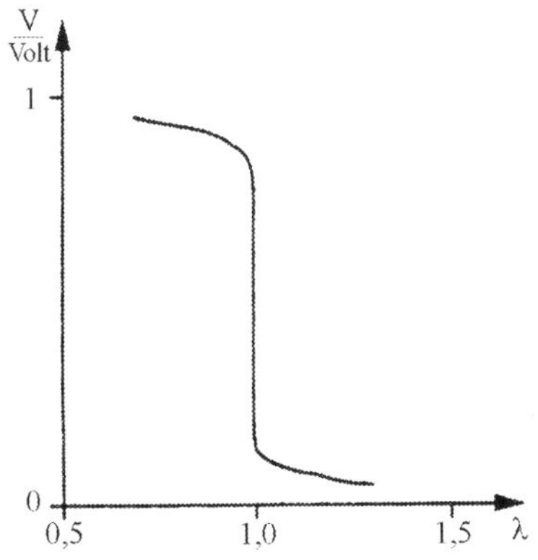

Abb. 11.12 Charakteristisches Verhalten der Lambda-Sonde

Zeitverhalten der Ausgangsgröße einer definierten Eingangsgröße zugeordnet wird. Der Identifikationsaufwand ist bei der Verwendung fester Bezugsmodelle im Gegensatz zum Gain Scheduling wesentlich geringer und beschränkt sich auf die im Regelfall digitale Realisierung des Modells sowie auf einen Vergleich der Ausgangsgrößen des Modells und dem zu regelnden System. Allerdings dürfen die Parameteränderungen der Regelstrecke nicht allzu weit von denen des Bezugsmodells abweichen. Im Abb. 11.13 sehen wir zunächst das dieser Idee zugrunde liegende Blockbild des MRAS.

Wie aus diesem Bild hervorgeht setzt sich das gesamte System aus dem klassischen Regelkreis, bestehend aus einem Regler und dem zu regelnden Prozess, normalerweise als innere Schleife bezeichnet, und eines überlagerten Regelkreises, der äußeren Schleife, zusammen, deren Aufgabe darin besteht, die Reglerparameter im Sinne einer optimalen Regelung zu modifizieren. Die Modifikation dieser Parameter beruht auf der Bestimmung der Abweichung $e(t)$, die sich aus der Differenz zwischen der Ausgangsgröße $y(t)$ des zu regelnden Prozesses und des Bezugsmodells $y_m(t)$ ergibt. Das aufgezeigte Verfahren wurde ursprünglich für den Bereich der Flugregelung entwickelt. In diesem Fall beschreibt das Referenzmodell die gewünschte Dynamik des Flugzeugs in Abhängigkeit der Position des Joysticks als ursächliche Eingangsgröße.

Als Justierungs-Konzept der Regler-Kennwerte hat sich neben der *Stabilitäts-Theorie von Liapunov* vor allem das *Gradienten-Verfahren* durchgesetzt.

Um das letztere Konzept aufzeigen zu können gehen wir aus von einem geschlossenen Regelkreis, bei dem der Regler nur einen einstellbaren Parameter r besitzen möge. Das gewünschte dynamische Verhalten des geregelten Systems ist im Referenzmodell mit der Ausgangsgröße y_m abgelegt. Mit diesen eingeführten Variablen existiert eine sehr gute Möglichkeit im Hinblick auf die Justierung des Reglerparameters darin, die sogenannte Verlustfunktion

$$J(r) = \frac{1}{2}e^2$$

des Regelfehlers

$$e = y - y_m$$

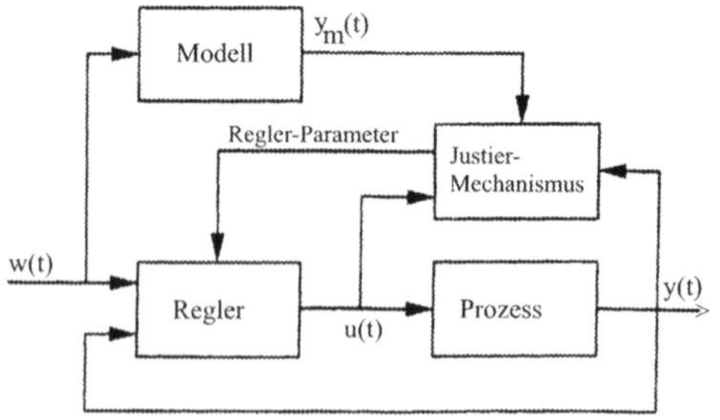

Abb. 11.13 Blockschaltbild des Model-Reference Adaptive Systems (MRAS)

zu minimieren. Um dieses Qualitätskriterium zu minimieren verändern wir den zu adaptierenden Reglerparameter unter vorausgesetztem stabilen Regelverhaltens in Richtung des negativen Gradienten von $J(r)$, also

$$\frac{dr}{dt} = -\gamma \frac{\partial J}{\partial r} = -\gamma \frac{\partial J}{\partial e} \cdot \frac{\partial e}{\partial r} = -\gamma e \frac{\partial e}{\partial r} \tag{11.8}$$

Die partielle Ableitung $\partial e/\partial r$ gibt Aufschluss über den Einfluss des zu justierenden Parameters r auf den Regelfehler$e$. Die zu justierende Adaptions-Verstärkungγ ist die zu optimierende Konstante, die sich proportional auf die Geschwindigkeit der zeitlichen Änderung dr/dt des Reglerparameters auswirkt. Das Minuszeichen schließlich ist dadurch begründet, dass sich eine positive zeitliche Änderung des Reglerparameters als Abnahme des Regelfehlers auswirkt.

Schließlich darf im Hinblick auf das folgende Beispiel nicht unerwähnt bleiben, dass die Gl. 11.8 auch dann ihre Gültigkeit behält, wenn gegebenenfalls mehrere Reglerparameter zu justieren sind. Das Symbol r ist in solchen Fällen durch einen Vektor zu ersetzen. Außerdem ist dann $\partial e/\partial r$ der Gradient des Fehlers bezüglich dieser Parameter.

Beispiel 11.7
In Anlehnung an Beispiel 11.1 beschäftigen wir uns hier mit der Adaption der Vorwärtsverstärkung eines Regelkreises auf der Basis des MRAS-Verfahrens. Die Regelstrecke wird als linearer Prozess mit der Übertragungsfunktion

$$G_S(s) = k \cdot G(s)$$

vorausgesetzt, wobei $G(s)$ bekannt und k unbekannter Parameter ist. Die Aufgabe des zu konzipierenden überlagerten Regelkreises besteht darin, die ursprüngliche Übertragungsfunktion $G_S(s)$ auf die des Modells $G_m(s) = k_0 \cdot G(s)$ zu bringen und zu halten; k_0 ist eine geforderte Konstante.

Mit

$$U(s) = R(s) \cdot W(s)$$

wird

$$Y(s) = W(s)R(s)kG(s).$$

Die Forderung bezüglich $G_m(s)$ wird erfüllt für $R(s) = r = \frac{k_0}{k}$.

Nunmehr verwenden wir Gl. (11.8) zur Justierung des Parameters r, um den als unbekannt vorausgesetzten Parameter k zu eliminieren. Bezugnehmend auf Abb. 11.14 ergibt sich das Fehlersignal aus der Gleichung

$$E(s) = Y(s) - Y_m(s) = W(s)R(s)kG(s) - W(s)k_0G(s),$$

Abb. 11.14 Blockschaltbild eines beispielbezogenen adaptiven Regelkreises

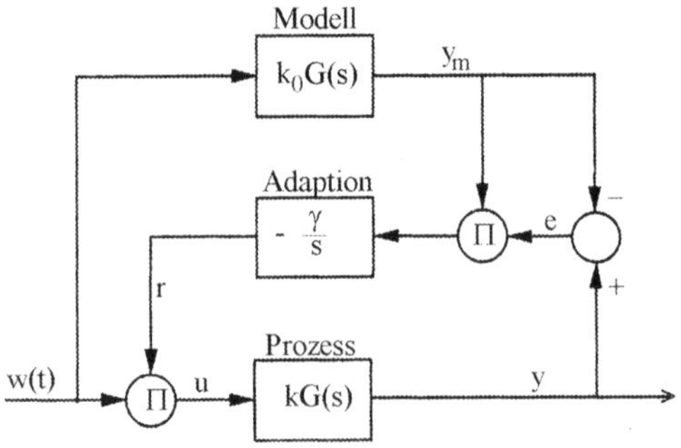

dabei ist $Y_m(s)$ der Modellausgang, $Y(s)$ die Ausgangsgröße des zu regelnden Prozesses und $R(s)$ beziehungsweise $r(t)$ der Adaptionsparameter. Mit Gl. (11.8) erhalten wir

$$\frac{\partial e}{\partial r} = kG(s)W(s) = \frac{k}{k_0}Y_m(s).$$

Außerdem wird mit Gl. (11.8) und $\gamma = \gamma' \frac{k}{k_0}$

$$\frac{\partial r}{\partial t} = -\gamma' \frac{k}{k_0} y_m e = -\gamma y_m e. \tag{11.9}$$

Aus Abb. 11.14 sehen wir, dass das zeitliche Integral dieser Gleichung gerade die Adaption des Parameters r liefert. Abb. 11.15 zeigt die Simulation eines zu regelnden Prozesses mit der Übertragungsfunktion

$$G(s) = \frac{1}{s+1}.$$

Als Führungsgröße wurde eine Sinusfunktion mit der Frequenz $\omega = 1 \frac{rad}{sec}$ gewählt, um den Adaptionsprozess möglichst gut beobachten zu können. Der unbekannte Parameter ist zu $k = 1$ und der Modellparameter zu $k_0 = 2$ gewählt worden. Wie wir unschwer aus Abb. 11.15 sehen können, konvergiert der Adaptionsparameter $r(t)$ und damit auch der Prozessausgang $y(t)$ an den Modellausgang $y_m(t)$ am schnellsten für $\gamma = 1$.

Abb. 11.15 Simulation eines MRAS-Regelkreises mit adaptierter Rückführung

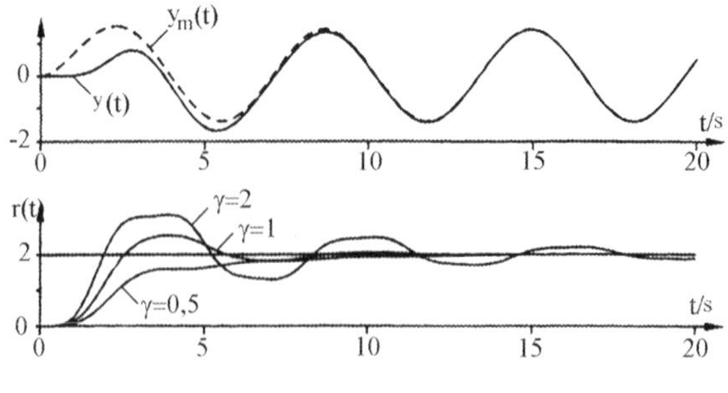

Beispiel 11.8
Bei dem zu regelnden Prozess handelt es sich wie im Beispiel 11.7 um ein System 1. Ordnung, beschrieben durch die lineare Differenzialgleichung

$$\frac{dy}{dt} = -ay + bu(t), \tag{11.10}$$

wobei u Stellgröße und y die als messbar vorausgesetzte Ausgangsgröße ist. Der geschlossene Regelkreis soll ein eben solches dynamisches Verhalten, entsprechend der Modellgleichung

$$\frac{dy_m}{dt} = -a_m y_m + b_m w(t)$$

annehmen. Das Zeitverhalten des Reglers sei definiert zu

$$u(t) = r_1 w(t) - r_2 y(t). \tag{11.11}$$

Diese Reglergleichung ist insofern sinnvoll, weil im stationären Zustand die Regelgröße $y(t)$ gegen die Führungsgröße $w(t)$ tendiert und somit die Stellgröße verschwindet. Wie wir sehen, verfügt der Regler über zwei einstellbare Parameter r_1 und r_2. Wählen wir diese zu

$$r_1 = \frac{b_m}{b} \tag{11.12}$$

und

$$r_2 = \frac{a_m - a}{b}, \tag{11.13}$$

so verhalten sich im stationären Zustand die Ein-, Ausgangsbeziehungen des zu regelnden Systems exakt wie die des Modells. Um in diesem Beispiel das *Gradientenverfahren* anwenden zu können, verwenden wir den bereits mehrmals definierten Regelfehler

$$e = y - y_m.$$

Aus den Gl. (11.10) und (11.11) ergibt sich mit der Definition

$$p \equiv \frac{d}{dt}$$

durch eine kurze Rechnung

$$e = y - y_m = \frac{br_1}{p + a + br_2} \cdot w - y_m. \tag{11.14}$$

Aus dieser Gleichung erhalten wir durch partielle Ableitung den Einfluss der Regler-Parameter auf den Regelfehler

$$\frac{\partial e}{\partial r_1} = \frac{b}{p + a + br_2} \cdot w, \tag{11.15}$$

$$\frac{\partial e}{\partial r_2} = -\frac{b^2 r_1}{(p + a + br_2)^2} \cdot w$$

Ersetzen wir mit Gl. (11.11) die Führungsgröße w durch die Regelgröße y, so ergibt sich

$$\frac{\partial e}{\partial r_2} = -\frac{b}{p + a + br_2} \cdot y. \tag{11.16}$$

Diese Gleichungen können allerdings in dieser Form noch nicht verwendet werden, weil an dieser Stelle die Prozess-Parameter a und b noch nicht bekannt sind. Mit Gl. (11.13) erhalten wir jedoch

$$p + a + br_2 \approx p + a_m.$$

Damit liefert das Gradienten-Verfahren die Gleichung

$$\frac{dr_1}{dt} = -\gamma \cdot \left(\frac{a_m}{p + a_m} w \right) \cdot e. \tag{11.17}$$

Durch eine analoge Vorgehensweise erhalten wir

$$\frac{dr_2}{dt} = \gamma \cdot \left(\frac{a_m}{p + a_m} y \right) \cdot e. \tag{11.18}$$

Wenn wir die beiden letzten Gleichungen zeitlich integrieren und den weiter oben eingeführten Operator p mit dem Laplace-Operator s ersetzen, so erhalten wir schließlich das im Abb. 11.16 skizzierte Blockschaltbild des Gesamtsystems.

Im Folgenden wird das dynamische Verhalten des Gesamtsystems per Computer-Simulation mit den Parametern $a = 1, b = 0{,}5, \mathrm{a_m} = \mathrm{b_m} = 2$ untersucht. Um den Fortschritt der Adaption gut beobachten zu können, wird für die Führungsgröße ein periodisches Rechtecksignal mit der Amplitude 1 und (zunächst) $\gamma = 1$ gewählt. Abb. 11.17 zeigt im Bild a) den zeitlich normierten Verlauf der Ausgangsgröße $y_m(t)$ des Modells sowie der zu regelnden Strecke $y(t)$ und im Bild b) die dazu entsprechende Stellgröße $u(t)$.

Im Abb. 11.18 sehen wir deutlich den Einfluss der Adaptions-Verstärkung γ auf die Konvergenz der zu optimierenden Regler-Parameter r_1 und r_2.

Abb. 11.19 zeigt die gegenseitige Abhängigkeit der Regler-Parameter r_1 und r_2 bei einer Computer-Simulation von 400 Iterationsschritten. Die strichlierte Linie wird durch die Gleichung $r_2 = r_1 - a/b$ beschrieben; der Punkt deutet das Ende der Simulation an. Im Vergleich zu Abb. 11.18 sehen wir deutlich, wie sich die Reglerparameter mit zunehmender Zeit asymptotisch ihren optimalen Werten nähern.

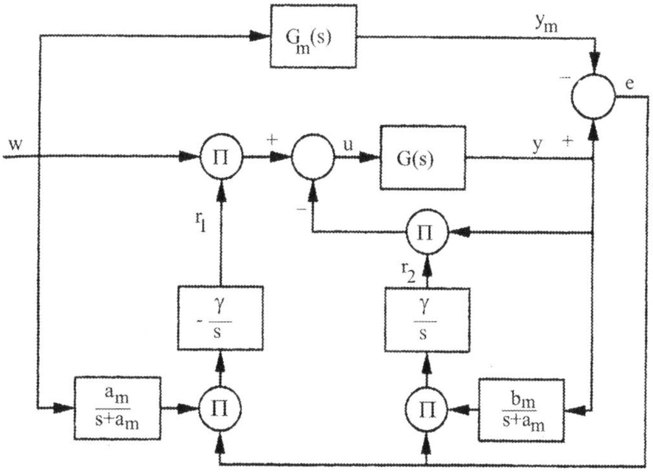

Abb. 11.16 Blockschaltbild des MRAS für eine Regelstrecke 1. Ordnung

Abb. 11.17 **a** zeitlicher Verlauf der Modell- sowie der System-Ausgangsgröße, **b** dynamisches Verhalten der Stellgröße

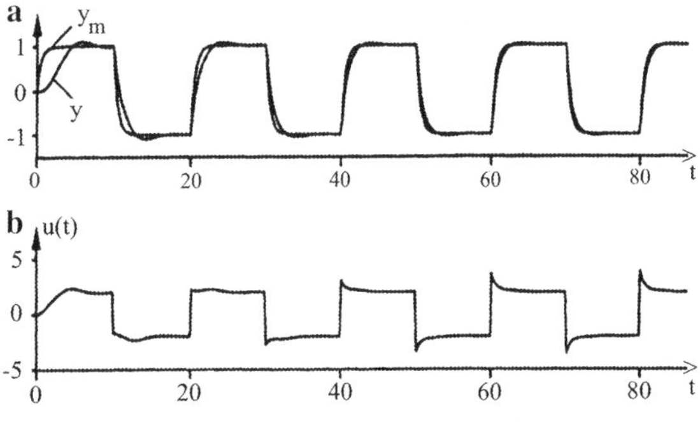

Abb. 11.18 Reglerparameter r_1 und r_2 für verschiedene γ–Werte

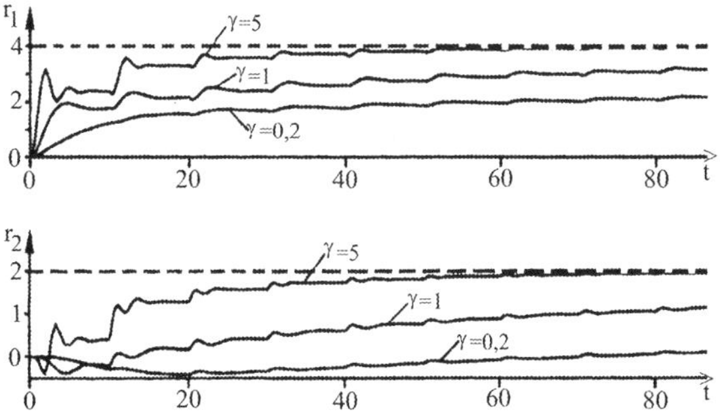

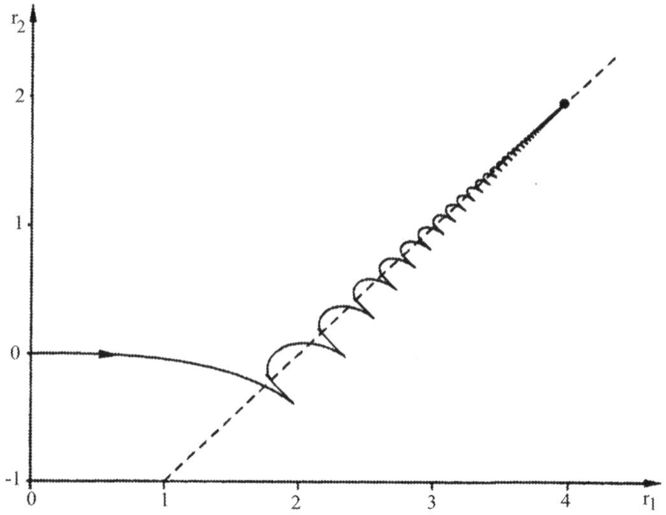

Abb. 11.19 Grafische Darstellung der gegenseitigen Abhängigkeit der Regler-Parameter

Beispiel 11.9
In diesem Beispiel wird die Absicht verfolgt zu zeigen, in welcher Weise die Lyapunovsche Stabilitätstheorie zur Erstellung von Algorithmen mit dem Ziel der Adaption der Reglerparameter in optimal geregelten Systemen angewandt werden kann. Bevor wir allerdings auf die Aufgabenstellung unseres Beispiels und dessen Lösung näher eingehen ist es zwingend erforderlich, in einem kurzen Abriss die theoretischen Grundlagen der sogenannten *Ersten Methode von Liapunov* bereitzustellen; siehe hierzu auch Abschn. 10.1. Im Sinne des aufzuzeigenden Verfahrens wird die Stabilität eines Systems anhand der sie beschreibenden Energiefunktion beurteilt.

Aus der klassischen Mechanik wissen wir, dass ein schwingfähiges System nur dann stabil ist, wenn die dem System immanente Gesamtenergie, eine positiv definite Funktion, kontinuierlich abnimmt. Diese Aussage ist gleichbedeutend damit, dass bis zum Erreichen eines stabilen Gleichgewichtszustandes die zeitliche Ableitung der Systemenergie negativ definit sein muss.

Betrachten wir hierzu das im Abb. 11.20 skizzierte ungestörte mechanische System. Die das System beschreibende Differenzialgleichung

$$m\frac{d^2y(t)}{dt^2} + b\frac{dy(t)}{dt} + cy(t) = 0$$

lautet mit $m = c = b = 1$

$$\frac{d^2y(t)}{dt^2} + \frac{dy(t)}{dt} + y(t) = 0.$$

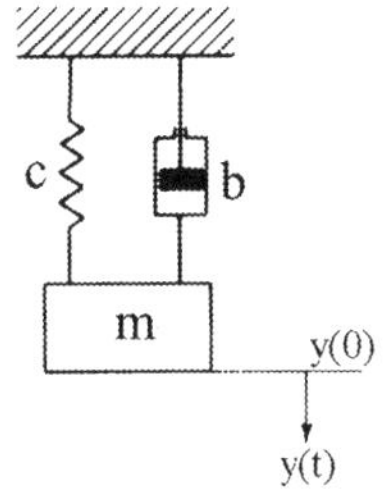

Abb. 11.20 Mechanischer Schwinger

Die Zustandsgrößen wählen wir zu

$$x_1(t) = y(t),$$

$$x_2(t) = \dot{y}(t).$$

Somit können wir das Gesamtsystem durch zwei Differenzialgleichungen erster Ordnung beschrieben:

$$\dot{x}_1(t) = x_2(t),$$

$$\dot{x}_2(t) = -x_1(t) - x_2(t).$$

Mit den Anfangswerten $x_1(0) = y_0$ und $x_2(0) = 0$ erhalten wir folgende Lösungen dieses Differenzialgleichungssystems:

$$x_1(t) = 1{,}15 y_0 \cdot e^{-\frac{t}{2}} \cdot sin\left(\frac{\sqrt{3}}{2}t + \frac{\pi}{3}\right),$$

$$x_2(t) = -1{,}15 y_0 \cdot e^{-t/2} \cdot sin\left(\frac{\sqrt{3}}{2}t\right).$$

Nachdem beide Zustandsgrößen mit zunehmender Zeit gegen Null streben können wir daraus schließen, dass es sich ganz offensichtlich um ein stabiles System handeln muss.

Nun wird dieses einfache Beispiel vom energetischen Standpunkt aus betrachtet:

Die gesamte gespeicherte Energie unterliegt mit den angenommenen Werten $c = b = 1$ der Gleichung

$$V(t) = \frac{x_1^2}{2} + \frac{x_2^2}{2}.$$

Diese Energie dissipiert natürlich im Dämpfer als Wärme mit einer Rate von

$$\dot{V}(t) = \frac{\partial V}{\partial x_1} \cdot \frac{dx_1}{dt} + \frac{\partial V}{\partial x_2} \cdot \frac{dx_2}{dt} = -\dot{x}_1 x_2 = -x_2^2(t).$$

Berechnen wir außerdem den zeitlichen Verlauf der Funktionen $V(t)$ und $\dot{V}(t)$, so erhält man

$$V(t) = 0{,}667\mathrm{y}_0\mathrm{e}^{-\mathrm{t}} \cdot \left[\sin^2\left(\frac{\sqrt{3}}{2}\mathrm{t}\right) + \sin^2\left(\frac{\sqrt{3}}{2}\mathrm{t} + \frac{\pi}{3}\right)\right],$$

$$\dot{V}(t). = -1{,}33y_0e^{-t} \cdot sin^2\left(\frac{\sqrt{3}}{2}t\right).$$

Aus den beiden Gleichungen können wir feststellen, dass die Gesamtenergie positiv definit ist, also mit zunehmender Zeit kontinuierlich gegen Null strebt und deshalb die zeitliche Ableitung der Gesamtenergie negativ definit ist. Daraus sehen wir erneut, dass das betrachtete System asymptotisch stabil ist.

Nunmehr sind wir in der Lage, uns der eigentlichen Aufgabe dieses Beispiels zu widmen. Das gewünschte Modellverhalten ist in Analogie zu Beispiel 11.8 gegeben als

$$\frac{dy_m}{dt} = -a_m y_m + b_m w,$$

$$a_m > 0.$$

Der zu regelnde Prozess wird durch die ebenso bereits in Beispiel 11.8 definierte Differenzialgleichung

$$\frac{dy}{dt} = -ay + bu$$

beschrieben. Ebenso kommt in Anlehnung an Beispiel 11.8 die Eigenschaft des Reglers durch die Gleichung

$$u(t) = r_1 w - r_2 y$$

zum Ausdruck. Darüber hinaus werden wir auch in diesem Beispiel den Regelfehler

$$e = y - y_m$$

verwenden. Um die Änderung des Regelfehlers analysieren zu können, verwenden wir dessen zeitliche Ableitung

$$\frac{de}{dt} = \frac{dy}{dt} - \frac{dy_m}{dt} = -a_m e - (br_2 + a - a_m)y + (br_1 - b_m)w.$$

Aus dieser Gleichung sehen wir sofort, dass der Regelfehler dann zu Null wird, wenn die Reglerparameter die Werte entsprechend der Gl. (11.12) und (11.13) annehmen. Im Gegensatz zu Beispiel 11.8 wollen wir jetzt die Optimierung der Reglerparameter durch die folgende quadratische Energiefunktion

$$V(e, r_1, r_2) = \frac{1}{2}\left(e^2 + \frac{1}{b\gamma}(br_2 + a - a_m)^2 + \frac{1}{b\gamma}(br_1 - b_m)^2\right), \; b\gamma > 0$$

bewerkstelligen. Diese Funktion wird dann zu Null, wenn die Reglerparameter r_1 und r_2 ihre –noch zu bestimmenden- optimalen Werte angenommen haben und e zu Null wird. Nach der Theorie von Liapunov muss, wie in der Einführung dieses Beispiels gezeigt wurde, die zeitliche Ableitung dV/dt negativ definit sein. Mit dem Ansatz

$$\frac{dV}{dt} = \frac{\partial V}{\partial e}\frac{de}{dt} + \frac{\partial V}{\partial r_1}\frac{dr_1}{dt} + \frac{\partial V}{\partial r_2}\frac{dr_2}{dt}$$

wird

$$\frac{dV}{dt} = e\frac{de}{dt} + \frac{1}{\gamma}(br_2 + a - a_m)\frac{dr_2}{dt} + \frac{1}{\gamma}(br_1 - b_m)\frac{dr_1}{dt}$$

$$\frac{dV}{dt} = -a_m e^2 + \frac{1}{\gamma}(br_2 + a - a_m)\left(\frac{dr_2}{dt} - \gamma ye\right) + \frac{1}{\gamma}(br_1 - b_m)\left(\frac{dr_1}{dt} + \gamma we\right).$$

Mit den optimierten Reglerparametern

$$\frac{dr_1}{dt} = -\gamma we \text{ und} \tag{11.19}$$

$$\frac{dr_2}{dt} = \gamma ye$$

erhalten wir

$$\frac{dV}{dt} = -a_m e^2.$$

$$\frac{dV}{dt} = -a_m e^2.$$

Abb. 11.21 zeigt das Blockschaltbild des gesamten adaptiven Regelkreises, bestehend aus dem Modell $G_m(s)$, dem zu regelndem System erster Ordnung $G(s)$ sowie den Netzwerken zur Erzeugung der adaptierten Reglerparameter r_1 und r_2. Im Vergleich zu Abb. 11.16 besteht der wesentliche Unterschied darin, dass die Signale w und y keiner Filterung unterzogen werden.

Im Abb. 11.22 sehen wir eine Computer-Simulation für

$$G(s) = \frac{b}{s+a} = \frac{0{,}5}{s+1} \text{ und } \mathrm{G_m(s)} = \frac{\mathrm{b_m}}{\mathrm{s + a_m}} = \frac{2}{\mathrm{s}+2} \text{ mit } \gamma = 1.$$

Die Abb. 11.23 zeigt schließlich die Adaption der Reglerparameter r_1 und r_2 für verschiedene Werte des Adaptionsparameters γ.

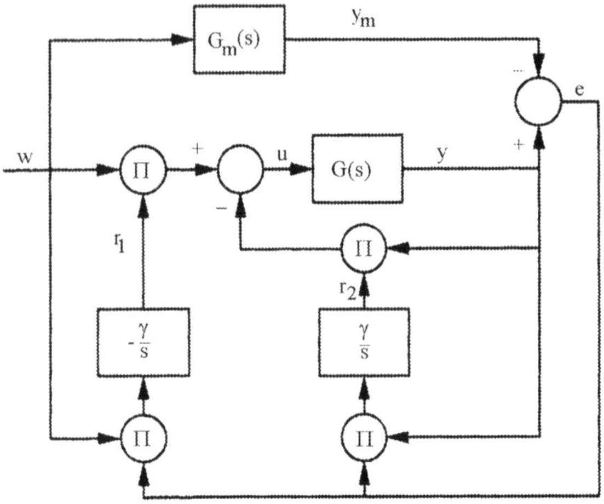

Abb. 11.21 Blockschaltbild des mit Lyapunov adaptierten MRAS-Regelkreises

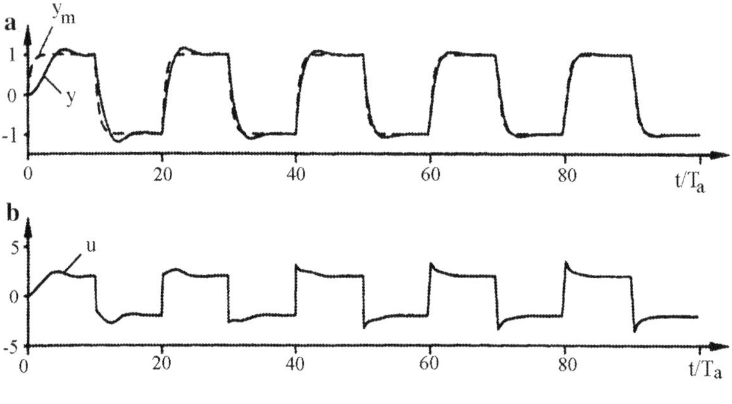

Abb. 11.22 Simulation des nach der Ersten Methode von Lyapunov optimierten Systems; **a** Regelgröße y und Modellausgangsgröße y_m, **b** Stellgröße u in Abhängigkeit der auf die Abtastperiode normierten Zeit

Vergleichen wir die Abb. 11.17 und 11.22 so kann man unschwer feststellen, dass die Dynamik des geregelten Systems der beiden Verfahren von näherungsweise gleicher Qualität ist.

11.2.3 Self-Tuning Regulators (STR)

Die bisher besprochenen Versionen adaptiver Regeleinrichtungen werden auch als *direkte Methoden* bezeichnet, weil sich der jeweilige Adaptionsmechanismus unmittelbar auf die Modifikation der Regler-Parameter auswirkt. Im Gegensatz dazu werden bei

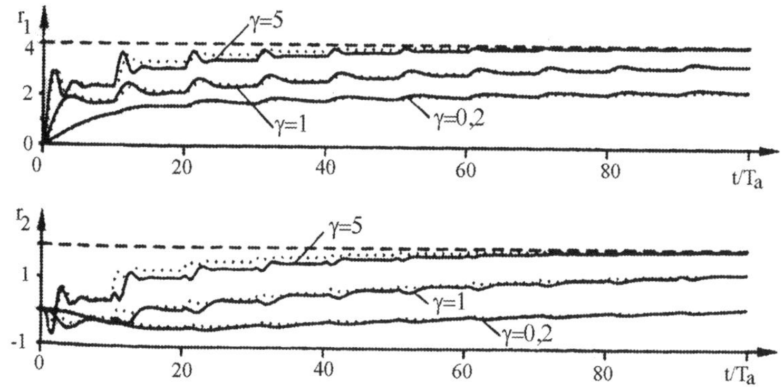

Abb. 11.23 Reglerparameter r_1 und r_2 in Abhängigkeit der normierten Zeit; gepunktete Kurvenzüge: Gradientenverfahren; durchgezogen: Erste Methode von Lyapunov

den nun aufzuzeigenden *indirekten* Verfahren die Prozessparameter des einmal bezüglich seines dynamischen Verhaltens erstellten Modells des zu regelnden Prozesses durch entsprechende Messungen mit jedem Abtastschritt aktualisiert und dann im Nachzug die Reglerparameter dem veränderten Prozessverhalten angepasst. Die Bereitstellung der aktuellen Modellparameter geschieht im realen Betrieb on-line, also rekursiv durch den im Abb. 11.24 mit *Prozess-Modell* bezeichneten Übertragungsblock.

Der mit *Regler-Design* gekennzeichnete Block berechnet auf der Grundlage eines *Qualitätskriteriums* und der aktuellen Prozess-Parameter die an den Regler zu übergebenden aktualisierten Reglerparameter. Ein typisches Gütekriterium besteht beispielsweise in der Minimierung der *Quadratischen Regelfläche*

$$J = \int_0^\infty e^2(t)dt \to Min.$$

mit

$$e(t) = w(t) - y(t).$$

Abb. 11.24 Blockschaltbild des Self-tuning Regulators

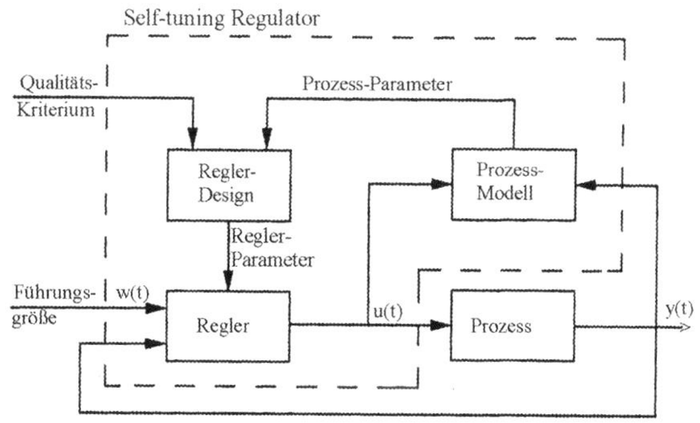

Neben dem klassischen Regelkreis, bestehend aus dem Regler und dem zu regelndem Prozess, läuft die oben erläuterte Prozedur ständig im Hintergrund; man spricht deshalb in diesem Zusammenhang auch von einem *unterlagerten Regelkreis*. Die Entwicklung dieser Strategie ist damit begründet, dass der zu regelnde Prozess durch Alterungs- und/oder Verschleißerscheinungen oder auch durch die auf das Prozessverhalten einwirkenden Umgebungsbedingungen einer ständigen Änderung unterliegt. Durch den Begriff *self-tuning* kommt die Fähigkeit zum Ausdruck, dass durch diese Methode die Regler-Parameter gegen die erstmalig ermittelten optimalen Werte konvergieren, die zum Zeitpunkt der Inbetriebnahme einer vollständig bekannten Regelstrecke ermittelt worden sind. Sofern das Self-tuning-Verfahren digital implementiert wird, was übrigens in den meisten praktischen Anwendungen der Fall ist, kann natürlich für das Parameter-Schätzverfahren eine bei weitem geringere Abtastrate als für die eigentliche Regelung des Prozesses gewählt werden. Alternativ dazu besteht aber auch die Möglichkeit das als *Hybrid-Schema* bezeichnete Verfahren anzuwenden, bei dem der Prozess kontinuierlich geregelt wird und nur die Prozessparameter zu diskreten Zeitpunkten aktualisiert werden. Im Hinblick auf die Identifikation des zu regelnden Prozesses ist es naheliegend, die Parameter der die Strecke beschreibenden Übertragungsfunktion zu identifizieren. Ungeachtet dessen besteht im gegebenen Fall auch die Möglichkeit, nichtlineare Modelle und nichtlineare Design- Techniken anzuwenden.

Im Zug der praktischen Umsetzung der bisher nur verbal aufgezeigten Methode werden wir im Folgenden das „Verfahren der Polzuweisung", verbunden mit der Minimierung des quadratischen Fehlers, sowie das „Indirekte Self-Tuning-Verfahren" aufzeigen.

11.2.3.1 Das Verfahren der Polzuweisung

Der Grundgedanke dieses vergleichsweise einfachen Verfahrens besteht darin, einen Regler zu konzipieren, durch den die Übertragungsfunktion des geschlossenen Regelkreises eindeutig definierte Pole einnimmt. Diese Methode, geschickt angewandt, liefert uns ein weites Spektrum technischer Anwendungen und darüber hinaus besonderen Einblick in die Technik adaptiver Regelprozesse. Ferner darf nicht unerwähnt bleiben, dass gerade die aufzuzeigende Methode der Polzuweisung den Zusammenhang zwischen dem STR- und dem MRAS-Verfahren überdeutlich aufzeigt.

Wenn wir uns im Folgenden vorwiegend mit diskreten Systemen beschäftigen, so unterliegt ein Eingrößen-System (single input single output, SISO) der Systemgleichung

$$A(z) \cdot y(kT_a) = B(z)y(kT_a) = B(z) \cdot (u(kT_a) + v(kT_a))$$

wobei $y(kT_a)$ Ausgangsgröße, $u(kT_a)$ die Eingangsgröße und $v(kT_a)$ eine auf den zu regelnden Prozess einwirkende Störgröße ist; die erwähnten Variablen werden zu äquidistanten Zeitpunkten kT_a mit T_a als Abtastperiode und $k = 0, 1, 2, \ldots$ eingelesen beziehungsweise vom Regler ausgegeben. Obwohl die Störgröße nahezu an beliebiger Stelle der Strecke angreifen kann gehen wir in unserer Betrachtung vom sogenannten Worst-Case aus, nämlich dass sie am Eingang des zu regelnden Prozesses, also an der am schwierigsten handzuhabenden Stelle, angreifen möge. Bei den Parametern $A(z)$ und $B(z)$ handelt es sich um Polynome in Abhängigkeit des komplexen Operators z mit den jeweiligen Polynomgraden $deg(A) = n$ sowie $deg(B) = m$, der ganzzahlige Polüberschuss $d_0 = n - m$, multipliziert mit der Abtastperiode T_a bringt die zeitliche Rechtsverschiebung der Ausgangsgröße gegenüber der Eingangsgröße zum Ausdruck.

Die diskrete Pulsübertragungsfunktion ist definiert durch

$$H(z) = \frac{B(z)}{A(z)} = \frac{b_0 z^m + b_1 z^{m-1} + ... + b_m}{z^n + a_1 z^{n-1} + ... + a_n}.$$

In den meisten praktisch relevanten Fällen erscheint es zweckmäßig, die Polynome A und B in Potenzen von z^{-1} auszudrücken; wir erhalten dann die reziproken Polynome

$$A^*\left(z^{-1}\right) = z^{-n} A(z).$$

Die eingangs formulierte Systemgleichung wird dann

$$A^*\left(z^{-1}\right) y(kT_a) = B^*\left(z^{-1}\right) \cdot \left(u((k - d_0)T_a) + v((k - d_0)T_a)\right)$$

mit

$$A^*\left(z^{-1}\right) = 1 + a_1 z^{-1} + a_2 z^{-2} + \ldots + a_n z^{-n}.$$

$$B^*\left(z^{-1}\right) = 1 + b_1 z^{-1} + b_2 z^{-2} + \ldots + b_m z^{-m}.$$

Außerdem ist mit n als Grad des zu regelnden Systems für alle technisch realistischen Systeme die Bedingung $n \geq m + d_0$ erfüllt.

Weil außerdem das aufzuzeigende Syntheseverfahren rein algebraisch ist, können wir somit simultan anhand der Gleichung

$$Ay(t) = B(u(t) + v(t)) \tag{11.20}$$

auch kontinuierliche Systeme analysieren, wobei nunmehr mit A und B Polynome entweder in Abhängigkeit des Differenzialoperators $p = d/dt$ oder des z-Operators für diskrete Systeme zu verstehen sind. Ferner setzen wir voraus, dass der Vorfaktor der höchsten Potenz in p auf den Wert Eins normiert sei.

Der allgemeine, lineare Regler wird durch die Gleichung

$$R \cdot u(t) = T \cdot w(t) - S \cdot y(t) \tag{11.21}$$

beschrieben, wobei es sich bei R, S und T um Polynome in p für kontinuierliche oder in z für diskrete Regler handelt. Dieses Regelgesetz beschreibt einen geschlossenen Regelkreis mit negativer Rückführung, wie er im Abb. 11.25 angedeutet ist.

Setzen wir die Ausgangsgröße u des Reglers aus Gl. (11.21) in (11.20) ein, so erhalten wir für die Regelgröße des geschlossenen Regelkreises

$$y(t) = \frac{BT}{AR + BS} w(t) + \frac{BR}{AR + BS} v(t) \tag{11.22}$$

sowie für die Stellgröße

$$u(t) = \frac{AT}{AR + BS} w(t) - \frac{BS}{AR + BS} v(t). \tag{11.23}$$

Das charakteristische Polynom A_c des geschlossenen Regelkreises lautet somit

$$AR + BS = A_c. \tag{11.24}$$

Der Grundgedanke der Reglerdimensionierung besteht in Analogie zum Zustandsbeobachter kontinuierlicher Systeme darin, zunächst das charakteristische Polynom A_c des geschlossenen Regelkreises zu spezifizieren. Im Nachzug können dann anhand der Gl. (11.23) beziehungsweise (11.24) die Polynome R und S des Reglers bestimmt werden. Insofern besteht keine Notwendigkeit, diese hier, wenn auch nur angedeutet Methode, weiter zu verfolgen.

11.2.3.2 Das Indirekte Self-Tuning Verfahren

Im Rahmen der nunmehr aufzuzeigenden Methode wird das rekursive Verfahren der Minimierung des quadratischen Fehlers angewandt. Aus Gründen der Vereinfachung wird die Störung zu Null angenommen. Das Modell des zu regelnden Prozesses, Gl. (11.20), lautet ausführlich formuliert

$$y(k) = -a_1 y(k-1) - a_2 y(k-2) - \ldots - a_n y(k-n) + b_0 u(k-d_0) + .. + b_m u(k-d_0-m),$$

wobei wir uns in der obigen und in den folgenden Gleichungen aus Gründen der einfacheren Schreibweise auf die verkürzte Form

$$y(kT_a) \equiv y(k), y((k-1)T_a) \equiv y(k-1), u(kT_a) \equiv u(k) \text{etc.}$$

einigen wollen. Aufgrund der vorausgesetzten Linearität des Modells wird die Modellgleichung in vektorieller Schreibweise

$$y(k) = \boldsymbol{\varphi}^T(k-1) \cdot \boldsymbol{\Phi}(\text{k})$$

mit

$$\boldsymbol{\Phi}^T(k) = (a_1 a_2 \ldots a_n b_0 b_1 \ldots b_m),$$

$$\boldsymbol{\varphi}^T(k-1) = (-y(k-1) \ldots - y(k-n) u(k-d_0) \ldots u(k-d_0-m)).$$

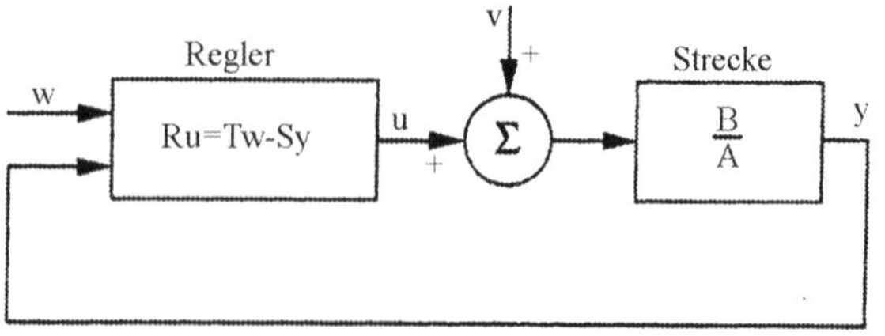

Abb. 11.25 Linearer einschleifiger Regelkreis

Unter ausschließlicher Berücksichtigung des linearen Terms wird die rekursive Minimierung des quadratischen Fehlers

$$\boldsymbol{\Phi}(\mathrm{k}) = \boldsymbol{\Phi}(\mathrm{k}-1) + \mathbf{K}(\mathrm{k}) \cdot \varepsilon(\mathrm{k}),$$

$$\varepsilon(\mathrm{k}) = \mathrm{y}(\mathrm{k}) - \boldsymbol{\varphi}^{\mathrm{T}}(\mathrm{k}-1)\boldsymbol{\Phi}(\mathrm{k}-1), \qquad (11.25)$$

$$\mathbf{K}(\mathrm{k}) = \mathbf{P}(\mathrm{k})\varphi(\mathrm{k})$$

mit

$$\mathbf{P}(\mathrm{k}) = \left(\sum_{\mathrm{i}=1}^{\mathrm{k}} \varphi(\mathrm{i})\boldsymbol{\varphi}^T(i)\right)^{-1}.$$

Sofern das Eingangssignal des zu regelnden Prozesses genügend groß und die Struktur des geschätzten Modells mit dem Prozess einigermaßen vergleichbar ist, konvergiert das zunächst geschätzte Modell gegen die tatsächlichen Koeffizienten.

Adaptionsalgorithmus des Indirekten Self-Tuning-Verfahrens

Bei gegebenen Spezifikationen bezüglich des gewünschten Modellverhaltens des geschlossenen Systems $\frac{B_m}{A_m}$ sind folgende Schritte durchzuführen:

Schritt 1: Vorläufige Schätzung der Koeffizienten der Polynome A und B in Gl. (11.20) und

Anwendung des rekursiven Verfahrens der Minimierung des quadratischen Fehlers entsprechend Gl. (11.25).

Schritt 2: Zuordnung der minimalen Polynomgrade von Modell und Prozess:

$$deg(A_m) = deg(A),$$

$$deg(B_m) = deg(B).$$

Schritt 3: Berechnung der in Gl. (11.21) auftretenden Polynome R, T und S des Reglers.

Die Schritte 1, 2 und 3 sind zu jedem Abtastzeitpunkt des Adaptionsprozesses durchzuführen. (Natürlich ist die Abtastperiode der Schritte 1 und 2 um ein Vielfaches größer als die des zu regelnden Prozesses.)

Beispiel 11.10

Wir betrachten in diesem Beispiel einen verzögerungsbehafteten Integrator als kontinuierlichen Prozess mit der normierten Übertragungsfunktion

$$G(s) = \frac{1}{s(s+1)},$$

wie er beispielsweise jedem Servosystem zugrunde liegt. Die dazu entsprechende diskrete Übertragungsfunktion ergibt sich für eine Abtastperiode von $T_a = 0{,}5$ s als

$$G(z) = \frac{B(z)}{A(z)} = \frac{b_0 z + b_1}{z^2 + a_1 z + a_2} = \frac{0{,}1065z + 0{,}0902}{z^2 - 1{,}6065z + 0{,}6065}. \tag{11.26}$$

In diesem Beispiel ist also $deg(A) = 2$ und $deg(B) = 1$. Somit wird der Regler zu einem System 1. Ordnung und der geschlossene Regelkreis zu einem System 3. Ordnung. Wie man leicht überprüfen kann, hat die diskrete Übertragungsfunktion eine Nullstelle im Punkt $-0{,}84$ und je eine Polstelle für $z = 1$ beziehungsweise $z = 0{,}61$.

Für eine spezifizierte Eigenfrequenz der Regelgröße von $\omega_d = 1\mathrm{rad/s}$ und einer relativen Dämpfung von $d = 0{,}7$ wird die geforderte Übertragungsfunktion des Modells

$$G_m(z) = \frac{B_m(z)}{A_m(z)} = \frac{b_m z}{z^2 + a_{m1} z + a_{m2}} = \frac{0{,}1761z}{z^2 - 1{,}|3205z + 0{,}4966}.$$

Um im stationären Zustand eine Kreisverstärkung von $1\mathrm{sec}^{-1}$ zu erreichen, wurde der Parameter b_m mithilfe des Endwertsatzes der z-Transformation zu 0,1761 berechnet. Wie man sofort sieht besteht auch Kompatibilität zwischen beiden Systemen, weil sowohl das Modell als auch der zu regelnde Prozess den gleichen Polüberschuss aufweisen. Somit besteht unsere Aufgabe darin, das charakteristische Polynom A_m des Modells zu bestimmen.

Entsprechend der Struktur von $G_m(z)$ lautet im diskreten Zeitbereich die Modellgleichung

$$y(k) + a_1 y(k-1) + a_2 y(k-2) = b_0 u(k-1) + b_1 u(k-2).$$

Die unbekannten Koeffizienten dieser Gleichung werden anhand des oben aufgezeigten Adaptionsalgorithmus auf der Basis der kleinsten Fehlerquadrate bestimmt.

Bezugnehmend auf Gl. (11.21) ist für das Regelgesetz der Ansatz

$$u(k) + r_1 u(k-1) = t_0 w(k) - s_0 y(k) - s_1 y(k-1)$$

gerechtfertigt. Abb. 11.26 zeigt den zeitlichen Verlauf der Ausgangsgröße des zu regelnden Prozesses und der Stellgröße einer Computer-Simulation für eine Rechteckschwingung als Führungsgröße.

Aus diesem Bild können wir deutlich erkennen, dass nach der anfänglichen transienten Phase die Prozessausgangsgröße $y(t)$ gegen die Führungsgröße $w(t)$ konvergiert. Außerdem sehen wir aus dem zeitlichen Verlauf der Regelgröße, dass die Parameter- Schätzwerte bereits nach etwa fünf Abtastperioden ihre optimalen Werte erreicht haben.

Der nicht zu vermeidende transiente Anteil hängt natürlich wesentlich von den Startwerten des Modells ab. Nachdem es sich bei dem zu regelnden Prozess um einen Integrator handelt, tendiert die Stellgröße $u(k)$ erwartungsgemäß gegen den Wert Null. Die folgende Tabelle zeigt die adaptierten Modell- und Regler- Parameter nach 100 Abtastschritten; sie liegen offensichtlich vergleichsweise dicht an den in Klammern geschriebenen theoretischen Werten, die aus Gl. (11.26) hervorgehen.

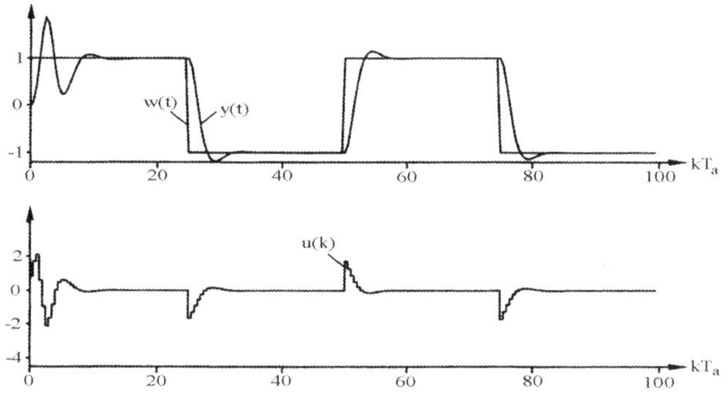

Abb. 11.26 Führungsgröße w(t), Regelgröße y(t) sowie Stellgröße u(k) einer adaptiven Regelung unter Anwendung des Self-Tuning-Verfahrens

Tab. 11.1 Parameter der Zustandsgleichung für verschiedene Flugmissionen

	FM1	FM2	FM3	FM4
Mach	0,5	0,85	0,9	1,5
Flughöhe (Fuß)	5000	5000	35.000	35.000
a_{11}	−0,9896	−1,702	−0,667	−0,5162
a_{12}	17,41	50,72	18,11	26,96
a_{13}	96,15	263,5	84,34	178,9
a_{21}	0,2648	0,2201	0,0820	−0,6896
a_{22}	−0,8512	−1,418	−0,6587	−1,225
a_{23}	−11,39	−31,99	−10,81	−30,38
b_1	−97,78	−272,2	−85,09	−175,6
λ_1	−3,07	−4,90	−1,87	−0,87 ± j4,3
λ_2	1,23	1,78	0,56	−0, 87 ± j4,3

a_1	a_2	b_0	b_1	r_1	t_0	s_0	s_1
−1,60	0,60	0,107	0,092	0,85	1,65	2,64	−0,99
(−1,6065)	(0,6065)	(0,1065)	(0,0902)	(0,8467)	(1,6531)	(2,6582)	(−1,0321)

Tab. 11.2 Systemparameter von Ausführungen typischer Schiffe

Typ	Minensucher	Transporter	Tanker betankt leer
Länge (m)	55	161	350
a_{11}	−0,86	−0,77	−0,45 − 0,43
a_{12}	−0,48	−0,34	−0,43 − 0,45
a_{21}	−5,2	−3,39	−4,1 − 1,98
a_{22}	−2,4	−1,63	−0,81 − 1,15
b_1	0,18	0,17	0,10 0,14
K_0	2,11	−3,86	0,83 5,88
T_{10}	−8,25	5,66	−2,88 − 16,91
T_{20}	0,29	0,38	0,38 0,45
T_{30}	0,65	0,89	1,07 1,43
a_0	−0,14	0,19	−0,28 − 0,06
$b_0 = b_2$	−1,4	−1,63	−0,81 − 1,15

Auto-Tuning 12

12.1 Problemstellung

Adaptionsmechanismen wie beispielsweise MRAS und STR erfordern a priori Information bezüglich der Dynamik des zu regelnden Prozesses. Diese ist von ganz maßgeblicher Bedeutung für die Wahl der Abtastrate und der Dimensionierung digitaler Filter. Die Bedeutung dieser Vorabinformation wurde über lange Zeit unterschätzt. Ihre maßgebliche Rolle ist erst mit der *allgemeinen Entwicklung adaptiver Regler* ersichtlich geworden. Nicht wenige Forscher haben sich gerade deshalb über Jahre hinweg mit der Bereitstellung der notwendigen Vorabinformation, also einen *‚Vorab-Tuning-Modus'* zu entwickeln, auseinandergesetzt. Selbst für die Entwicklung sich automatisch einstellender klassischer PID-Regler ist die erwähnte a priori Information von wesentlicher Bedeutung. Regler dieser Art werden vorwiegend für industrielle Regelprozesse eingesetzt, bei denen große Änderungen der Systemparameter zu erwarten sind.

Vom Standpunkt des Anlagenbetreibers entspräche der Idealzustand einem Regler, der sich über einen simplen Knopfdruck selbst justiert, also einem Auto-Tuning-Regler. Obwohl konventionelle adaptive Regelschemata ideale Vorrichtungen im Hinblick auf eine automatische Justierung der Reglerparameter sein mögen darf nicht vergessen werden, dass für sämtliche dieser Methoden eine gewisse Vorkenntnis des dynamischen Verhaltens der Regelstrecke unabdingbar ist. Aufgrund dieser nicht unwesentlichen Prämisse heraus wurden in den letzten Jahren spezielle Methoden einer automatischen Justierung einfacher Regelprozesse entwickelt. Zugleich sind Strategien dieser Art auch zur Bereitstellung von a priori Informationen für kompliziertere adaptive Systeme nützlich.

A. Braun, *Optimale und adaptive Regelung technischer Systeme*,
https://doi.org/10.1007/978-3-658-30916-9_12

12.2 PID-Regelung und Auto-Tuning Verfahren

Der PID-Regler ist das Standard-Werkzeug für industrielle Regelprozesse verschiedenster Situationen, sofern die Anforderungen an die Qualität der Regelung nicht zu hoch gesteckt sind. Darüber hinaus kann dieser Regler auch für kaskadierte Regelkreise verwendet werden, wie uns dies beispielsweise in der Antriebsregelung bekannt ist. In der klassischen Literatur findet man die Reglergleichung in der Form

$$u(t) = K_R \cdot \left(e(t) + \frac{1}{T_i} \cdot \int_0^t e(\tau) d\tau + T_d \cdot \frac{de(t)}{dt} \right). \tag{11.27}$$

Dabei ist u die Stellgröße, e die Regelabweichung, definiert als $e(t) = w(t) - y(t)$, wobei $w(t)$ bekanntlich die Führungsgröße und $y(t)$ die Regelgröße ist; K_R, T_i und T_d sind die vom Betreiber zu justierenden Reglerparameter.

Neben der in dieser Gleichung aufgeführten Grundversion verwendet man in vielen technischen Anwendungen für den differenzierenden Anteil anstatt der Regelabweichung $e(t)$ die Regelgröße $y(t)$ als ursächliches Signal. Darüber hinaus wird insofern eine approximierte Selektion getroffen, als man die Differenzierzeit T_d bei hohen Signalfrequenzen reduziert. Dazu ist es häufig von Vorteil, auf den Proportionalanteil des PID-Reglers nur einen Teil der Führungsgröße einwirken zu lassen. Ferner wird der integrierende Anteil durch eine sogenannte *Integratorbegrenzung* modifiziert die vor allem dann sehr nützlich ist, wenn sich die Stellgröße bereits im Sättigungsbereich befindet.

Gerade durch den rasanten Fortschritt der digitalen Regelung technischer Systeme wurden vor allem in den letzten Jahren außerordentlich viele Verfahren auf dem Gebiet des Auto- Tunings vorgeschlagen. Eine der bewährtesten Methoden besteht darin, die ungeregelte Strecke durch einen Puls oder mehrere Signalsprünge zu stimulieren. Mithilfe diverser rekursiver Softwaretools, beispielsweise MATLAB®, kann dann anhand der Systemantwort der Übertragungstyp geschätzt oder im Idealfall sogar vollständig identifiziert werden. Im zweiten Schritt wird dann durch maßgebliche Forderungen hinsichtlich des dynamischen Verhaltens über das Verfahren der Polzuweisung ein PID-Regler dimensioniert.

Eine bewährte alternative Methode besteht darin, mit den beiden Nullstellen des PID-Reglers zwei dominante Zeitkonstanten der Regelstrecke zu kompensieren. Dieses Verfahren hat sich besonders vorteilhaft für Problemstellungen erwiesen, bei denen häufige Änderungen der Führungsgröße zu erwarten sind. Diese Methode ist vor allem für eine vorläufige Schätzung der Reglerparameter adaptiver Regelkreise von großem Nutzen.

Für den Fall des geschlossenen Regelkreises hat sich die Vorgehensweise von Ziegler und Nichols mit seinen artverwandten Varianten am meisten bewährt.

Gerade in neuerer Zeit haben sich auch die Expertensysteme im Zusammenhang mit dem Auto-Tuning Verfahren des Reglers als außerordentlich nützlich erwiesen.

Während des normalen Betriebs eines Regelprozesses evaluiert das Expertensystem bei jeder Änderung der Führungsgröße die Qualität des dynamischen Verhaltens anhand typischer Kennwerte des geregelten Prozesses; im Besonderen anhand der Dämpfung, der Überschwingweite oder der Ausregelzeit.

12.3 Diverse Auto-Tuning Verfahren

12.3.1 Verwendung des transienten Verhaltens

Eine Reihe vergleichsweise einfacher Methoden zur Justierung von PID-Reglern basieren auf der Verwendung des dynamischen Verhaltens der bloßen Regelstrecke. Viele industrielle Prozesse, vor allem solche der Verfahrenstechnik, unterliegen entsprechend Abb. 12.1 einem Systemverhalten höherer Ordnung mit Ausgleich.

Systeme dieser Art lassen sich sehr gut durch eine Übertragungsfunktion der Form

$$G_S(s) = \frac{K_S}{1 + sT} \cdot e^{-sL} \tag{12.1}$$

approximieren, wobei K_S der statische Übertragungsbeiwert, L die Signallaufzeit oder auch Ersatztotzeit und T die Ersatzzeitkonstante der Regelstrecke sind. Der im Abb. 12.1 eingetragene Parameter a errechnet sich über den Vierstreckensatz zu.

$$a = \frac{0{,}63 K_S}{T} \cdot L. \tag{12.2}$$

12.3.1.1 Das Ziegler/Nichols-Verfahren

Die von den beiden Autoren Ziegler und Nichols im Jahr 1942 veröffentlichten Einstellregeln sind rein empirischer Natur. Den beiden Autoren ist es durch Simulation verschiedener analoger Systeme gelungen, ein extrem einfaches Verfahren zu entwickeln, die Parameter der bekanntesten kommerziellen Regler unter Verwendung der Sprungantwort zu bestimmen. Diese Methode verwendet lediglich die beiden Kennwerte a und L im Abb. 12.1. Aus der Tab. 12.1 können wir dann die Werte der zu wählenden Reglerparameter der drei Grundregler entnehmen.

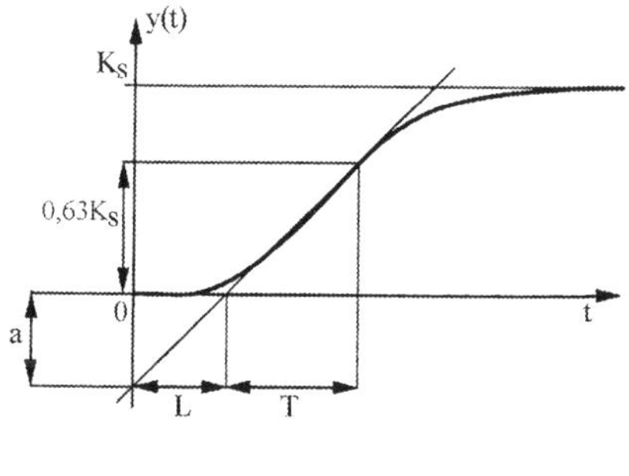

Abb. 12.1 Sprungantwort $y(t)$ eines typischen industriellen Prozesses

Tab. 12.1 Regler-Parameter basierend auf den Einstellregeln von Ziegler und Nichols

Reglertyp	K_R	T_i	T_d
P	$1/a$	∞	0
PI	$0{,}9/a$	$3L$	0
PID	$1{,}2/a$	$2L$	$L/2$

Diese Methode hat allerdings den wesentlichen Nachteil, dass im geschlossenen Regelkreis die Regelgröße erhebliche Überschwinger zeigt, also nur schwach gedämpft ist. Eine bewährte Daumenregel besagt, dass die hier aufgezeigte Methode dann gute dynamische Ergebnisse liefert, sofern $0{,}1 < \frac{L}{T} < 0{,}6$ ist. Für größere Werte von $\frac{L}{T}$ ist es empfehlenswert, andere empirische Verfahren zu verwenden; beispielsweise die Einstellregeln von Chien und Hrones.

12.3.1.2 Flächen-Methode zur Bestimmung der Systemparameter

Wie wir gesehen haben, können die Parameter K_S, L und T der messtechnisch ermittelten Sprungantwort im Abb. 12.1 entnommen werden. Eine alternative Vorgehensweise besteht in der Verwendung markanter Flächen der Sprungantwort, die wir dem Abb. 12.2 entnehmen können.

Dabei darf nicht unerwähnt bleiben, dass es sich auch hier um ein empirisches Verfahren handelt. Im Zuge der Anwendung dieser Methode bestimmen wir zunächst (grafisch) die Fläche A_0 oberhalb der Sprungantwort $y(t)$ sowie den proportionalen Übertragungsbeiwert K_S. Eine erste Gleichung

$$L + T = \frac{A_0}{K_S} \tag{12.3}$$

liefert die Summe der bereits definierten Kennzeiten.

Anhand der überstrichenen Fläche A_1 unterhalb der Sprungantwort $y(t)$ bis zum Zeitpunkt $L + T$ können wir über die Gleichung

$$T = \frac{e \cdot A_1}{K_S} \tag{12.4}$$

Abb. 12.2 Flächen-Methode zur Bestimmung von L und T

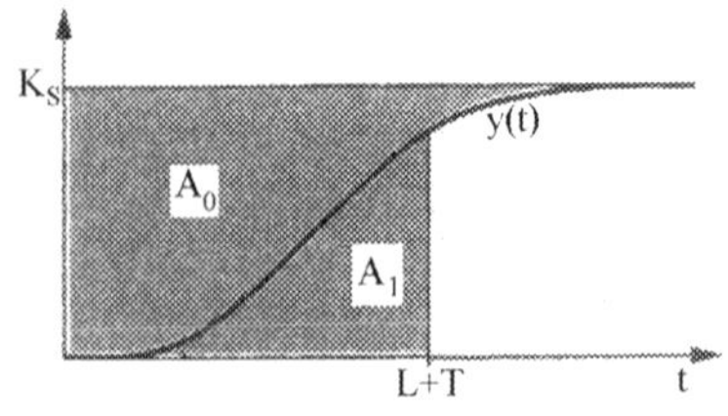

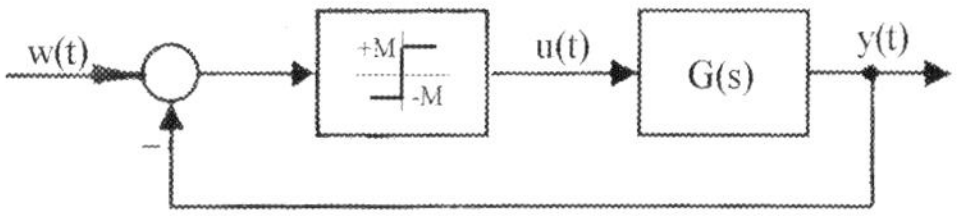

Abb. 12.3 Lineares System und nichtlinearer Regler

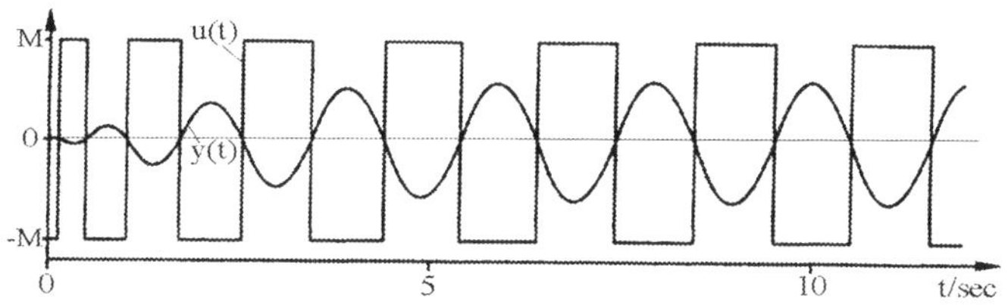

Abb. 12.4 Ein- und Ausgangsgröße eines unstetig geregelten Systems

die Zeitkonstante T und somit auch L bestimmen; der Faktor e ist die Basis des natürlichen Logarithmus. Nunmehr sind wir wiederum in der Lage, über Gl. (12.2) den Parameter L zu bestimmen und dann im Nachzug Tab. 12.1 anzuwenden.

12.3.1.3 Verwendung unstetiger Regler

Der wesentliche Nachteil der in den bisherigen Abschnitten aufgezeigten Methoden unter ausschließlicher Verwendung der Sprungantwort des offenen Regelkreises besteht in der extrem großen Empfindlichkeit gegenüber eventuell auftretender Störungen im geschlossenen Regelkreis. Die im Folgenden aufzuzeigende Strategie umgeht diesen Nachteil, weil die notwendigen Voruntersuchungen im Interesse eines günstigen Einschwingverhaltens am geschlossenen Regelkreis durchgeführt werden.

Der Grundgedanke dieser Strategie besteht in der Anwendung der Eigenschaft, dass im Normalfall die Regelgröße $y(t)$ unstetig geregelte Prozesse im stationären Zustand Dauerschwingung ausführt. In der Abb. 12.3 sehen wir das typische Blockschaltbild eines kontinuierlichen Systems mit der Übertragungsfunktion $G(s)$ und eines Zweipunktreglers.

Im Abb. 12.4 sehen wir den zeitlichen Verlauf der Eingangsgröße $u(t)$ sowie der Ausgangsgröße $y(t)$ der Regelstrecke für den Fall der Führungsgröße $w(t) = 0$.

Aus diesem Bild können wir sehr gut erkennen, dass sich bei einer Regelung dieser Art bereits nach relativ kurzer Zeit eine Dauerschwingung der Regelgröße einstellt. Aufgrund des verwendeten Zweipunktreglers unterliegt die Eingangsgröße des zu regelnden Systems einer Rechteckschwingung mit der Frequenz ω_g. Anhand einer Fourier-Zerlegung können wir dieses Signal in eine Summe von Sinusschwingungen mit der Grundwelle ω_g und den Oberwellen $3\omega_g$, $5\omega_g$ etc. zerlegen. Die Ausgangsgröße $y(t)$ weist ebenso sinusförmigen Verlauf mit der Frequenz ω_g auf. Daraus sehen wir, dass die Regelstrecke, als technisch realistisches System, tiefpassverhalten hat und somit die Harmonischen höherer Ordnung unterdrückt werden. Mit M als Amplitude des Rechtecksignals erhalten wird mithilfe einer Fourier-Analyse die Amplitude der

Abb. 12.5 Blockschaltbild des Relais-Auto-Tuners

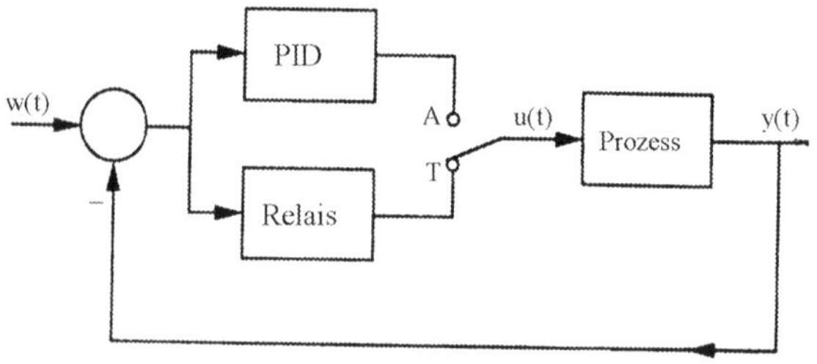

Tab. 12.2 Reglerparameter nach Ziegler und Nichols

Reglertyp	K_R	T_i	T_d
P	$0{,}5K_g$	∞	0
PI	$0{,}4K_g$	$0{,}8T_g$	0
PID	$0{,}6K_g$	$0{,}5T_g$	$0{,}12T_g$

Grundwelle zu $4M/\pi$. Somit ist die Ausgangsgröße des Prozesses eine Sinusfunktion der Frequenz ω_g mit der Amplitude

$$a = \frac{4M}{\pi} \cdot \left|G(j\omega_g)\right|.$$

Aufgrund der Umschaltzeitpunkte in den Nulldurchgängen müssen die Grundwelle der Ein- und der Ausgangsgröße gegenphasig verlaufen. Daraus schließen wir, dass der Ausgang $y(t)$ bei der Frequenz ω_g eine Phasennacheilung von 180° haben muss. Somit lautet die Schwingbedingung

$$arg(G(j\omega_g)) = -\pi \text{ und } \left|G(j\omega_g)\right| = \frac{a\pi}{4M} = \frac{1}{K_g} \tag{12.5}$$

wobei K_g als äquivalente Verstärkung des Relais eines sinusförmigen Signals mit der Amplitude a interpretiert werden kann.

Neben den Einstellregeln von Ziegler und Nichols an der bloßen Regelstrecke, also im offenen Regelkreis entsprechend Abschn. 12.3.1.1 entwickelten die beiden Autoren eine heuristische Methode zur Bestimmung der Reglerparameter am geschlossenen Regelkreis. Diese Methode zielt darauf ab, mit einem Zweipunktschalter, also mit einem Relais, den kritischen Reglerparameter K_g sowie die kritische Periodendauer der Dauerschwingung T_g der Regelgröße $y(t)$ zu bestimmen; siehe Abb. 12.5.

Zum Zweck der Justierung des analogen PID-Reglers wird zunächst die Strecke mit einem Relais, also unstetig geregelt, der im Abb. 12.5 skizzierte Kippschalter steht somit in der Position T. Sobald die Regelgröße eine stabile Schwingung mit konstanter Amplitude annimmt wird in Anlehnung an Gl. (12.5) der Parameter K_g und die kritische Periodendauer T_g der Dauerschwingung messtechnisch ermittelt. Die Tab. 12.2 zeigt schließlich die Einstellwerte der bewährten Grundregler für den realen Betrieb des zu regelnden Prozesses, wenn der Kippschalter in Stellung *A* gebracht wird.

Natürlich liefert auch diese Methode nicht für alle denkbaren Regelaufgaben zufriedenstellende Ergebnisse. Zum Einen ergibt sich nicht für jede beliebige Regelstrecke die erwartete Dauerschwingung im Relais-Modus. Zum Anderen ist eine PI- beziehungsweise PID-Regelung nicht für jeden beliebigen Prozess geeignet.

Literatur

Mathematische Grundlagen

Bronstein-Semendjajew: *Taschenbuch der Mathematik*; Verlag Harri Deutsch;
Burg/Haf/Wille: *Höhere Mathematik für Ingenieure*; Band II, Band III; B.G. Teubner Stuttgart;
Churchill Ruel: *Operational Mathematics*; McGraw-Hill, Inc.;
Churchill, R., Brown, J.: *Complex Variables and Applications*; McGraw-Hill, Inc.;
Folgen und Reihen IV; Vieweg;
Föllinger O.: *Laplace- Fourier- und z-Transformation*; VDI Verlag;
Gantmacher F.: *Theory of Matrices*; Chelsea Publishing Inc.;
Heber G.: *Mathematische Hilfsmittel der Physik*; Neufang Verlag;
Henrici, P., Jeltsch, R.: *Komplexe Analysis*, Band 1 und 2; Birkhäuser Verlag;
Heuser H.: *Funktionalanalysis*; Teubner Verlag;
Heuser H.: *Gewöhnliche Differenzialgleichungen*; Vieweg Verlag;
Jury E. I.: *Theory and Applications of z-Transformation*; John Wiley;
Needham, T.: *Anschauliche Funktionentheorie*; Oldenbourg Verlag;
Papula L.: *Mathematik für Ingenieure*; Vieweg Verlag;
Preuß W.: *Funktionaltransformation*; Carl Hanser Verlag;
Sherman, K. Stein: *Einführungskurs Höhere Mathematik*, Vektoranalysis III,
Smirnow W. I.: Lehrbuch der höheren Mathematik, Teil II, Teil IV/1; Verlag Harri Deutsch;
Weber H., Ulrich, H.: *Laplace-, Fourier- und z-Transformation*; Springer Verlag;
Zurmühl R.: *Matrizen und ihre Anwendungen*; Springer Verlag;

Systemtheorie

Aström K.J.: *On trends in system identification*; Pergamon Press;
Bossel H.: *Modellbildung und Simulation*; Vieweg Verlag;
Braun A.: *Dynamische Systeme*; Vieweg Verlag; 2019
Cannon R.: *Dynamics of Physical Systems*; McCraw-Hill;
Chen C. T.: *Linear System Theory and Design*; Holt Verlag, New York;
Crandall S.: *Dynamics of mechanical and elektromechanical systems*; McGraw Hill New York;
Fischer U.: *Mechanische Schwingungen*; Carl Hanser Verlag;

A. Braun, *Optimale und adaptive Regelung technischer Systeme*,
https://doi.org/10.1007/978-3-658-30916-9

Frank P.: *Differenzialgleichungen der Mechanik*; Vieweg Verlag;
Genta G.: *Vibration of Structures and Machines*; Springer Verlag;
Heimann B.: *Mechatronik;* Carl Hanser Verlag;
Isermann R.: *Identifikation dynamischer Systeme*; 2 Bände, Springer Verlag;
Kailath T.: *Linear Systems*; Prentice-Hall;
Kessel S.: *Technische Mechanik*; Teubner Verlag;
Ljung L.: *System Identification – Theory fort he User*; Prentice Hall;
Ludyk G.: *Theorie dynamischer Systeme*; Elitera Verlag;
Luenberger D.: *Introduction to Dynamic Systems*; John Wiley;
Magnus K.: *Schwingungen*; Vieweg Verlag;
Müller P.: *Lineare Schwingungen*; Akademische Verlagsgesellschaft;
Norton J.: *An Introduction to Identification*; Academic Press London;
Ogata, K.: *System Dynamics*; Prentice Hall;
Oppenheim J.: *Signals and Systems*; Prentice Hall;
Pfeiffer F.: *Einführung in die Dynamik*; Teubner Verlag;
Schiehlen W.: *Technische Dynamik*; Teubner Verlag;
Södenström T.: *System Identification*; Prentice Hall U. K.;
Strobel H.: *Systemamalyse mit determinierten Testsignalen*; Technik Verlag;
Unbehauen H.: *Parameterschätzverfahren zur Systemidentifikation*; Oldenbourg Verlag;
Unbehauen H.: *Regelungstechnik II und III*; Vieweg Verlag;
Unbehauen R.: *Systemtheorie*; Oldenbourg Verlag;
Wittenberg J.: *Schwingungslehre*; Springer Verlag;

Simulationstechnik

Angermann A., Rau, M.: *MATLAB – Simulink – State Flow*; Oldenbourg Verlag;
Beucher O.: *MATLAB und Simulink lernen*; Eddison Wesley;
Cellier F.: *Continuous System Modeling*; Springer Verlag;
Close C., Frederick D.: *Modelling and analysis of dynamic systems*; Houghton;
Dabney J., Haman T.: *Dynamic System Simulation with MATLAB*; Prentice Hall;
Gipser M.: *Systemdynamik und Simulation*; Teubner Verlag;
Goodwin G., Sin K.: *Dynamik System Identification*; Academic Press New York;
Hartley T., Guy O.: *Digital Simulation of Dynamic Systems*; Prentice Hall;
Hatch M.: *Vibration Simulation*; Chapman & Hall, London;
Johansson R.: *System Modeling and Identification*; Prentice Hall;
Kahlert, J.: *Simulation technischer Systeme*; Vieweg Verlag;
Kramer U.: *Simulationstechnik*; Carl Hanser Verlag;
Ljung L., Glad T.: *Modeling of Dynamic Systems*; Prentice Hall;
Ljung L.: *System Identification*; Prentice Hall New York;
MathWorks, Inc.: *The Student Edition of MATLAB*; Prentice Hall;
Ogata K.: *Designing Linear Control Systems with MATLAB*; Prentice Hall;
Ogata K.: *Solving Control Problems with MATLAB*; Prentice Hall;
Otter M.: *Modellierung Physikalischer Systeme*; Oldenbourg Verlag;
Pelz G.: *Simulation mechatronischer Systeme*; Hüthig Verlag;
Rosenbrock H.: *Computer-Aided Control System Design*; Academic Press;
Schöne A.: *Simulation technischer Systeme*; Carl Hanser Verlag;

Analoge Regelungstechnik

Beilsteiner G.: *Handbuch der Regelungstechnik*; Springer Verlag;
Bode H.: *Network Analysis and Feedback*; Van Nostrand Verlag;
Braun A.: *Grundlagen der Regelungstechnik*; Carl Hanser Verlag;
Chen C.: *Linear System Theory and Design*; Rinehart and Winston;
Dorf R., Bishop R.: *Modern Control Systems*; Addison Wesley Mass.;
Dörrscheidt E., Latzel W.: *Grundlagen der Regelungstechnik*; Teubner Verlag;
Evans W.: *Control system dynamics*; McGraw Hill New York;
Föllinger O.: *Nichtlineare Regelungen*; Oldenbourg Verlag;
Föllinger O.: *Regelungstechnik*; VDE Verlag;
Franklin G., Powell G.: *Feedback Control of Dynamic Systems*; Addison Wesley Mass.;
Freund E.: *Regelungssysteme im Zustandsraum*; Oldenbourg Verlag;
Lunze J.: *Regelungstechnik I und II*; Springer Verlag;
Newton G.: *Analytical Design of Linear Control*; John Wiley New York;
Ogata K.: *Modern control engineering*; Prentice Hall New York;
Ogata K.: *State Space Analysis of Control Systems*; Prentice Hall;
Oppelt W.: *Handbuch technischer Regelvorgänge*; Chemie Verlag;
Pestel E., Kollmann E.: *Grundlagen der Regelungstechnik*; Vieweg Verlag;
Raisch J.: *Mehrgrößenregelung im Frequenzbereich*; Oldenbourg Verlag;
Roppenecker G.: *Polvorgabe durch Zustandsrückführung*; Oldenbourg Verlag;
Rosenbrock H.: *State Space and Multivariable Theory*; Nelson London;
Samal E., Becker W.: *Grundriss der praktischen Regelungstechnik*; Oldenbourg;
Weihrich G.: *Mehrgrößen-Zustandsregelung*; Oldenbourg Verlag;
Wonham W.: *Linear Multivariable Control*; Springer Verlag;

Digitale Regelungstechnik

Ackermann J.: *Abtastregelung*; Springer Verlag;
Antoniou A.: *Digital Filters Analysis and Design*; McGraw Hill New York;
Aström K., Wittenmark B.: *Computer Controlled Systems*; Prentice Hall;
Brammer K.: *Kalman Bucy Filter*; Oldenbourg Verlag;
Braun A.: *Digitale Regelungstechnik*; Oldenbourg Verlag;
Cadzow J.: *Discrete-Time and Computer Control Systems*; Prentice Hall;
Camacho E., Bordons C.: *Model predictive control*; Springer Verlag;
Föllinger O.: *Lineare Abtastsysteme*; Oldenbourg Verlag;
Franklin G., Powell J.: *Digital Control of Dynamic Systems*; Addison Wesley;
Freeman H.: *Discrete-Time Systems*; John Wiley New York;
James H.: *Theory of Servomechanisms*; McGraw Hill New York;
Jury E.: *Application of the z-Transform Method*; John Wiley New York;
Jury E.: *Sampled-Data Control Systems*; John Wiley New York;
Kanai K.: *Introduction to Digital Control Systems*; Maki Shoten;
Katz P.: *Digital Control Using Microprocessors*; Prentice Hall;
Kucera V.: *Discrete Linear Control*; Prentice Hall;
Middleton R.: *Digital Control and Estimation*; Prentice Hall New York;
Ogata K.: *Discrete-Time Control Systems*; Prentice Hall New Jersey;
Oppenheim A.: *Discrete-Time Signal Processing*; Prentice Hall New York;

Phillips C.: *Digital Control Systems Analysis and Design*; Prentice Hall;
Rabiner L.: *Application of Digital Signal Processing*; Prentice Hall;
Ragazzini J., Franklin G.: *Sampled-data control systems*; McGraw Hill New York;
Tou J.: *Digital and Sampled-Data Control Systems*; McGraw Hill;
Williamson D.: *Digital Control and Implementation*; Prentice Hall New York;
Wittenmark B.: *Design of digital controllers*; Amsterdam;

Optimale Regelungstechnik

Anderson B., Moore J.: *Linear Optimal Control*; Englewood Cliffs;
Anderson B., Moore J.: *Optimal Control – Linear Quadratic Methods*; Prentice Hall;
Andrew P., Sage C.: *Optimal systems control*; Prentice Hall New Jersey;
Bellman R.: *Dynamic programming*; Prentice University Press;
Bertsekas D.: *Dynamic Programming*; Academic Press New York;
Bittanti S.: *The Riccatti Equation*; Springer Verlag Berlin;
Bryson A.: *Applied Optimal Control*; Waltham Mass.;
Chui C., Chen G.: *Linear Systems and Optimal Control*; Springer Verlag Berlin;
Drenick R.: *Optimierung linearer Regelsysteme*; Oldenbourg;
Falb P., Athans M.: *Optimal Control*; McGraw Hill New York;
Fletcher R.: *Practical Methods of Optimization*; John Wiley Chichester;
Föllinger O.: *Optimale Regelung und Steuerung*; Oldenbourg Verlag;
Föllinger O.: *Optimierung dynamischer Systeme*; Oldenbourg Verlag;
Gill P., Murray W.; *Practical Optimization*; Academic Press New York;
Grimble M., Johnson M.: *Optimal Control and Stochastic*; John *Wiley* Chichester;
Hofer E., Lunderstädt R.: *Numerische Methoden der Optimierung*; Oldenbourg Verlag;
Kirk D.E.: *Optimal Control Theory*; Prentice Hall Jersey;
Kwakernaak H.: *Linear Optimal Control Systems*; Wiley Interscience;
Larson R., Casti J.: *Principles of Dynamic Programming*; Dekker New York;
Lee E., Markus L.: *Foundations of Optimal Control Theory*; John Wiley New York;
Lin C.: *Advanced control systems design*; Prentice Hall New York;
Morari M.: *Robust process control;* Prentice Hall New York;
Papageorgiou M.: *Optimierung*; Oldenbourg Verlag;
Pontrjagin L.: *Theorie optimaler Prozesse*; Oldenbourg Verlag;
Pontryagin L.: *Mathematical Theory of Optimal Processes*; Oldenbourg Verlag;
Powell M.: *Nonlinear Optimization*; Academic Press New York;
Sage A., White C.; *Optimum Systems Control;* Prentice Hall New Yersey;
Schneider G.: *Methoden der dynamischen Programmierung*; Oldenbourg;
Wismer D.: *Optimization Methods with Applications*; McGraw Hill New York;

Adaptive Regelungstechnik

Anderson B., Moore J.: *Adaptive control*; Addison Wesley Verlag;
Anderson B.: *Stability of adaptive Systems*; M.I.T. Press;
Annaswamy A.: *Model reference of adaptive control*; Eoles Publisher;
Aström K. Hägglund T.: *Automatic Tuning of simple regulators*, Prentice Hall;

Blackman P.: *Exposition of Adaptive Control*; Pergamon Press
Chalam V.: *Adaptive control systems*; Dekker Verlag;
Gawthrop P.: *Continuous-time self-tuning control*; Study Press Lechworth;
Goodwin G., Sin K.: *Adaptive Filtering and Control*; Prentice Hall;
Goodwin, G.: *Adaptive Filtering*; Prentice Hall New York;
Gupta M.: *Adaptive Methods for Control System*; IEEE Press, New York;
Harris C.: *Self-tuning adaptive control*; Peregrimus Verlag London;
Isermann R.: *Adaptive control systems*; Prentice Hall New York;
Kohonen T.: *Self-organization and Associative Memory*; Springer Verlag;
Landau Y.: *Adaptive control*; Dekker Verlag, New York;
Narendra K.: *Stable adaptive systems*; Prentice Hall New York;
Rosenblatt F.: *Principles of Neurodynamics*; Spartan Books New York;
Sartorius H.: *Dynamik selbsttätiger Regelungen*; Oldenbourg Verlag;
Soeterboek A.: *Predictive control;* Prentice Hall New York;
Treichler J.: *Theory of Adaptive Filters*; John Wiley New York;
Unbehauen H.: *Adaptive dual control*; Springer Verlag;
Wellstead P.: *Self-tuning systems*; Chichester London;
Widrow B., Stearns S.: *Adaptive Signal Processing*; Prentice Hall New York;

Stichwortverzeichnis

A
Ableitung, partielle, 11
Adaptionsalgorithmus, 209
Adaptionsparameter, 196
Adaptionsverstärkung, 195, 198
Anfangszustand, 5, 66, 73, 104
Anstellrate, 185
Anstellwinkel, 184
Arbeitspunkt, optimaler, 3
Ausgangsgleichung, 12, 14, 15
Ausgangsgröße, 12, 17, 155, 184, 194
Ausgangsmatrix, 13
Ausgangsvektor, 12, 13
Autopilot, 184, 188, 190
Auto-Tuning, 213

B
Bang Bang, 104, 105
Bellmansche Rekursionsformel, 138
Bellman-Verfahren, 133, 136
Beobachtbarkeitsmatrix, 17
Beobachter, 155
  Matrix, 156, 161
  minimaler Ordnung, 172, 176
  reduzierter, 172
  vollständiger, 175
Bewegung, erzwungene, 15
Bezugsmodell, 193

C
Charakteristisches Polynom, 18

D
Differenzialgleichung, 51
  kanonische, 63, 113
  nichtlineare partielle, 144
Differenziation
  Matrix, 10
  Vektor, 10
Dynamische Optimierung, 133
Dynamische Programmierung, 138

E
Eigenbewegung, 15
Eigenwert, VII, 8, 185
Eingangsgröße, 13, 194
Einsetzverfahren, 37, 39
Endbedingung, 58, 62, 65
Endzeit, 63
  feste, 64
  freie, 65
Endzustand, 61, 63
  fester, 64
  freier, 64
Energiefunktion, 149, 200
Entscheidungsprozess, 133, 183, 184
Ersatztotzeit, 215
Ersatzzeitkonstante, 215
Euler-Lagrange-Gleichung, 49, 51, 56, 61
Expertensystem, 214
Extremum, VI, 1, 5, 62

F
Fahrzeugmodell, 68
Fall

A. Braun, *Optimale und adaptive Regelung technischer Systeme*,
https://doi.org/10.1007/978-3-658-30916-9

zeitinvarianter, 128
zeitvarianter, 130
Faltungsintegral, 14
Fehlerdynamik, 160
Fehlervektor, 156, 159
Flächenmethode, 216
Flugphase, freie, 120, 122
Flugregelung, 194
Form
kanonische
beobachtbare, 25
diagonale, 26
Jordan-Form, 26
steuerbare, 25, 26
quadratische, 9, 44
Führungsgröße, 2, 214
Fundamentalmatrix, 15, 29
Funktionsverlauf, optimaler, 47

G
Gain Scheduling, 188, 192
Gewichtsfaktor, 115
Gleichung
charakteristische, 8
kanonische, 63
Parsevalsche, 3
Gleichungsnebenbedingung, 37
Gradient, 10, 195
Gradientenverfahren, 194, 197
Gütefunktional, 42, 48, 90
zeitdiskretes, 125
Gütekriterium, quadratisches, 147, 148
Gütemaß, 2, 5
Bolzasches, 49
Mayersches, 48
quadratisches, 76

H
Hamilton-Funktion, 62, 72
erweiterte, 112
optimale, 145
zeitdiskrete, 126
Hamilton-Gleichung, 77
Hamilton-Jacobi-Bellman-Gleichung, 144
Hybridschema, 206

I
Identifikation, 182, 184
Impulssatz, 116
Integratorbegrenzung, 214

J
Jacobi-Matrix, 10
Jordan-Form, 26

K
Kanonische Form, 25
Kofaktor, 8
Koppelgleichung, 63
Kostenfunktion, 45, 48
Kozustand, 62
zeitdiskreter, 126

L
Lagrange-Funktion, 40, 45, 62
Lagrange-Gütemaß, 48
Lambdasonde, 193
Laplace-Transformation, 72
Liapunov-Funktion, 21
Liapunov-Methode, 20, 148

M
Matrix, 7
charakteristische, 8
inverse, 9
positiv definite, 9
quadratische, 7
symmetrische, 8
Maximum-Prinzip, 77
von Pontryagin, 112
Mayersches Gütemaß, 48
Minimierungsbedingung, 104
globale, 113
Minimum, 1, 3, 55
absolutes, 33
globales, 136, 139
lokales, 33, 63, 126
Mischungsverhältnis, 192
Model Reference
Adaptive Control, VIII, 187
Adaptive Systems (MRAS), 193

Modellausgang, 196
Modifikation, 76, 176, 183, 184

N

Nabla-Operator, 10
Nebenbedingung, 33
Netzknoten, 134

O

Optimalitätsbedingung, 112, 115, 126
Optimalitätsprinzip, 133, 136
Optimalkurve, 4
Optimierung
- dynamische, 47, 133
- quadratische, 147
- statische, 47

P

Parameteranpassung, 188
Parameteroptimierung, 1
Parameter-Schätzverfahren, 206
Parsevalsche Gleichung, 3
PID-Regler, 214
Polynom, charakteristisches, 18
Polzuweisung, 206
Pontryagin, 111, 112
Problem
- energieoptimale, 115
- treibstoffoptimales, 116

Programmierung, dynamische, 133, 138
Prozess-Modell, 205
Prozesssteuerung
- optimale, 42
- statische, 42

Pulsübertragungsfunktion, 207

Q

Qualitätskriterium, VI, 1, 205

R

Randwertproblem, 52
Reaktion, freie, 15
Regel von Sylvester, 22, 23
Regeldifferenz, 2
Regelfehler, 195, 202
Regelfläche, quadratische, 2, 3, 205
Regelgesetz
- lineares, 147
- optimales, 130, 136, 139
- zeitinvariantes, 128

Regelkreis, 181
- adaptiver, 182–184
- geschlossener, 150, 207
- linearer, 184
- nichtlinearer, 186
- offener, 150, 191
- unterlagerter, 206

Regelqualität, 189
Regelstrecke, 75, 183
- lineare, 89

Regelung
- adaptive, 181
- optimale, 1, 75, 89, 194
- zeitoptimale, 104

Regler
- adaptiver, 181, 213
- Design, 205
- unstetiger, 217

Reglerparameter, V, 1, 181
Rekursionsformel, 138
Relais-Auto-Tuner, 218
Restsauerstoff, 193
Resttrajektorie, 136
Riccati-Gleichung, 78, 79
- reduzierte, 91

Riccati-Matrix, 79
- zeitdiskrete, 130

Rückführmatrix
- optimale, 92
- zeitlich invariante, 91
- zeitvariante, 89

Rücktransformation, 31
- diskrete, 30

Rückwärtsintegration, 129

S

Sattelpunkt, 35
Self-Tuning, 206
- indirektes, 206, 208
- Regulator (STR), 204

Signallaufzeit, 215
Skalar, 8, 10, 173

Stabilität, 17, 148, 194
Steuerbarkeitsmatrix, 16
Steuerbereich, zulässiger, 112, 142
Steuerfunktion, treibstoffoptimale, 120
Steuergröße, 12
Steuermatrix, 13, 128, 161
Steuertrajektorie, optimale, 61, 62
Steuerung
  energieoptimale, 70, 122
  optimale, 61, 73
  verbrauchsoptimale, 114
  zeitdiskrete, 137
Steuervektor, 6, 13, 61
  optimaler, 148
Strukturoptimierung, 5
Sylvester-Regel, 22, 23
System
  dynamisches, 12, 17, 61
  energieoptimales, 71
  zeitdiskretes, 24, 125
  zeitvariantes, 20, 24
Systemmatrix, 13

T

Taylor-Reihe, 11
Trajektorie
  erlaubte, 48
  optimale, 49, 70
Transitionsmatrix, 29
Transversalitätsbedingung, 49, 51, 53, 63

U

Überführungskosten, minimale, 138
Übertragungsfunktion, 17, 206
  diskrete, 25, 210
Übertragungsmatrix, 18
Umschaltpunkt, 120
Ungleichungsnebenbedingung, 111

V

Variation, 44, 49
Vektor, 5, 7, 8
Ventilkennlinie, 186
Vergleichskurve, 49
Verhalten, transientes, 215
Verlustfunktion, 194
Verstärkung, äquivalente, 218

Z

Zeitoptimal, 134
Zeitverhalten, 2, 193
Ziegler-Nichols-Verfahren, 214, 215
Zielmannigfaltigkeit, 64, 65
Zustandsbeobachter, 162
Zustandsdifferenzengleichung, 125
Zustandsdifferenzialgleichung, 5, 12
Zustandsraum, 11, 18, 23, 25
Zustandsvariable, 11, 23, 155, 172
Zustandsvektor, 6, 11
Zweipunktverhalten, 104

Printed in the United States
By Bookmasters